シリーズ［物理数学20話］

群論20話

井田大輔 著

Daisuke Ida

20 Tales from Physical Mathematics

group theory

朝倉書店

はじめに

物理, 化学などの自然科学系の分野を学ぶのに, 群論の知識は必要かというのは微妙な問題で, それぞれで意見が分れるところです. 私自身も, 代数学の世界を見渡してみたいというような, 崇高な動機からはじめたのではありません. 教養の数学の単位は, 数学 1 から数学 8 まであって, 多くのものは登録さえすれば簡単に単位がもらえ, そのことに関する情報は理学部の全学生で共有されていました. 数学 6 は代数学で, 講義に出ないかわりに入門書を少し読んだというのが群論を知るきっかけだったように思います.

群論は数学の基本言語に近いもので, 数学の本を読むときは, どの分野であっても知らないとしょうがないものでした. 一方で, 物理の本を読むときは, それほど必要性は感じませんでした. ただ, 量子力学や相対性理論では, 群の表現の知識がなければわけがわからない場面がたまにあります. 大体の人にとって群論は, 知っておいたほうがよいのはわかっているけど, 他にやることもあるし……程度に認識されているものではないでしょうか.

数学は全てそうかもしれませんが, 群論を学ぶときには, たくさんの例を覚えるとよいです. 定理の証明を理解していなくても, 例をたくさん知っていると群論に詳しくなった気がするからです.

私は, 人生で 20 日間だけでも群論と向き合う時期があってもよいのではないかという人のために, この本を書きました. 物理や化学の色々な分野で群論は使われていますが, 分子の対称性を記述する「点群」の表現の話に収束するように, 20 話のテーマを決めました. 点群の指標テーブルが書けるようになることが, この本の到達点になります. 20 日ではきついという人は, 1 日分を消化してから次の日に行ってください.

この本を通して, 少しでも群論への興味が深まれば幸いです.

2024 年 9 月

井 田 大 輔

目　　次

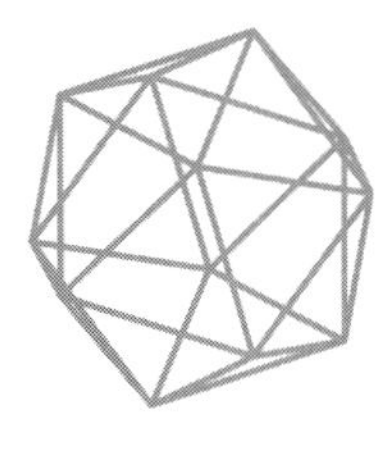

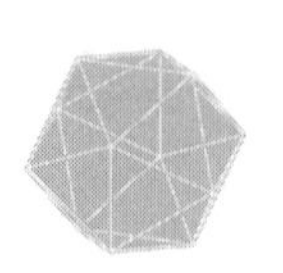

1話

演算のしくみ

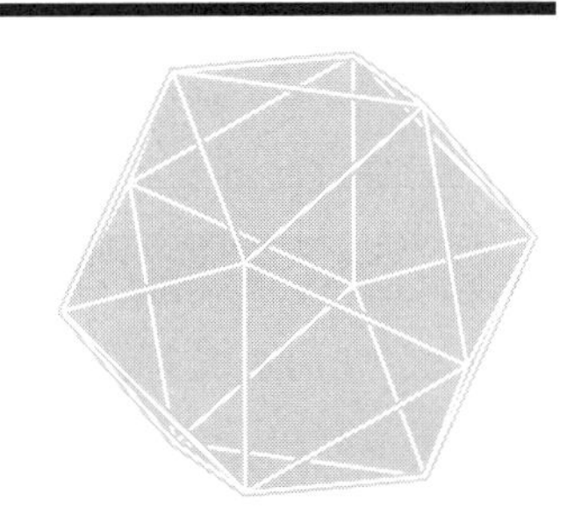

私たちは, 数の足し算や掛け算といった演算についてよく知っています. あるいは文字の入った式も同じように計算することができます. 計算を進めていくための色々なテクニックがあり, どのようにしたら効率よく計算できるのか, 考えて工夫していくのは数学の原点だといえるでしょう. しかしここでは少し立ち止まって, そもそも足し算というのは何だろうか, なぜ私たちはこれこれの式変形をしてもよいのだろうか, ということについて考えてみましょう.

足し算や掛け算をするときに, まず注意しなければならないのは, どんな数の集合を考えているのか, ということです. 数の世界は, 自然数, 整数, 有理数, 実数, 複素数という具合に広がってきたと思います. 数の集合といえば, このようなものを思い浮かべるかもしれませんが, これからする話では, どんなものを考えてもよいです. $\{a_1, \ldots, a_n\}$ というような有限集合の上でも, 足し算のような演算を考えることはできます. そこでまずは, 演算とは何か, というところから入っていきましょう.

[定義]　2項演算

集合 S 上の2項演算とは, 写像

$$P : S \times S \to S;\ (x, y) \mapsto P(x, y)$$

のこと.

誤解のおそれがなければ, 2項演算を単に演算とよぶことにします. $S \times S$ というのは, S の元からなるペア (x, y) 全体のなす集合のことです. 自然数全体のなす集合を $\mathbb{N}$ とすれば, 足し算 $P(x, y) = x + y$ は $\mathbb{N}$ 上の演算ですし, 掛け算 $P(x, y) = xy$ も $\mathbb{N}$ 上の演算です. 割り算 $P(x, y) = x/y$ は, x/y が自然数とは限らないので, $\mathbb{N}$ 上の演算ではありません.

一般の集合上の演算の話をするとき, 特に断らなければ, 演算の結果 $P(x,y)$ のことを, x と y の積とよび, xy と書きあらわすことにします.

結合律にしたがう演算を考えていきます.

[定義] 半群

集合 S 上の 2 項演算が, 任意の x, y, $z \in S$ に対して

$$(xy)z = x(yz)$$

をみたすことを, 結合律にしたがうという. 結合律にしたがう 2 項演算を備えた集合を, 半群という.

以下では, 空集合は半群からは除外することにします. 半群においては, 3 つの元の積を xyz と書いてもよいです. $xyz = (xy)z$ と解釈しても, $xyz = x(yz)$ と解釈しても同じ意味になるからです. 同様に, 4 つ以上の元の積についても, 括弧を省略することができます.

集合 S が 2 項演算 P に関して半群であることを強調するときは, 半群 (S, P) などとよぶことにします. 自然数全体のなす集合 $\mathbb{N} = \{1, 2, \ldots\}$ に, 通常の加法 $+ : (x,y) \mapsto x+y$ を 2 項演算として備えつけたものは半群 $(\mathbb{N}, +)$ をなします.

半群は, 単位元をもつときに単位的だといいます. 単位的な半群のことをモノイドといいます.

[定義] モノイド

半群 S の元 e は, すべての $x \in S$ に対して

$$xe = ex = x$$

をみたすとき, 単位元であるという. 単位元をもつ半群を, モノイドという.

半群 $(\mathbb{N}, +)$ は, $e + x = x + e = x$ となるような元 e をもちませんので, モノイドではありません. 乗法 $\times : (x,y) \mapsto x \times y$ に関して, $(\mathbb{N}, \times)$ はモノイドで, 単位元 1 をもちます. n 次実正方行列全体のなす集合 $M_n(\mathbb{R})$ は, 行列の乗法に関してモノイドで, n 次単位行列を単位元としてもちます.

単位元の一意性

モノイドにおいて, 単位元は1つしかない.

[証明] S をモノイド, e, e' を S の任意の単位元とすると,

$$e' = e'e = e$$

より, $e' = e$ が成り立ちます. ■

単位元があると, 逆数に相当する概念が発生します.

[定義] 逆元

S をモノイド, e を S の単位元とする. S の元 x に対して,

$$xx' = x'x = e$$

をみたすような $x' \in S$ がとれるとき, x は単元であるといい, x' を x の逆元という.

モノイド $(\mathbb{N}, \times)$ の単元は1しかありません. また, モノイド $M_n(\mathbb{R})$ の単元とは, 正則行列のことで, 逆元は逆行列であたえられます.

逆元の一意性

モノイドの任意の単元に対して, 逆元は1つしかない.

[証明] S をモノイド, e を S の単位元とします. x を S の単元とし, x', x'' を x の任意の逆元とします. このとき,

$$x' = x'e = x'(xx'') = (x'x)x'' = ex'' = x''$$

より, $x' = x''$ となります. ■

逆元は一意的に決まるものなので, x の逆元を x^{-1} と書くことにします.

[定義] 群

任意の元が単元であるようなモノイドを群という.

群は G という記号であらわすことが多いです. 群 G とは結合律をみたす2項演算を備えた集合で, 単位元をもち, すべての元 x が逆元 x^{-1} をもつようなもののことです.

単位元だけからなる群 $\{e\}$ を単位群, ないし自明な群とよび, e とあらわします. モノイド $(\mathbb{N}, \times)$ は, 1 以外の自然数が単元ではないので群ではありません. モノイド $M_n(\mathbb{R})$ も, 行列式がゼロの行列は単元ではないので群ではありません. モノイドにおいて, 単元だけを集めた部分集合は群になります.

単元群

モノイド S の単元全体からなる部分集合 $S^\times$ は, 群の構造をもつ.

[証明] S をモノイドとします. S の単元全体からなる集合は通常 $S^\times$ とあらわします. $x, y \in S^\times$ のとき, これらの逆元 x^{-1}, y^{-1} がとれます. すると,

$$(xy)(y^{-1}x^{-1}) = x(yy^{-1})x^{-1} = xx^{-1} = e,$$
$$(y^{-1}x^{-1})(xy) = y^{-1}(x^{-1}x)y = y^{-1}y = e$$

が成り立ちますので, $xy \in S^\times$ で, 逆元は $(xy)^{-1} = y^{-1}x^{-1}$ であたえられることになります. 特に, $S^\times$ は演算について閉じているので, 半群となります. また, e を S の単位元とすると, $ee = e$ より e は単元です. したがって $S^\times$ はモノイドとなります. $S^\times$ の任意の元 x は S の単元ですが,

$$xx^{-1} = x^{-1}x = e$$

より, x^{-1} も S の単元ですので, $x^{-1} \in S^\times$ です. つまり, x は $S^\times$ の単元となります. モノイド $S^\times$ の任意の元が $S^\times$ の単元ですので, $S^\times$ は群の構造をもつことになります. ■

$S^\times$ をモノイド S の単元群といいます. $M_n(\mathbb{R})^\times$ のことを

$$GL_n(\mathbb{R}) = \{A \in M_n(\mathbb{R}) \mid \det A \neq 0\}$$

と書き, n 次実一般線型群といいます.

[定義] 位数

集合として有限集合であるような群を, 有限群という. 有限群 G の元の個数 $^\#G$ のことを, G の位数という. 有限群ではない群の位数は無限であるという.

群の元 x に対して, m 個の x の積を x^m と書く. $x^m = e$ となる最小の自然数 m がとれるとき, x は位数 m の元であるといい, $\mathrm{ord}(x) = m$ と書く. そ

のような自然数がとれないとき, x の位数は無限であるという.

以下でも同様に, 有限集合 X に対し, $^{\#}X$ は X に属する元の個数のことです. 任意の群に対して, 単位元 e は位数 1 の元で, その他には位数 1 の元はありません. 有限群について, 元の位数は有限の値にさだまります.

有限群の元の位数 I

有限群の任意の元について, 元の位数は有限の値をとる.

[証明] G を有限群とし, $x \in G$ を任意にとります.

$$x^0 = e, x^1 = x, x^2 = xx, \ldots$$

という列を順番にとっていき, すでにあらわれたのと同じ項があらわれたとすると, その時点で列を終了します. G は有限集合なので, 列は終了します. $x^m = x^i$ $(i < m)$ となることにより列が終了したとします. このとき, $i = 0$ でなければなりません. なぜなら, $i \neq 0$ とすれば, $x^m = x^i$ の両辺に左から $(x^{-1})^i$ を乗ずることにより, $x^{m-i} = x^0$ となるので, 列はもっと早く終了していたことになるからです. このとき x の位数は m で, 有限の値をとることになります. ■

有限群の演算の構造は, 演算表にまとめることができます. 演算表とは, $G = \{x_1, \ldots, x_r\}$ ならば, $r \times r$ のスペースの i 行 j 列目のそれぞれに, 積 $x_i x_j$ を配置した表で,

	x_1	$\cdots$	x_j	$\cdots$	x_r
x_1					
$\vdots$			$\vdots$		
x_i		$\cdots$	$x_i x_j$		
$\vdots$					
x_r					

という形をしているもののことです. 例えば, 位数 2 の群 $G = \{e, x\}$ の演算表は,

	e	x
e	e	x
x	x	e

となります.

演算表の 1 つの行, 例えば第 i 行目に着目します. $x_i x_j = x_i x_k$ の左から $(x_i)^{-1}$ を乗ずることにより, $x_j = x_k$ となります. このことから, 演算表の 1 つの行に 2 つ以上の同じ元が並ぶことはないことがわかります. 同様に, 1 つの列に 2 つ以上の同じ元を見つけることはできません.

[定義]　アーベル群

群 G は, 任意の x, $y \in G$ に対して $xy = yx$ がみたされるとき, アーベル群, ないし可換群であるという.

アーベル群の 2 項演算を $P(x, y) = x + y$ と加法の形に書くこともあります. このとき, 2 項演算の結果 $x + y$ を x と y の和とよびます. m 個の x の和は, mx とあらわします. また, y の逆元を $(-y)$ と書き, $x + (-y)$ のことを $x - y$ とあらわします. 2 項演算を加法の形に書くときは, アーベル群のことを加法群とよぶこともあります.

整数全体のなす集合

$$\mathbb{Z} = \{0, \pm 1, \pm 2, \dots\}$$

は, 加法に関してアーベル群となります. $\mathbb{Z}$ の単位元 0 で, $m \in \mathbb{Z}$ の逆元は $-m$ です.

位数 2 の群 $G = \{e, x\}$ は,

$$ee = e, \quad ex = xe = x, \quad xx = e$$

よりアーベル群となっていることがわかります. 後でみるように, 位数が 5 以下の群は, 実はすべてアーベル群となっています.

位数 2 の群を加法群としてあらわすとき, $\mathbb{Z}_2 = \{0, 1\}$ と書いて,

$$0 + 0 = 0, \quad 0 + 1 = 1, \quad 1 + 0 = 1, \quad 1 + 1 = 0$$

という演算規則をさだめます. これは, mod 2 の加法, つまり 2 を法とする加法のことです. $\mathbb{Z}_2$ は $G = \{e, x\}$ と同じ形の演算表をもつので, 群としては同じものとみなされます. ただ, 2 つの群が同じだという言明に意味を持たせるには, 同じであるための判定基準が必要です. そのことについては, 第 3 話であらためて話します.

同様に, 3 以上の自然数 m に対し, $\mathbb{Z}_m = \{0, 1, \dots, m-1\}$ は mod m の加法

に関して, 位数 m のアーベル群となります.

アーベル群ではない群で, もっとも位数の小さなものは, 位数 6 のものです. これについてみておきましょう.

[定義] 置換

n 個の元からなる集合 $\{1, 2, \ldots, n\}$ からそれ自身への全単射

$$\sigma : \{1, 2, \ldots, n\} \to \{1, 2, \ldots, n\}$$

は置換であるという. 置換 σ を

$$\sigma = \begin{pmatrix} 1 & 2 & \cdots & n \\ \sigma(1) & \sigma(2) & \cdots & \sigma(n) \end{pmatrix}$$

によってあらわす. また, 置換 σ の $\{1, \ldots, n\}$ への作用を,

$$\sigma\{1, 2, \ldots, n\} = \{\sigma(1), \sigma(2), \ldots, \sigma(n)\}$$

とあらわす.

置換のあらわしかたとして, 例えば

$$\sigma = \begin{pmatrix} 1 & 2 & 3 \\ 2 & 1 & 3 \end{pmatrix} = \begin{pmatrix} 3 & 1 & 2 \\ 3 & 2 & 1 \end{pmatrix}$$

のように, 列の順序を入れ換えてもよいです. この置換 σ の作用は,

$$\sigma\{1, 2, 3\} = \{2, 1, 3\}$$

ともあらわせることになります.

置換 σ, τ の合成 $\sigma \circ \tau$ を単に $\sigma\tau$ と書くことにします. 2 つの置換の合成は置換

$$\sigma\tau = \begin{pmatrix} 1 & 2 & \cdots & n \\ \sigma(\tau(1)) & \sigma(\tau(2)) & \cdots & \sigma(\tau(n)) \end{pmatrix}$$

となります. σ, τ, ρ を置換とすると, 任意の $k = 1, \ldots, n$ に対して

$$((\sigma\tau)\rho)(k) = \sigma\tau(\rho(k)) = \sigma(\tau(\rho(k))),$$
$$(\sigma(\tau\rho))(k) = \sigma(\tau\rho(k)) = \sigma(\tau(\rho(k)))$$

が成り立つことから, 置換の合成として $(\sigma\tau)\rho = \sigma(\tau\rho)$ がみたされていること

がわかります. $\{1, \ldots, n\}$ 上の 恒等写像を e とすれば, 任意の置換 σ に対して, $e\sigma = \sigma e$ がみたされます. また, 置換 σ は全単射なので, 逆写像 σ^{-1} をもち, 任意の置換 σ に対して $\sigma\sigma^{-1} = \sigma^{-1}\sigma = e$ となります. つまり, 置換全体のなす集合は, 群の構造をもっていることになります.

[定義]　対称群

n 個の元からなる集合 $\{1, \ldots, n\}$ に作用する置換全体のなす集合 S_n は, 写像の合成に関して群の構造をもつ. 群 S_n を n 次対称群という.

n 次対称群 S_n の位数は $n!$ です. 2 次対称群 S_2 は, $\mathbb{Z}_2$ と同じ構造の演算表をもつので, アーベル群です. 3 以上の自然数 n に対して, S_n はアーベル群ではありません. なぜなら, σ を 1 と 2 を入れ換えるだけの置換, τ を 1 と 3 を入れ換えるだけの置換

$$\sigma = \begin{pmatrix} 1 & 2 & 3 & \cdots & n \\ 2 & 1 & 3 & \cdots & n \end{pmatrix}, \quad \tau = \begin{pmatrix} 1 & 2 & 3 & \cdots & n \\ 3 & 2 & 1 & \cdots & n \end{pmatrix}$$

とするとき,

$$\sigma\tau = \begin{pmatrix} 1 & 2 & 3 & \cdots & n \\ 3 & 1 & 2 & \cdots & n \end{pmatrix}, \quad \tau\sigma = \begin{pmatrix} 1 & 2 & 3 & \cdots & n \\ 2 & 3 & 1 & \cdots & n \end{pmatrix}$$

より, $\sigma\tau \neq \tau\sigma$ となるからです. S_3 の位数は 6 で, アーベル群ではない群の中で, 最も位数の小さいものをあたえています.

なお, 上の σ や τ のように, ちょうど 2 つの元を入れ換えるだけの置換を互換といいます. i と j の互換を, (i, j) とあらわします. より一般に, 置換 σ が, k 個の元 $i_1, \ldots, i_k$ のみを動かし, その作用が,

$$\sigma(i_j) = i_{j+1} \quad (j = 1, \ldots, k-1), \quad \sigma(i_k) = i_1$$

であたえられるとき, 長さ k の巡回置換だといいます. 長さ 2 の巡回置換が互換です. 巡回置換 σ を

$$\sigma = (i_1 i_2 \cdots i_k)$$

とあらわします. S_3 の長さ 3 の巡回置換には,

$$\begin{pmatrix} 1 & 2 & 3 \\ 2 & 3 & 1 \end{pmatrix} = (123) = (231) = (312),$$

$$\begin{pmatrix} 1 & 2 & 3 \\ 3 & 1 & 2 \end{pmatrix} = (132) = (321) = (213)$$

の 2 つがあります.

長さ k の巡回置換の逆元も長さ k の巡回置換となり,

$$(i_1 i_2 \cdots i_k)^{-1} = (i_k \cdots i_2 i_1)$$

であたえられます. 長さ k の巡回置換は位数 k の元で,

$$(i_1 i_2 \cdots i_k)^k = e$$

となることも簡単に確かめることができます.

巡回置換は特殊な置換ですが, 任意の置換は巡回置換の合成となっています.

置換は巡回置換の合成

S_n の任意の単位元ではない元は, 互いに可換ないくつかの巡回置換の積として書ける.

[証明] $\sigma \in S_n$ を任意にとります. $\sigma(i_{1,1}) \neq i_{1,1}$ となるような $i_{1,1} \in \{1, \ldots, n\}$ をとり, 列

$$i_{1,1}, \quad i_{1,2} = \sigma(i_{1,1}), \quad i_{1,3} = \sigma(i_{1,2}), \ldots$$

を考えます. 第 k_1 項の i_{1,k_1} が, k_1 より小さい自然数 j に対して $i_{1,k_1} = i_{1,j}$ となったとすれば, その時点で列を終了します. 各項は 1 から n までの自然数なので, 列は n 項以内に終了します. こうしてできる列を, $I_1 = \{i_{1,1}, \ldots, i_{1,k_1}\}$ とします. この列は $i_{1,k} = i_{1,1}$ となることによって終了します. もしそうでなければ, どのような自然数 l をとっても, $\sigma^l(i_{1,1}) = i_{1,1}$ とはならないことになり, σ の位数が有限であることに反するからです.

もし, $\sigma(i_{2,1}) \neq i_{2,1}$ となるような $i_{2,1} \in \{1, \ldots, n\} \setminus I_1$ がとれれば, 同様にして, 列 $I_2 = \{i_{2,1}, i_{2,2}, \ldots, i_{2,k_2}\}$ を構成します. このような操作を,

$$\{1, \ldots, n\} \setminus (I_1 \cup I_2 \cup \cdots \cup I_r)$$

に属するすべての i に対して, $\sigma(i) = i$ が成り立つようになるまで続けます. 列の構成のしかたから,

$$I_a \cap I_b = \emptyset \quad (1 \leq a < b \leq r)$$

が成り立ちます. このことから, それぞれの列の定義する巡回置換を

$$\sigma_a = (i_{a,1}, \cdots, i_{a,k_a}) \quad (a = 1, \ldots, r)$$

として,

$$\sigma_a \sigma_b = \sigma_b \sigma_a \quad (a, b = 1, \ldots, r)$$

が成り立ちます. このとき,

$$\sigma = \sigma_1 \sigma_2 \cdots \sigma_r$$

と書けています. ■

例を考えるとわかりやすいと思います. S_6 の置換

$$\sigma = \begin{pmatrix} 1 & 2 & 3 & 4 & 5 & 6 \\ 3 & 2 & 5 & 6 & 1 & 4 \end{pmatrix}$$

をとります. σ の作用によって,

$$1 \to 3 \to 5 \to 1$$

となっています. その他には,

$$4 \to 6 \to 4$$

となっています. 残りの $\{2\}$ は σ の作用で不変で,

$$2 \to 2$$

となっています. したがって, σ は, 長さ 3 の巡回置換と長さ 2 の巡回置換の積

$$\sigma = (135)(46)$$

となっています. あるいは, σ の $\{2\}$ への作用は長さ 1 の巡回置換と解釈して,

$$\sigma = (135)(46)(2)$$

のように, すべての数字が一度ずつあらわれるようにも書けます.

2話

群のしくみ

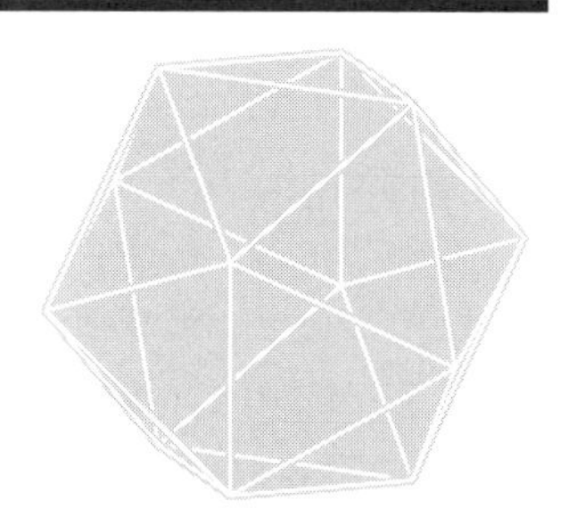

結合律にしたがう 2 項演算をもち, 逆元をとる操作が備わっているような集合として, 群を導入しました. このような 2 項演算をもつ集合としては, 様々なものが考えられますので, 例をたくさん知っておくことは, 群論の理解の助けになります. 同時に, 個々の例によらずに成り立つ, 群の一般的な性質にも興味があります. 群の一般論を調べるのに必要な基本的概念がいくつかありますので, 少しずつ導入していきます.

[定義] 部分群

群 G の部分集合 H が, G の 2 項演算に関して, それ自体で群の構造をもつとき, H は G の部分群であるといい, $H \leq G$ または $G \geq H$ であらわす.

群 G の部分集合 H が群であるためには, 任意の $x, y \in H$ に対して $xy \in H$ が成り立つことが必要です. また, 任意の $x \in H$ に対して $x^{-1} \in H$ が成り立つことも必要です. これらの両方の条件がみたされていれば, H は G の部分群となります. 群 G の部分集合 H があたえられたとき, それが G の部分群となっているかどうかの判定基準は次のようにあたえられます.

部分集合が部分群となる条件

群 G の空でない部分集合 H が G の部分群であるための必要十分条件は, 任意の $x, y \in H$ に対して,

$$xy^{-1} \in H$$

が成り立つこと.

[証明] 必要性は群の定義から明らかですので, 十分性をみておきます. 任意の

$x, y \in H$ に対して xy^{-1} は H の元だとします．$x \in H$ を任意に 1 つとれば，$e = xx^{-1} \in H$ となることから，H は G の単位元 e をもちます．このことから，任意の $y \in H$ に対して，$y^{-1} = ey^{-1} \in H$ となります．すると，任意の x, $y \in H$ に対して，$y^{-1} \in H$ であることから，$xy = x(y^{-1})^{-1} \in H$ となります．つまり，G の 2 項演算は，$H \times H$ に制限することにより，H の 2 項演算となります．H がこの 2 項演算に関して群になることは，上の議論から明らかです．■

任意の群 G に対して，$e = \{e\}$, G は部分群となります．これらを自明な部分群といいます．

アーベル群 $\mathbb{Z}$ の部分集合

$$2\mathbb{Z} = \{0, \pm 2, \pm 4, \dots\}$$

は，偶数全体のなす $\mathbb{Z}$ の部分集合です．$x, y \in 2\mathbb{Z}$ ならば，$x - y \in 2\mathbb{Z}$ ですので，$2\mathbb{Z} \leq \mathbb{Z}$ となっています．同様に，任意の自然数 m に対して，

$$m\mathbb{Z} = \{0, \pm m, \pm 2m, \dots\}$$

は $\mathbb{Z}$ の部分群です．

$\mathbb{Z}_m = \{0, 1, \dots, m-1\}$ は，mod m の加法に関してアーベル群となるのでした．m は合成数だとし，2 以上の自然数 r, s がとれて，$m = rs$ と書けるとしましょう．このとき，

$$r\mathbb{Z}_m = \{xr \in \mathbb{Z}_m \mid x = 0, 1, \dots, s-1\}$$

は $\mathbb{Z}_m$ の部分集合で，mod rs の加法のもとで

$$\begin{aligned} xr - yr &= (x-y)r & (0 \leq y \leq x \leq s-1), \\ xr - yr &= (x-y)r = (s+x-y)r & (0 \leq x < y \leq s-1) \end{aligned}$$

となることから，$xr - yr \in r\mathbb{Z}_m$ となるので，［部分集合が部分群となる条件］より，$r\mathbb{Z}_m$ が $\mathbb{Z}_m$ の部分群であることがわかります．また，$xr \in r\mathbb{Z}_m$ に $x \in \mathbb{Z}_s = \{0, 1, \dots, s-1\}$ を対応させると，$r\mathbb{Z}_m$ と $\mathbb{Z}_s$ の演算表は同じものだということがわかるかと思います．この意味で，$\mathbb{Z}_s \leq \mathbb{Z}_{rs}$ となっていることが理解できます．

$\mathbb{Z}_{rs}$ の部分群

2 以上の自然数 r, s に対して，$\mathbb{Z}_{rs}$ は $\mathbb{Z}_s$ を部分群としてもつ．

置換 $\sigma \in S_n$ は，第 1 話の［置換は巡回置換の合成］より，巡回置換の積に書けます．このことから，任意の置換が長さ 2 の巡回置換，つまり互換の積に分解することがわかります．

置換は互換の積

任意の置換 $\sigma \in S_n$ は，互換の積としてあらわすことができる．

[証明] $(12)^{-1} = (12)$ であることから，単位元は $e = (12)(12)$ と，2 つの互換の積となります．単位元ではない置換は，巡回置換の積ですので，巡回置換が互換の積となることをみておけばよいです．このことは，

$$(i_1 i_2 \cdots i_k) = (i_1 i_k) \cdots (i_1 i_3)(i_1 i_2)$$

が成り立つことに注意すればよいです．■

置換の互換の積への分解は一意的ではなく，そのような分解は無数にあります．しかし，どのように分解しても，因子となる互換の個数の偶奇は変わりません．

置換の偶奇性

任意の置換 $\sigma \in S_n$ を互換の積に分解したとき，互換の個数の偶奇は，分解のしかたによらない．

[証明] n 個の不定元 $x_1, \ldots, x_n$ に関する多項式 p に対して，$\sigma \in S_n$ の p への作用を

$$(\sigma p)(x_1, \ldots, x_n) = p(x_{\sigma(1)}, \ldots, x_{\sigma(n)})$$

と定義します．すると，置換の積 $\sigma\tau$ の p への作用は，

$$(\sigma\tau)p = \sigma(\tau p)$$

をみたすことが確かめられます．多項式として，

$$p = \prod_{1 \leq i < j \leq n} (x_i - x_j) = (x_1 - x_2)(x_1 - x_3) \cdots (x_{n-1} - x_n)$$

を考えると，σ の p への作用は

$$\sigma p = \prod_{1 \leq i < j \leq n} (x_{\sigma(i)} - x_{\sigma(j)})$$

となります．右辺は符号を別にすれば，$1 \leq i < j \leq n$ に対して $(x_i - x_j)$ をちょうど1つずつ因子としてもちますので，$\sigma p = p$ または $\sigma p = -p$ のうちのどちらかが成り立つことがわかります．

互換 $\tau = (i, j)$ に対しては，$\tau(\pm p) = (\mp p)$ となります．したがって，σ が互換の積として，$\sigma = \tau_1 \cdots \tau_r$ と分解したとすると，

$$\sigma p = (\tau_1 \cdots \tau_r)p = (\tau_1 \cdots \tau_{r-1})\tau_r p = (\tau_1 \cdots \tau_{r-1})(-p) = \cdots = (-1)^r p$$

となります．これから，$\sigma p = p$ ならば r は偶数，$\sigma p = -p$ ならば r は奇数でなければならないことがわかります． ■

上の証明で用いた多項式

$$p = \prod_{1 \leq i < j \leq n} (x_i - x_j)$$

を用いて，S_n 上の符号関数 $\mathrm{sgn} : S_n \to \{1, -1\}$ を，

$$\mathrm{sgn}(\sigma) = \begin{cases} 1 & (\sigma p = p) \\ -1 & (\sigma p = -p) \end{cases}$$

と定義することができます．$\mathrm{sgn}(\sigma) = 1$ となる置換 σ を偶置換，$\mathrm{sgn}(\sigma) = -1$ となる置換 σ を奇置換といいます．偶置換は偶数個の互換の積，奇置換は奇数個の互換の積に分解します．

[定義] 交代群

S_n の偶置換全体のなす部分集合

$$A_n = \{\sigma \in S_n \mid \mathrm{sgn}(\sigma) = 1\}$$

は S_n の部分群となる．A_n を n 次交代群という．

群 G の部分群 H は，G 上の同値関係をさだめます．

[定義] 同値関係

集合 S の任意のペア x, y に対して $x \sim y$ または $x \not\sim y$ がさだまっていて，S の任意の元 x, y, z に対して，

- 反射律: $x \sim x$.
- 対称律: $x \sim y$ ならば $y \sim x$.
- 推移律: $x \sim y$ かつ $y \sim z$ ならば $x \sim z$.

がみたされるとき,「$\sim$」は S 上の同値関係をあたえるという.

同値関係というのは, 2 項関係の一種です. S 上の 2 項関係というのは, 写像 $R: S \times S \to \{\mathrm{Yes}, \mathrm{No}\}$ のことで, $R(x, y) = \mathrm{Yes}$ のことを $x \sim y$, $R(x, y) = \mathrm{No}$ のことを $x \not\sim y$ とあらわしていると思えばよいです.

部分群 H がさだめる同値関係には, 左合同と右合同の 2 種類があります.

[定義] 左合同, 右合同

群 G と部分群 $H \leq G$ があたえられたとき, $x^{-1}y \in H$ ($xy^{-1} \in H$) であるときに, x と y は H に関して左合同 (右合同) であるといい, $x^{-1}y \notin H$ ($xy^{-1} \notin H$) のときは x と y は H に関して左合同 (右合同) ではないという.

部分群のさだめる同値関係

群 G の部分群 H に関する左合同 (右合同) によってさだめられる 2 項関係は, G 上の同値関係をあたえる.

[証明] $x, y \in G$ が部分群 H に関して左合同であることを $x \sim y$, 左合同ではないことを $x \not\sim y$ と書きます. 任意の $x \in G$ に対して, $x^{-1}x = e \in H$ より $x \sim x$ が成り立ちます. 次に, 任意の $x, y \in G$ に対して,

$$x \sim y \Rightarrow x^{-1}y \in H \Rightarrow y^{-1}x = \left(x^{-1}y\right)^{-1} \in H \Rightarrow y \sim x$$

が成り立ちます. また, 任意の $x, y, z \in G$ に対して,

$$x \sim y \text{ かつ } y \sim z \Rightarrow x^{-1}y, y^{-1}z \in H \Rightarrow x^{-1}z = \left(x^{-1}y\right)\left(y^{-1}z\right) \in H \Rightarrow x \sim z$$

が成り立ちます. したがって, H に関する左合同は, 同値関係です. 右合同についても同様です. ■

集合上に同値関係があたえられたときに, 必ず考えることがいくつかあります.

[定義] 商集合

集合 S 上に同値関係があたえられたとき, S の部分集合

$$[x] = \{y \in S \mid y \sim x\}$$

を, x を代表元とする同値類という. 1 つの同値類からちょうど 1 つの代表元をえらんでできる S の部分集合を, 完全代表系という. 同値類全体のな

す集合

$$S/\sim = \{[x] \mid x \in S\}$$

を同値関係「$\sim$」による商集合という．S から商集合への全射

$$p : S \to S/\sim; x \mapsto [x]$$

を自然な全射という．

S はある学校の生徒全体の集合に例えると話がわかりやすいと思います．x と y が同じクラスの生徒のとき，$x \sim y$ と書くことにします．これは，S の同値関係になっていることがわかります．x を代表元とする同値類 $[x]$ とは，生徒 x の属するクラスのことです．x はクラス $[x]$ の学級委員長のことだと思えばよいです．学級委員長はクラスの誰でもよくて，同じクラスの y が学級委員長だったとしても，$[x]$ と $[y]$ は同じものをあらわしています．商集合 $S/\sim$ というのは，何年何組といった，クラスのリストのことです．自然な写像 $p : S \to S/\sim$ は，生徒 x が属するクラスが $p(x) = [x]$ だということをあたえる，何年何組写像のことです．

部分群のさだめる同値関係について，考えてみましょう．

[定義] 剰余類

群 G と G の部分群 H があたえられたとき，H に関する左合同 (右合同) によってさだめられる同値関係を考える．$x \in G$ を代表元とする同値類を

$$xH = \left\{y \in G \;\middle|\; x^{-1}y \in H\right\} \quad \left(Hx = \left\{y \in G \;\middle|\; yx^{-1} \in H\right\}\right)$$

と書き，x の H に関する左剰余類 (右剰余類) という．左合同 (右合同) による商集合を

$$G/H = \{xH \mid x \in G\} \quad (H\backslash G = \{Hx \mid x \in G\})$$

と書く．G/H が有限集合のとき，G/H の元の個数 $^{\#}(G/H)$ を $(G : H)$ と書き，H の G における指数という．

単位元 e の左剰余類 eH は部分群 H のことです．左剰余類を xH と書く理由は，$x^{-1}y \in H$ が，「$h \in H$ がとれて，$y = xh$ と書くことができる」というの

と同じ意味であることから,

$$xH = \{y \in G \mid x^{-1}y \in H\} = \{xh \in G \mid h \in H\}$$

となっているからです. 特に, H が G の有限部分群のとき, 任意の $x \in G$ に対し, xH の元の個数 ${}^{\#}(xH)$ は, H の位数 ${}^{\#}H$ に等しいです. なぜなら, 対応 $xH \to H; xh \mapsto h$ が全単射となっているからです.

ラグランジュの定理

有限群 G の任意の部分群 H に対して,

$${}^{\#}G = (G : H)^{\#}H$$

が成り立つ. 特に, ${}^{\#}H$ は ${}^{\#}G$ の約数となる.

[証明] G を有限群, $H \leq G$ を任意の部分群とします. G の元 x, y について, $xH \cap yH \neq \emptyset$ とすると, $z \in xH \cap yH$ がとれることから, $z \sim x$ かつ $z \sim y$ が成り立つので, $x \sim y$ となっています. すなわち, $xH \cap yH \neq \emptyset$ のときは $xH = yH$ となります. また, G の任意の元 x に対し, x は左剰余類 xH に属します. これらのことから, G の有限個の元 $x_1, \ldots, x_r$ がとれて, G は

$$G = x_1H \cup x_2H \cup \cdots \cup x_rH,$$
$$\emptyset = x_iH \cap x_jH \quad (i \neq j)$$

と互いに共通部分をもたない, いくつかの部分集合に分解することがわかります. このとき,

$${}^{\#}G = \sum_{i=1}^{r} {}^{\#}(x_iH)$$

となっています. 商集合は $G/H = \{x_iH | i = 1, \ldots, r\}$ となるので, $(G : H) = r$ です. 任意の左剰余類 xH に対して, 対応

$$f : xH \to H; y \mapsto x^{-1}y$$

は全単射なので, ${}^{\#}(xH) = {}^{\#}H$ が成り立ちます. したがって,

$${}^{\#}G = \sum_{i=1}^{r} {}^{\#}(x_iH) = \sum_{i=1}^{r} {}^{\#}H = r^{\#}H = (G : H)^{\#}H$$

となります. ■

これからすぐにわかるのは, 有限群の元の位数についてです.

有限群の元の位数 II

位数 n の有限群の任意の元の位数は, n をわりきる.

[証明] G を位数 n の群, x を G の任意の元とします. 第1話の[有限群の元の位数 I] より, x は有限の位数 m をもちます. G の部分集合 $H = \left\{e, x, x^2, \ldots, x^{m-1}\right\}$ は G の部分群となります. まずそのことを示しておきましょう. H の任意の元 x^i, x^j をとります. ただし, それらに単位元が含まれるときは, $x^0 = e$ と考えます. x^j の逆元は, x^{m-j} となります. したがって,

$$x^i(x^j)^{-1} = \begin{cases} x^{m+i-j} & (i < j) \\ x^{i-j} & (i \geq j) \end{cases}$$

となるので, $x^i(x^j)^{-1} \in H$ です. [部分集合が部分群となる条件] より, $H \leq G$ です.

したがって, [ラグランジュの定理] より, m は n をわりきります. ■

群 G と G の部分群 H に対して, 左剰余類 xH と右剰余類 Hx は, 一般に一致しません. 左剰余類と右剰余類が一致して, 左右の区別がつかなくなる場合があります.

[定義] 正規部分群

群 G の部分群 N は, 任意の $x \in G$ に対して, x の左右の剰余類が一致するとき, すなわち

$$xN = Nx$$

が成り立つとき, G の正規部分群であるといい, このことを, $N \lhd G$ または $G \rhd N$ であらわす.

正規部分群に関する左剰余類と右剰余類は同じものですので, 単に剰余類といいます. N が G の正規部分群であるための必要十分条件は, 任意の $x \in G$ に対し,

$$xNx^{-1} = \left\{xnx^{-1} \in G \;\middle|\; n \in N\right\} = N$$

が成り立つことだと言い換えることもできます. こちらの意味について考えておきましょう. 一般に, G の部分群 H があたえられたとき,

$$xHx^{-1} = \left\{ xhx^{-1} \in G \;\middle|\; h \in H \right\}$$

は G の部分群となっています. 対応 $i_x : H \mapsto xHx^{-1}$; $h \mapsto xhx^{-1}$ は部分群の間の全単射となっており, 特に xHx^{-1} は H と同じ位数をもちます. これを, H の 1 つの共役部分群といいます. ただし, 一般に xHx^{-1} と H は同じものになるとは限りません. $x \in G$ を変えることにより, 部分群 xHx^{-1} が G の中で変形していく様子を思い浮かべるとよいです. $x \in G$ を変えても, 全く変形しないものが正規部分群です. この意味で, 正規部分群とは「G-不変な」部分群のことです.

自明な部分群 e, G は, 正規部分群です. それ以外に正規部分群をもたない自明でない (単位群ではない) 群を, 単純群といいます.

G をアーベル群とし, 2 項演算を加法で書くことにしましょう. 任意の部分群 H に対し, 左剰余類は, xH のかわりに, $x + H$ と書きます. 同様に右剰余類を $H + x$ と書きます. しかし, このように区別してみたところで,

$$x + H = \{x + h \in G \mid h \in H\} = \{h + x \in G \mid h \in H\} = H + x$$

ですので, H は自動的に正規部分群となります.

正規部分群による商集合は, 群の構造をもちます.

正規部分群による商集合

群 G の正規部分群 N に対し, 商集合 G/N は, 2 項演算

$$(xN)(yN) = xyN$$

に関して群の構造をもつ.

[証明] G/N 上の 2 項演算

$$G/N \times G/N \to G/N; \ (xN, yN) \mapsto xyN$$

がうまく定義できていることを確かめます. そのためには, $(xH)(yH) = xyH$ が, 代表元 x, y のとり方によらないことをみておけばよいです. 左合同を「$\sim$」とあらわし, $x \sim x'$, $y \sim y'$ とします. これは, $n, n' \in N$ がとれて,

$$x = x'n, \quad y = y'n'$$

となっていることを意味します. すると,

$$xy = (x'n)(y'n') = x'y'(y'^{-1}ny')n'$$

となります. $N \lhd G$ より, $y'^{-1}ny' \in N$ であることに注意すると,

$$xy \sim x'y'$$

となっていることがわかります. このことから,

$$xN = x'N, yN = y'N \Rightarrow xyN = x'y'N$$

がしたがいます. この 2 項演算が, 結合律にしたがうことは明らかです. また, G/N の単位元は N で, xN の逆元は $x^{-1}N$ であたえられることから, G/N は群の構造をもつことがわかります. ■

[定義] 剰余群

G を群, N を G の正規部分群とする. 商集合 G/N が 2 項演算 $(xN)(yN) = xyN$ を備えることによってできる群を, G の N による剰余群という.

アーベル群 $\mathbb{Z}$ の部分群 $m\mathbb{Z}$ による剰余群 $\mathbb{Z}/m\mathbb{Z}$ を考えてみましょう. 剰余群 $\mathbb{Z}/m\mathbb{Z}$ における加法は,

$$(x + m\mathbb{Z}) + (y + m\mathbb{Z}) = x + y + m\mathbb{Z}$$

というもので, mod m の加法になっています.

つまり, $\mathbb{Z}/m\mathbb{Z}$ と $\mathbb{Z}_m$ の演算表の構造は等しく, これらは同一のアーベル群とみなすことができます. 例えば, $\mathbb{Z}/3\mathbb{Z}$ の演算表は次のようになっています.

	$3\mathbb{Z}$	$1+3\mathbb{Z}$	$2+3\mathbb{Z}$
$3\mathbb{Z}$	$3\mathbb{Z}$	$1+3\mathbb{Z}$	$2+3\mathbb{Z}$
$1+3\mathbb{Z}$	$1+3\mathbb{Z}$	$2+3\mathbb{Z}$	$3\mathbb{Z}$
$2+3\mathbb{Z}$	$2+3\mathbb{Z}$	$3\mathbb{Z}$	$1+3\mathbb{Z}$

群が指数 2 の部分群をもつとき, その部分群は正規部分群になります. つまり偶数位数の群に対して, 位数が半分の部分群は正規部分群です.

指数 2 の部分群

群 G の指数 2 の部分群 H は, G の正規部分群.

[証明] H を G の指数 2 の部分群とします. このとき $x \in G \setminus H$ を任意にとると, $G = H \cup xH$ と左剰余類に分解します. 同時に $G = H \cup Hx$ と右剰余類にも分解します. したがって,

$$xH = G \setminus H = Hx$$

が成り立ちます. $x \in H$ に対しては,

$$xH = H = Hx$$

が成り立ちます. したがって, 任意の $x \in G$ に対して $xH = Hx$ が成り立ちます. ■

3話

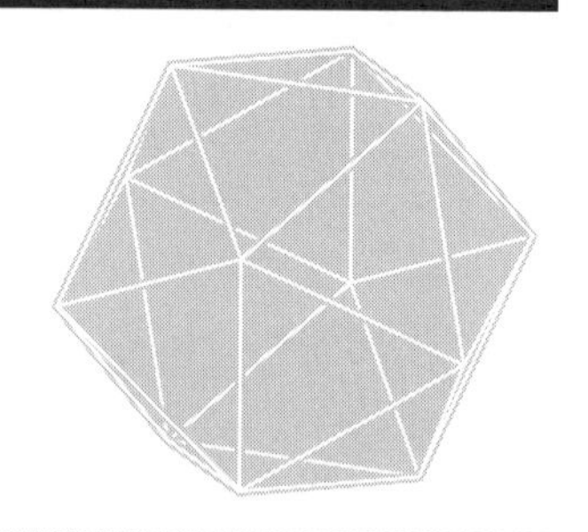

演算を保つ写像

今までの議論の中でもすでに, あの群とこの群は同じとみなせる, というようなことをいってきました. 演算表を見比べてそういえていたのですが, ここでは2つの群が同じであることの, もう少しきちんとした定式化をしておきます.

2つの集合 S, T が同じであることは, 全単射 $S \to T$ があることによって定義され, S と T の間の全単射があるとき, S と T は集合として同型であるといいます. 有限集合の場合, 元の個数が同じものは, すべて同型ということになります.

群は2項演算を備えた集合ですので, 2つの群が同じであるためには, 集合として同じである上に, 2項演算の構造も同じである必要があります. そのことを定式化するために, 演算の構造を保つ写像を用います.

G, G' を群とし, それぞれ2項演算 P, P' を備えているとします. 写像 $f : G \to G'$ が演算の構造を保つ, とは何を意味するのか考えてみましょう. 写像 $f : G \to G'$ があたえられると, 自然に直積集合の間の写像

$$f \times f : G \times G \to G' \times G'; (x, y) \mapsto (f(x), f(y))$$

が誘導されます. G の元のペア (x, y) を, 写像 $f \times f$ で $G' \times G'$ に写したものに2項演算 P' をほどこすと,

$$(P' \circ (f \times f))(x, y) = P'(f(x), f(y)) = f(x)f(y)$$

という結果がえられます. 一方, G の元のペア (x, y) に先に2項演算 P をほどこしたのち, f で G' に写したものは,

$$(f \circ P)(x, y) = f(xy)$$

となります. f が演算の構造を保つとは, これらの2通りの結果が一致するという意味です.

以上のことは, 次の可換図式によってあらわすとわかりやすいです.

$$\begin{array}{ccc} G \times G & \xrightarrow{f \times f} & G' \times G' \\ {\scriptstyle P}\downarrow & & \downarrow{\scriptstyle P'} \\ G & \xrightarrow[f]{} & G' \end{array}$$

この図式には, 4 つの集合が書かれていて, 集合どうしが写像をあらわす矢印で結ばれています. 左上の $G \times G$ から右下の G' に矢印をたどって行くのに, 時計回りと反時計回りの 2 通りの行き方があります. どちらのルートをとっても, 結果が同じであるときに, 図式は可換だといいます. 写像 f が演算の構造を保つことは, 上の図式が可換だということによって表現されています.

［定義］ 群準同型写像

群 G, G' の間の写像 $f : G \to G'$ は, 任意の x, $y \in G$ に対して

$$f(x)f(y) = f(xy)$$

がみたされるとき, 準同型, ないし準同型写像であるという.

群の他にも環や多元環などの代数系があって, それらの演算を保つ写像はすべて準同型とよばれます. ベクトル空間の間の線型写像も, 加法とスカラー倍を保つ準同型です. 群の準同型であることを強調するときには, 「群準同型」といえばよいです.

準同型による単位元の像

$f : G \to G'$ を群準同型とする. G, G' の単位元をそれぞれ e, e' とするとき, $f(e) = e'$ が成り立つ.

［証明］ e を G の単位元とすると, $f : G \to G'$ が準同型であることから, $f(e)f(e) = f(e)$ が成り立ちます. 両辺に左から $f(e)^{-1}$ を乗ずることにより, $f(e) = f(e)^{-1}f(e) = e'$ となることがわかります. ■

準同型による逆元の像

$f : G \to G'$ を群準同型とするとき, 任意の $x \in G$ に対して, $f\left(x^{-1}\right) = f(x)^{-1}$ が成り立つ.

[証明] $x \in G$ を任意にとると, f が準同型であることから $f(x)f(x^{-1}) = f(e) = e'$ がえられます. 左から $f(x)^{-1}$ を乗ずることにより, $f(x^{-1}) = f(x)^{-1}$ となることがわかります. ■

任意の群 G, G' に対して, G' の単位元への定値写像 $f : G \to G'; x \mapsto e'$ は準同型になっています. これは非常に簡単な準同型の例です. その他にもいくつか例をみていきましょう.

群 G と, G の正規部分群 N に対して, G から剰余群 G/N への自然な全射を

$$p : G \to G/N;\ x \mapsto xN$$

とすると, 任意の x, y に対して

$$p(x)p(y) = (xN)(yN) = xyN = p(xy)$$

ですので, 準同型になっています. 例えば, $G = \mathbb{Z}$, $N = m\mathbb{Z}$ とすれば, アーベル群の間の準同型

$$p : \mathbb{Z} \to \mathbb{Z}/m\mathbb{Z};\ x \mapsto x + m\mathbb{Z}$$

がえられます. つまり, 整数 x を自然数 m で割った余り, というのは準同型だということになります.

群 G と, G の部分群 H に対して, H の G への埋入写像

$$i : H \to G;\ h \mapsto h$$

は単射準同型です.

2 つの元からなる集合 $C_2 = \{\pm 1\}$ は, 乗法に関して群となっています. n 次対称群 S_n 上の, C_2 に値をとる符号関数

$$\mathrm{sgn} : S_n \to C_2;\ \sigma \mapsto \mathrm{sgn}(\sigma)$$

は, 準同型になっています.

実数全体のなす集合 $\mathbb{R}$ は, 乗法に関してモノイドです. これの単元群 $\mathbb{R}^{\times} = \mathbb{R} \setminus \{0\}$ を実数の乗法群とよぶことにします. n 次実一般線型群上の

行列式関数

$$\det : GL_n(\mathbb{R}) \to \mathbb{R}^{\times}; A \mapsto \det(A)$$

は, 任意の $A, B \in GL_n(\mathbb{R})$ に対して

$$\det(A)\det(B) = \det(AB)$$

が成り立つことから, 準同型です.

[定義] 準同型の核, 像

群準同型 $f : G \to G'$ に対して, G' の単位元 e' の f による原像

$$f^{-1}\left[e'\right] = \left\{x \in G \;\middle|\; f(x) = e'\right\}$$

を準同型 f の核とよび, $\mathrm{Ker}(f)$ とあらわす. G の準同型 f による像

$$f(G) = \left\{f(x) \in G' \;\middle|\; x \in G\right\}$$

を, $\mathrm{Im}(f)$ とあらわす.

準同型の基本的な性質をいくつかおさえておきましょう.

準同型が単射であるための必要十分条件

群準同型 $f : G \to G'$ が単射であるための必要十分条件は, $\mathrm{Ker}(f) = \{e\}$ が成り立つこと.

[証明] 必要性を示すために, 準同型 $f : G \to G'$ が単射だとします. $f(e) = e'$ であることから, $x \neq e$ ならば $f(x) \neq e'$ です. これから $\mathrm{Ker}(f) = \{e\}$ がしたがいます.

次に, 十分性を示すために $\mathrm{Ker}(f) = \{e\}$ とします. ある $x, y \in G$ に対して, $f(x) = f(y)$ が成り立つとすると.

$$f\left(xy^{-1}\right) = f(x)f(y)^{-1} = e'$$

より, $xy^{-1} = e$ です. これから $x = y$ でなければならないので, f は単射です.

■

準同型の核は正規部分群

群準同型 $f : G \to G'$ に対して, $\mathrm{Ker}(f)$ は G の正規部分群.

[証明] $k, k' \in \mathrm{Ker}(f)$ とすると，［準同型による逆元の像］を用いて，

$$f\bigl(kk'^{-1}\bigr) = f(k)f\bigl(k'\bigr)^{-1} = e'e'^{-1} = e'$$

となるので, $kk'^{-1} \in \mathrm{Ker}(f)$ となります．第 2 話の［部分集合が部分群となる条件］により, $\mathrm{Ker}(f)$ は G の部分群です．$\mathrm{Ker}(f)$ の任意の元 k をとります．任意の $x \in G$ に対し,

$$f\bigl(xkx^{-1}\bigr) = f(x)f(k)f\bigl(x^{-1}\bigr) = f(x)e'f(x)^{-1} = e'$$

となることから, $xkx^{-1} \in \mathrm{Ker}(f)$ がいえます．したがって, $x\,\mathrm{Ker}(f)x^{-1} \subset \mathrm{Ker}(f)$ が成り立ちます．次に, 任意の $k \in \mathrm{Ker}(f)$, $x \in G$ に対し,

$$k = x\bigl(x^{-1}kx\bigr)x^{-1}$$

と書き直しておくと, $x^{-1}kx \in \mathrm{Ker}(f)$ であることから, $k \in x\,\mathrm{Ker}(f)x^{-1}$, したがって, $\mathrm{Ker}(f) \subset x\,\mathrm{Ker}(f)x^{-1}$ が成り立つことがわかります．以上より, 任意の $x \in G$ に対して $x\,\mathrm{Ker}(f)x^{-1} = \mathrm{Ker}(f)$ なので, $\mathrm{Ker}(f) \lhd G$ です． ■

準同型の像は終域の部分群

群準同型 $f : G \to G'$ に対し, 準同型の像 $\mathrm{Im}(f)$ は G' の部分群.

[証明] x', $y' \in \mathrm{Im}(f)$ を任意にとります． x, $y \in G$ がとれて, $x' = f(x)$, $y' = f(y)$ となっています．このとき,

$$x'y'^{-1} = f(x)f(y)^{-1} = f\bigl(xy^{-1}\bigr) \in \mathrm{Im}(f)$$

が成り立ちます．第 2 話の［部分集合が部分群となる条件］により, $\mathrm{Im}(f) \leq G'$ がしたがいます． ■

2 つの群が同じかどうかについて, 定式化しておきましょう.

［定義］ 群の同型

群 G, G' の間の準同型 $f : G \to G'$ は, 全単射であるときに, 同型, ないし同型写像であるという．同型 $f : G \to G'$ がとれるとき, G と G' は同型であるといい, $G \simeq G'$ であらわす.

同型 $G \simeq G'$ が成り立つとき, 群 G と群 G' は同じものだとみなすことができます．同型 $f : G \to G'$ は, 演算を保つ上に, 集合としての同型をあたえるからです．同型は次の同値関係にしたがうことから, 群をクラス分けできることになります.

同型関係

任意の群 G, G', G'' に対して,

- $G \simeq G$.
- $G \simeq G'$ ならば $G' \simeq G$.
- $G \simeq G'$ かつ $G' \simeq G''$ ならば $G \simeq G''$.

が成り立つ.

[証明] まず, 恒等写像 $i : G \to G$ が同型となっていることから, $G \simeq G$ がしたがいます.

次に, $G \simeq G'$ とすると, 同型 $f : G \to G'$ がとれます. f は全単射なので, 逆写像 $f^{-1} : G' \to G$ をもちます. 任意の x', $y' \in G'$ に対して, $x = f^{-1}(x')$, $y = f^{-1}(y')$ とすると,

$$f(xy) = f(x)f(y) = x'y'$$

より, $xy = f^{-1}(x'y')$ となります. したがって,

$$f^{-1}(x')f^{-1}(y') = f^{-1}(x'y')$$

が成り立ち, f^{-1} は準同型です. また f^{-1} は全単射であることから, 同型 $G' \simeq G$ がしたがいます.

次に, $G \simeq G'$ かつ $G' \simeq G''$ が成り立つとすると, 同型 $f : G \to G'$, $g : G' \to G''$ がとれます. 任意の $x, y \in G$ に対し,

$$(g \circ f)(x)(g \circ f)(y) = g(f(x))g(f(y)) = g(f(x)f(y)) = g(f(xy)) = (g \circ f)(xy)$$

が成り立つことから, $g \circ f : G \to G''$ は準同型です. また, $g \circ f$ は全単射の合成として全単射ですので, 同型 $G \simeq G''$ が成り立ちます. ■

加法群 $\mathbb{Z}_2 = \{0, 1\}$ と, 演算表

	1	−1
1	1	−1
−1	−1	1

によってさだめられる乗法群 $C_2 = \{\pm 1\}$ の間には, 同型

$$f : \mathbb{Z}_2 \mapsto C_2;\ x \mapsto (-1)^x$$

があるので, $C_2 \simeq \mathbb{Z}_2$ です.

アーベル群 $\mathbb{Z}_m$, $\mathbb{Z}/m\mathbb{Z}$ の同型 $\mathbb{Z}_m \simeq \mathbb{Z}/m\mathbb{Z}$ は,

$$f : \mathbb{Z}_m \to \mathbb{Z}/m\mathbb{Z};\ x \mapsto x + m\mathbb{Z}$$

であたえられます.

群の間の写像として考えることになるのは準同型で, その他の場合はあまりないと思っていてよいです. 群を調べていく上では, 準同型定理とよばれるものが基本操作として用いられます.

準同型定理

G, G' を群, $f : G \to G'$ を準同型とする. このとき, 同型 $G/\operatorname{Ker}(f) \simeq \operatorname{Im}(f)$ が成り立つ.

[証明] 写像 $g : G/\operatorname{Ker}(f) \to G'$ を,

$$g : x\operatorname{Ker}(f) \mapsto f(x)$$

によってさだめます. $x\operatorname{Ker}(f) = y\operatorname{Ker}(f)$ ならば, $n \in \operatorname{Ker}(f)$ がとれて $x = yn$ と書けることから,

$$g(x\operatorname{Ker}(f)) = f(x) = f(yn) = f(y)f(n) = f(y) = g(y\operatorname{Ker}(f))$$

が成り立ちます. つまり, $g : G/\operatorname{Ker}(f) \to G'$ は代表元のとり方によらずさだまっているので, うまく定義されていることがわかります. g は準同型になっていて, それは

$$g(x\operatorname{Ker}(f))g(y\operatorname{Ker}(f)) = f(x)f(y) = f(xy) = g(xy\operatorname{Ker}(f))$$

よりしたがいます.

$p : G \to G/\operatorname{Ker}(f);\ x \mapsto x\operatorname{Ker}(f)$ を自然な全射とします. このとき, 任意の $x \in G$ に対して,

$$(g \circ p)(x) = g(p(x)) = g(x\operatorname{Ker}(f)) = f(x)$$

が成り立つことがわかります. あるいは, 図式

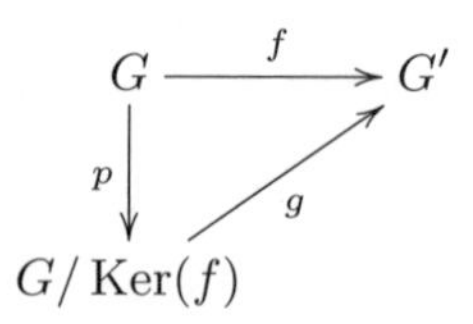

が可換だといってもよいです.

$g(x\,\mathrm{Ker}(f)) = e'$ が成り立つとすれば, $f(x) = e'$ より $x \in \mathrm{Ker}(f)$ となります. これは $\mathrm{Ker}(g) = \{\mathrm{Ker}(f) \in G/\mathrm{Ker}(f)\}$ を意味します. 剰余類 $\mathrm{Ker}(f)$ が剰余群 $G/\mathrm{Ker}(f)$ の単位元であることに注意すれば, [準同型が単射となるための必要十分条件] より, g は単射準同型であることがわかります. したがって, 終域を $\mathrm{Im}(g) = \mathrm{Im}(f)$ とすることにより, $g : G/\mathrm{Ker}(f) \to \mathrm{Im}(f)$ は全単射, つまり同型となります. ■

先ほど例にあげた同型 $\mathbb{Z}/m\mathbb{Z} \simeq \mathbb{Z}_m$ については, 整数 x に x を m でわった余り $\mathrm{mod}(x, m)$ を対応させる準同型

$$f : \mathbb{Z} \to \mathbb{Z}_m;\ x \mapsto \mathrm{mod}(x, m)$$

を考えるとよいです. $\mathrm{Ker}(f) = m\mathbb{Z}$, $\mathrm{Im}(f) = \mathbb{Z}_m$ となるので, [準同型定理] をとおして, $\mathbb{Z}/m\mathbb{Z} \simeq \mathbb{Z}_m$ が理解できます.

以上が, ここで話したかったことなのですが, もう少しだけ関連することをみておきましょう. 群 G の部分群 H と正規部分群 N をとったときの話です.

$N \lhd HN \leq G$

群 G に対して, $H \leq G$, $N \lhd G$ ならば $N \lhd HN \leq G$ が成り立つ. ただし,

$$HN = \{hn \in G \mid h \in H, n \in N\}$$

とする.

[証明] はじめに HN が G の部分群となっていることを示します. $x, y \in HN$ を任意にとると, $h, h' \in H$, $n, n' \in N$ がとれて, $x = hn$, $y = h'n'$ と書けます. このとき,

$$xy^{-1} = (hn)(h'n')^{-1} = hnn'^{-1}h'^{-1} = hh'^{-1}\underbrace{(h'nn'^{-1}h'^{-1})}_{\in N} \in HN$$

ですので, 第 2 話の [部分集合が部分群となる条件] により, $HN \leq G$ となっていることがわかります.

次に, N が HN の正規部分群になっていることを確かめます. 任意の $n \in N$ に対して, $n = en \in HN$ となっていることから, $N \subset HN$, したがって $N \leq HN$ となっていることは明らかです. $N \lhd G$ であることから, 任意の $x \in HN$ に対して $xNx^{-1} = N$ が成り立ちます. したがって, $N \lhd HN$ となっています. ■

剰余群 HN/N がどのようなものか考えてみましょう. HN/N の $x \in HN$ を代表元とする剰余類は xN という形をしています. このとき $h \in H$, $n \in N$ がとれて $x = hn$ と書けます. $h \in HN$ で, $h^{-1}x = n \in N$ なので, x と h は N に関して合同です. つまり, $xN = hN$ です. 少し回りくどく推論しましたが, もっと簡単に $xN = hnN = hN$ のように考えることもできます. つまり, xN の代表元としては, H の元をとってくることができることになります.

H の元 h, h' に対して, $hN = h'N$ となる必要十分条件は, $h^{-1}h' \in N$ となることです. つまり, $m \in H \cap N$ がとれて $h' = hm$ が成り立つようにできるときです. xN の代表元としては H の元をとることができますが, そのとり方には, $H \cap N$ だけの自由度があることがわかりました.

$H \cap N \lhd H$

群 G に対し, $H \leq G$ かつ $N \lhd G$ ならば, $H \cap N \lhd H$ が成り立つ.

[証明] $H \cap N$ が H の部分集合であることは明らかです. $m, m' \in H \cap N$ のとき, $m, m' \in H$ であることから $mm'^{-1} \in H$ です. また, $m, m' \in N$ であることから $mm'^{-1} \in N$ ですので, $mm'^{-1} \in H \cap N$ が成り立ちます. したがって, 第 2 話の［部分集合が部分群となる条件］より, $H \cap N \leq H$ となっています.

$m \in H \cap N$ を任意にとります. $h \in H$ に対して, $m \in N$ であることから $hmh^{-1} \in N$ です. また, $m \in H$ であることから $hmh^{-1} \in H$ がしたがいます. これらから, $h(H \cap N)h^{-1} \subset H \cap N$ がわかります. 逆に

$$m = h\underbrace{(h^{-1}mh)}_{\in H \cap N}h^{-1} \in h(H \cap N)h^{-1}$$

ですので, $H \cap N \subset h(H \cap N)h^{-1}$ も成り立ちます. 以上より, 任意の $h \in H$ に対して $h(H \cap N)h^{-1} = H \cap N$ が成り立つことになります. つまり, $H \cap N \lhd H$ となっています. ■

同型定理とよばれるものがいくつかあって,［準同型定理］もそのうちの 1 つです. それぞれ内容は違うのですが, その中の 1 つに, 剰余群 HN/N が剰余群 $H/(H \cap N)$ と同型になっていると主張するものがあります.

同型定理

群 G に対し, $H \leq G$ かつ $N \lhd G$ ならば, $HN/N \simeq H/(H \cap N)$ が成り立つ.

[証明] 写像

$$f : H \to HN/N; h \mapsto hN$$

を考えます. $f(h)f(h') = (hN)(h'N) = hh'N = f(hh')$ より, f は準同型です. また, HN/N の任意の剰余類は, 代表元として H の元をとることができることから, f は全射です. $f(h) = N$ となるための必要十分条件は, $h \in H \cap N$ となることですので, $\mathrm{Ker}(f) = H \cap N$ です. したがって, [準同型定理] より,

$$H/(H \cap N) = H/\mathrm{Ker}(f) \simeq \mathrm{Im}(f) = HN/N$$

となります. ■

4話

群の作用

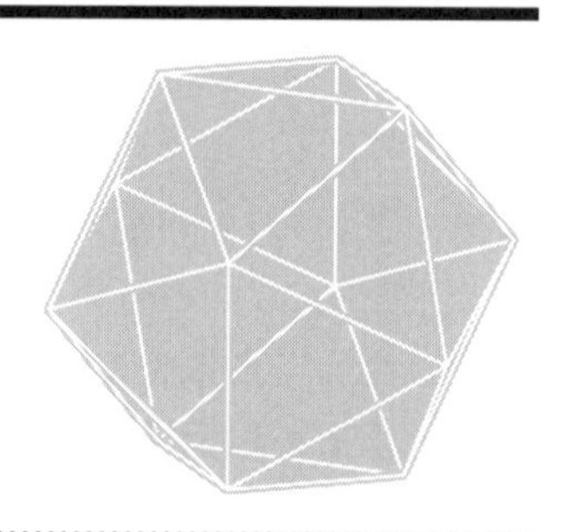

図形の対称性には群が関わっています．図形に対称性があるというのは，図形に何らかの変換をほどこしたときに，図形が不変に保たれることをいいます．正3角形は，重心に関する120° 回転に対して不変ですし，2等辺3角形は，中線に関する鏡映に対して不変です．

ある図形を不変に保つ変換全体のなす集合は，変換の合成を2項演算とする群になります．結晶などの空間的な規則性を問題とするとき，平行移動や空間回転などの，ユークリッド空間に作用する変換を考えますが，物理系の状態空間や物理系を特徴づけている特性関数のすむ関数空間などの，もっと抽象的な空間に作用する変換を考えることもあります．

群を空間に作用させることによって，群の色々な性質がみえてきます．そのことを，有限群に関する基本的な結果である，シローの定理の証明をたどりながらみていきたいと思います．

有限群 G の部分群の位数が G の位数をわりきることは，すでにわかっています．これに対し，$^{\#}G$ の約数 a を任意にとってきたところで，位数 a の部分群がとれるかどうかはわかりません．シローの定理は，任意の素数 p に対して，$^{\#}G$ をわりきるような最大の p べきを p^k とするとき，G の位数 p^k の部分群がとれること，位数 p^k の部分群は互いに共役で，$\bmod p$ で1個あることを保証するものです．シローの定理自体はとても強力で，群の構造を調べるのに役に立ちます．

［定義］ 群の作用

群 G の，集合 X への左作用とは，写像

$$L : G \times X \to X;\ (g, x) \mapsto L(g, x)$$

であって, 条件

- 任意の $g, h \in G$ と $x \in X$ に対して $L(g, L(h, x)) = L(gh, x)$ が成り立つ.
- G の単位元 e と任意の $x \in X$ に対して, $L(e, x) = x$ が成り立つ.

をみたすもののこと. このとき, G は X へ左から作用するといい, G を X の変換群, X を G 集合という.

左作用の結果 $L(g, x)$ を $g \cdot x$ と書くことにします. そうすると, 左作用の条件は

$$g \cdot (h \cdot x) = (gh) \cdot x \quad (\forall g, \forall h \in G, \forall x \in X)$$
$$e \cdot x = x \quad (\forall x \in X)$$

と書けることになります. $g \cdot (h \cdot x) = (gh) \cdot x$ より, $g \cdot (h \cdot x)$ のことを $gh \cdot x$ と書いても意味が通じることになります.

右作用というのは,

$$R : G \times X \to X;\ (g, x) \mapsto x \cdot g$$

で,

$$(x \cdot g) \cdot h = x \cdot (gh) \quad (\forall g, \forall h \in G, \forall x \in X)$$
$$x \cdot e = x \quad (\forall x \in X)$$

をみたすもののことです. 以下では主に左作用のみを考え, 左作用のことを単に作用とよんだり, G は X に作用する, などということにします.

例えば, n 次対称群 S_n は $X = \{1, \ldots, n\}$ に, $\sigma \cdot x = \sigma(x)$ によって作用します.

作用は全単射

群 G が集合 X に作用しているとき, 任意の $g \in G$ に対して, $L_g : X \to X;\ x \mapsto g \cdot x$ は X 上の全単射をあたえる.

[証明] 任意の $g \in G$ に対して, $L_{g^{-1}} \circ L_g : X \to X$ は X 上の恒等写像, 特に全単射ですので, L_g は全単射です. ■

X 上の全単射全体のなす集合は, 写像の合成を 2 項演算とする群の構造をもちます. これを, X 上の対称群といい, $\mathrm{Sym}(X)$ であらわします. 対応

$L: G \to \mathrm{Sym}(X);\ g \mapsto L_g$ は, $(L_g \circ L_h)(x) = g\cdot(h\cdot x) = (gh)\cdot x = L_{gh}(x)$ より, $L_g \circ L_h = L_{gh}$ をみたすので, G から $\mathrm{Sym}(X)$ への準同型になっています.

[定義] 軌道

群 G が集合 X に作用しているとする. $x \in X$ に対して,

$$G \cdot x = \{g \cdot x \mid g \in G\}$$

を, x の軌道という.
G 集合 X 上に,

$$x \sim y \Leftrightarrow G \cdot x = G \cdot y$$

によって 2 項関係を定義すると, 「$\sim$」は X 上の同値関係をあたえる. この同値関係による商集合 $X/\sim$ は軌道全体のなす集合で, これを X/G と書き, 軌道空間という.

2 次特殊直交群は,

$$SO_2 = \left\{ \begin{pmatrix} \cos\theta & -\sin\theta \\ \sin\theta & \cos\theta \end{pmatrix} (= A_\theta) \in GL_2(\mathbb{R}) \;\middle|\; \theta \in \mathbb{R} \right\}$$

であたえられる $GL_2(\mathbb{R})$ の部分群です. SO_2 は, 数ベクトル空間

$$\mathbb{R}^2 = \left\{ \begin{pmatrix} x \\ y \end{pmatrix} (= \boldsymbol{x}) \;\middle|\; x, y \in \mathbb{R} \right\}$$

に,

$$L: (A_\theta, \boldsymbol{x}) \mapsto A_\theta \cdot \boldsymbol{x} = \begin{pmatrix} \cos\theta & -\sin\theta \\ \sin\theta & \cos\theta \end{pmatrix} \begin{pmatrix} x \\ y \end{pmatrix} = \begin{pmatrix} x\cos\theta - y\sin\theta \\ x\sin\theta + y\cos\theta \end{pmatrix}$$

によって作用します. つまり, 作用 $\boldsymbol{x} \mapsto A_\theta \cdot \boldsymbol{x}$ は, SO_2 の行列によるベクトルの線型変換のことで, $A_\theta \in SO_2$ は xy-平面の θ 回転になっています. また, $\mathbb{R}^2$ の点 ${}^t(1,0)$ の軌道

$$SO_2 \cdot \begin{pmatrix} 1 \\ 0 \end{pmatrix} = \left\{ \begin{pmatrix} x \\ y \end{pmatrix} \in \mathbb{R}^2 \;\middle|\; x^2 + y^2 = 1 \right\}$$

は, $\mathbb{R}^2$ の単位円になります.

[定義] 安定化群

群 G が集合 X に作用しているとする. X の元 x を動かさない G の部分集合

$$G_x = \{g \in G \mid g \cdot x = x\}$$

は G の部分群となる. G_x を x の安定化群, ないし x の固定化群という.

G_x が G の部分群となることは, $g, h \in G_x$ ならば,

$$(gh^{-1}) \cdot x = (gh^{-1}) \cdot (h \cdot x) = (gh^{-1}h) \cdot x = g \cdot x = x$$

より, $gh^{-1} \in G_x$ が成り立つことと, 第 2 話の [部分集合が部分群となる条件] からわかります.

n 次対称群 S_n の $X = \{1, \ldots, n\}$ への作用を考えると, $1 \in X$ の固定化群 $(S_n)_1$ は, X の部分集合 $A = \{2, \ldots, n\}$ 上の対称群 $\mathrm{Sym}(A)$ のことなので, S_{n-1} に同型となります.

安定化群の共役性

群 G が集合 X に作用しているとする. X の点 x の軌道上の点 $g \cdot x$ の安定化群 $G_{g \cdot x}$ は $G_{g \cdot x} = gG_xg^{-1}$ であたえられる.

[証明]

$g' \in G_x$ を任意にとると

$$(gg'g^{-1}) \cdot (g \cdot x) = (gg') \cdot x = g \cdot (g' \cdot x) = g \cdot x$$

より $gg'g \in G_{g \cdot x}$ です. したがって, $gG_xg^{-1} \subset G_{g \cdot x}$ が成り立ちます. 同様に, $g'' \in G_{g \cdot x}$ を任意にとると,

$$(g^{-1}g''g) \cdot x = (g^{-1}g'') \cdot (g \cdot x) = g^{-1} \cdot (g'' \cdot (g \cdot x)) = g^{-1} \cdot (g \cdot x) = x$$

ですので, $g^{-1}G_{g \cdot x}g \subset G_x$, したがって $G_{g \cdot x} \subset gG_xg^{-1}$ が成り立ちます. 以上より, $G_{g \cdot x} = gG_xg^{-1}$ となっています. ■

次の軌道・安定化群定理は, 1 つの軌道に属する点の個数は, 軌道の 1 点の安定化群の指数に等しいという主張です. 有益な情報をあたえてくれることが多く, 群の作用を問題とするときには必ず考慮するものです.

軌道・安定化群定理

群 G が集合 X に作用しているとする. X の任意の元 x に対して, 商集合 G/G_x と x の軌道 $G \cdot x$ の間の全単射がある. 特に, G が有限群で X が有限集合のとき,

$$^{\#}G/^{\#}G_x = {}^{\#}(G \cdot x)$$

が成り立つ.

[証明] 写像

$$f : G \cdot x \to G/G_x;\ g \cdot x \mapsto gG_x$$

を考えます. $g \cdot x = g' \cdot x$ とすると, $\left(g^{-1}g'\right) \cdot x = g^{-1} \cdot \left(g' \cdot x\right) = g^{-1} \cdot (g \cdot x) = \left(g^{-1}g\right) \cdot x = x$ より, $g^{-1}g' \in G_x$, したがって $gG_x = g'G_x$ となっていて, f がうまく定義されていることが確かめられます. f は明らかに全射ですので, f が単射であることを示せばよいです. $f(g \cdot x) = f\left(g' \cdot x\right)$ が成り立つとすると, $gG_x = g'G_x$ より, g と g' は G_x に関して左合同で, $g^{-1}g' \in G_x$ が成り立ちます. したがって, $\left(g^{-1}g'\right) \cdot x = x$ が成り立ちます. 両辺に g を作用させると $g' \cdot x = g \cdot x$ となり, f は単射だとわかります.

G が有限群で, X が有限集合のとき, 全単射 $f : G \cdot x \to G/G_x$ があることから, これら 2 つの集合の元の個数の間には,

$$^{\#}(G \cdot x) = {}^{\#}(G/G_x)$$

という関係があることになります. 第 2 話の［ラグランジュの定理］より, 右辺は,

$$^{\#}(G/G_x) = (G : G_x) = {}^{\#}G/^{\#}G_x$$

となります. ■

群を何らかの空間に作用させるというのは, 非常に一般的な考え方で, 応用範囲も広いです. 上手に使えば, 意外なことがわかることもあります. 例えば, 有限群をある特殊な集合に作用させることにより, ある位数の部分群の性質について, かなり多くのことを知ることができます.

有限群 G の位数を素因数分解して, $^{\#}G = p_1^{k_1} \cdots p_r^{k_r}$ となったとしましょう. 例えばどんなことがわかるかといえば, 各 $i = 1, \ldots, r$ に対して, G は位数 $p_i^{k_i}$

の部分群をもつといったことです.

自然数 m が自然数 n をわりきることを,

$$m \mid n$$

によってあらわし, わりきらないことは,

$$m \nmid n$$

とあらわします.

G を有限群とします. また, 素数 p を 1 つとり, しばらく固定して考えます. G の位数をわりきるような, p の最高べきを p^k としましょう. つまり, $p^k \mid {}^\# G$ かつ $p^{k+1} \nmid {}^\# G$ が成り立つような非負の整数 k をとります. もちろん, ${}^\# G$ が p を約数にもたなければ $k = 0$ です. このとき, G の位数は, $p \nmid m$ となるような自然数 m を用いて ${}^\# G = p^k m$ と書けています. G の部分集合全体からなる集合を 2^G と書きます. 2^G の元の個数 ${}^\# 2^G$ は, $2^{{}^\# G}$ となっています. G の部分集合で, p^k 個の元からなるようなもの全体からなる集合

$$X = \left\{ A \in 2^G \;\middle|\; {}^\# A = p^k \right\}$$

を考えます. G の元 g と X の点 A に対して, G の部分集合

$$gA = \{ ga \in G \mid a \in A \}$$

が定義されます. 写像 $f : A \to gA;\, a \mapsto ga$ は全単射ですので, gA もまた X の点になっています. 実際

$$L : G \times X \to X;\, (g, A) \mapsto g \cdot A := gA$$

は G の X への左作用となっていることが確かめられます.

X の元の個数は, 2 項係数

$${}^\# X = \binom{p^k m}{p^k}$$

であたえられます.

2 項係数の合同式

p を素数, k, m を自然数とするとき, p を法とする合同式

$$\binom{p^k m}{p^k} \equiv m \pmod p$$

が成り立つ.

[証明] 整数係数の多項式 $P(x)$, $Q(x)$ に対して, $P(x) \equiv Q(x)$ を, 各 $i = 0, 1, \ldots$ について, $P(x)$ と $Q(x)$ の i 次の係数が, p を法として合同であることによって定義します. このとき, $P_1(x) \equiv Q_1(x)$ かつ $P_2(x) \equiv Q_2(x)$ ならば,

$$P_1(x)P_2(x) \equiv Q_1(x)Q_2(x)$$

が成り立ちます. 特に, $P(x) \equiv Q(x)$ ならば, $P(x)^n \equiv Q(x)^n$ が任意の自然数 n に対して成り立ちます.

多項式 $(1+x)$ を p 乗したものに対して,

$$(1+x)^p = 1 + px + \binom{p}{2} x^2 + \cdots + px^{p-1} + x^p \equiv 1 + x^p$$

が成り立ちます. 両辺を再度 p 乗すれば,

$$(1+x)^{2p} \equiv \left(1 + x^p\right)^p \equiv 1 + x^{2p}$$

がえられます. この操作を繰り返すことにより, 自然数 n に対して

$$(1+x)^{np} \equiv 1 + x^{np}$$

が成り立つことがわかりますので, $n = p^{k-1}$ ととることにより,

$$(1+x)^{p^k} \equiv 1 + x^{p^k}$$

がえられます. 今度は, 両辺を m 乗することにより,

$$(1+x)^{p^k m} \equiv \left(1 + x^{p^k}\right)^m = 1 + mx^{p^k} + \cdots$$

がえられます. 両辺の x^{p^k} の係数を比べることにより,

$$\binom{p^k m}{p^k} \equiv m \pmod p$$

が成り立つことがわかります. ■

集合 X は, いくつかの互いに交わらない軌道に分解します. つまり, X から代表元 $A_1, \ldots, A_r$ がとれて,

$$X = (G \cdot A_1) \cup \cdots \cup (G \cdot A_r)$$
$$\emptyset = (G \cdot A_i) \cap (G \cdot A_j) \quad (i \neq j)$$

が成り立つようにできます. これから,

$$^{\#}X = \sum_{i=1}^{r} {}^{\#}(G \cdot A_i)$$

がえられます. ［2 項関係の合同式］より, mod p で $^{\#}X \equiv m$ なので, 特に, $p \nmid {}^{\#}X$ です. したがって, $^{\#}(G \cdot A_i)$ のうち少なくとも 1 つは, p でわりきれないものがあることになります. つまり, $A_0 \in X$ がとれて, $^{\#}(G \cdot A_0) \nmid p$ が成り立つようにすることができます.

この A_0 の安定化群 G_{A_0} の位数を考えてみましょう. ［軌道・安定化群定理］を用いると,

$$^{\#}G_{A_0} = {}^{\#}G / {}^{\#}(G \cdot A_0) = p^k m / {}^{\#}(G \cdot A_0)$$

となることから, p^k は $^{\#}G_{A_0}$ をわりきります. 実は, G_{A_0} の位数はちょうど p^k であることが以下のようにわかります.

G_{A_0} の任意の元は, A_0 上の全単射になっています. 実際,

$$l : G_{A_0} \times A_0 \to A_0; \ (g, a) \mapsto ga$$

は G_{A_0} の A_0 への左作用となっています. A_0 の元 a を任意にとり, G_{A_0} の元 g, g' に対して $ga = g'a$ が成り立つとすると, a^{-1} を右から乗ずることにより. $g = g'$ でなければないことがわかります. したがって, 対応

$$G_{A_0} \to A_0; \ g \mapsto ga$$

は単射ということになります. これから, 集合の大きさに関して,

$$^{\#}G_{A_0} \leq {}^{\#}A_0 = p^k$$

が成り立つことになります. $p^k \mid {}^{\#}G_{A_0}$ とあわせると, G_{A_0} は G の位数 p^k の部分群であることがわかったことになります. このような部分群を, p シロー部分群といいます.

[定義] p シロー部分群

有限群 G の位数が, 素数 p と p でわりきれない自然数 m を用いて $p^k m$ と書けるとき, G の位数 p^k の部分群は G の p シロー部分群であるという.

p シロー部分群はいつもあるというのが, シローの定理の最初の主張です.

シローの定理 I

有限群 G の位数が素因数 p をもつとき, G は p シロー部分群をもつ.

すでにこのことは示してあるので, まとめるだけにしておきます.

[証明] 有限群 G の位数が, 素数 p と, p でわりきれない自然数 m を用いて $p^k m$ と書けるとします. 群 G の, 元の個数が p^k であるような部分集合全体のなす集合を X とすると, X は G 集合となります. X の元の個数は, [2項係数の合同式] より, p ではわりきれないことがわかります. したがって, X をいくつかの軌道に分解したとき, 少なくとも1つの軌道について, 軌道に属する X の元の個数は p ではわりきれないことになります. そのような軌道を $G \cdot A_0$ とすると, [軌道・安定化群定理] により, ${}^{\#}G_{A_0} = {}^{\#}G / {}^{\#}(G \cdot A_0)$ であることから, A_0 の安定化群 G_{A_0} の位数は p^k でわりきれます. 一方, $a \in A_0$ を任意にとると $G_{A_0} \to A_0;\ g \mapsto ga$ は単射であることから, G_{A_0} の位数は A_0 の元の個数以下, つまり p^k 以下であることがわかります. したがって, G_{A_0} の位数は p^k で, G_{A_0} は G の1つの p シロー部分群になっています. ■

p シロー部分群のように, 位数が素数 p のべきであるような部分群を p 部分群といいます.

[定義] p 群

位数が素数 p のべき乗であるような群を p 群という. 群 G の部分群 H が p 群であるとき, H は G の1つの p 部分群であるという.

有限群 G の1つの p シロー部分群を S とするとき, 任意の $g \in G$ に対して, 共役部分群 gSg^{-1} は p シロー部分群です. G の p シロー部分群は, このようなもの以外にあるでしょうか.

シローの定理 II

有限群 G の p シロー部分群を1つとり, S とする. G の任意の p 部分群 P に対して, S の共役部分群 gSg^{-1} がとれて, $P \subset gSg^{-1}$ が成り立つ. 特に, G の任意の p シロー群 S' は S に共役, つまり, $g \in G$ がとれて, $S' = gSg^{-1}$ が成り立つ.

[証明] 有限群 G の位数を $p^k m$ とします. ただし, p は素数, m は p でわりきれない自然数とします. S を G の1つの p シロー部分群とし, P を G の任意の p 部分群とします. P は

$$L : P \times G/S \to G/S; \ (h, gS) \mapsto h \cdot gS := hgS$$

によって, 商集合 G/S に作用します. この作用に関して, P 集合 G/S は, 互いに交わらない軌道の和に分解されます. その分解を

$$G/S = g_1S \cup \cdots \cup g_sS$$
$$\emptyset = g_iS \cap g_jS \quad (i \neq j)$$

とします. これから,

$$^{\#}(G/S) = \sum_{i=1}^{s} {}^{\#}(P \cdot g_iS) \tag{4.1}$$

がしたがいます. $g_iS \in G/S$ の安定化群を P_{g_iS} とすると, ［軌道・安定化群定理］により,

$$^{\#}(P \cdot g_iS) = {}^{\#}P / {}^{\#}P_{g_iS}$$

が成り立ちます. 右辺は $^{\#}P$ の約数なので, $^{\#}(P \cdot g_iS)$ は p のべき乗です. 一方第2話の［ラグランジュの定理］より,

$$^{\#}(G/S) = {}^{\#}G / {}^{\#}S = p^k m / p^k = m$$

です. これは, p ではわりきれない数ですので, 式 (4.1) の右辺には, 少なくとも1つ p ではわりきれない項があることになります. 各項は p のべき乗ですので, そのような項は1となるしかありません. したがって, $g_0 \in G$ がとれて, $^{\#}(P \cdot g_0S) = 1$ が成り立ちます. これは, P の作用で $g_0S \in G/S$ が不変だということを意味し, 任意の $h \in P$ に対して $hg_0S = g_0S$ が成り立つことになります. よって, hg_0 と g_0 は S に関して左合同で, $g_0^{-1}hg_0 \in S$, したがって

$$h \in g_0 S g_0^{-1}$$

となります．これから，$P \subset g_0 S g_0^{-1}$ がしたがいます．

特に，P が p シロー部分群の場合，P と $g_0 S g_0^{-1}$ の位数が等しいことから，$P = g_0 S g_0^{-1}$ となります．■

このように，すべての p シロー部分群は互いに共役で，p シロー部分群 S が 1 つ見つかれば，残りのものは gSg^{-1} という形のものしかないことがわかりました．もし，p シロー部分群 S が G の正規部分群ならば，$gSg^{-1} = S$ ですので，そのほかの p シロー部分群はないことがわかります．逆に，G の p シロー部分群が S しかないとすれば，任意の $g \in G$ に対して $gSg^{-1} = S$ が成り立つので，S は G の正規部分群となります．

［定義］ 正規化群

群 G の部分集合 A に対して，

$$N(A) = \left\{ g \in G \mid gAg^{-1} = A \right\}$$

は G の部分群となる．これを A の正規化群という．

ここで，$gAg^{-1} = \left\{ gag^{-1} \mid a \in A \right\}$ です．$N(A)$ が群になっていることは，任意の $g,\, g' \in N(A)$ に対して，

$$(gg'^{-1})A(gg'^{-1})^{-1} = (gg'^{-1})(g'Ag'^{-1})(gg'^{-1})^{-1} = gAg^{-1} = A$$

より，$gg'^{-1} \in N(A)$ となることと，第 2 話の［部分集合が部分群となる条件］からわかります．どうして正規化群という名前になっているかというと，H が G の部分群のとき，$H \triangleleft N(H)$ となるからです．

有限群 G が，p シロー部分群をいくつかもつとしましょう．その 1 つを S とすると，$S \triangleleft N(S)$ ですので，S は $N(S)$ の p シロー部分群となっていて，$N(S)$ に含まれる G の p シロー部分群は，それ以外にないということになります．次の定理は，p シロー部分群の個数に強い制限をかけるもので，群の構造を調べるときに有用です．

シローの定理 III

有限群 G の p シロー部分群の個数を n_p とすると，n_p は p シロー部分群の正規化群の指数に等しく，$n_p - 1$ は p でわりきれる．

[証明] 有限群 G の p シロー部分群の個数を n_p とし, G の p シロー部分群全体からなる集合族を $Y = \{S_1, \ldots, S_{n_p}\}$ とします. 定理の前半を示すために, 左作用

$$i : G \times Y \to Y;\ (g, S_i) \mapsto g \cdot S_i := gS_ig^{-1}$$

を考えます. ［シローの定理 II］より, p シロー部分群はすべて互いに共役ですので, G 集合 Y は 1 つの軌道からなります. また, S_1 の安定化群は S_1 の正規化群 $N(S_1)$ です. 以上のことから, ［軌道・安定化群定理］を用いると,

$$^{\#}G/^{\#}N(S_1) = {}^{\#}Y = n_p$$

がえられます. したがって, n_p は p シロー部分群の正規化群の指数 $(G : N(S_1))$ に等しく, 特に $^{\#}G$ の約数となります.

後半を示すために, 上の変換群を S_1 に制限して, 左作用

$$j : S_1 \times Y \to Y;\ (h, S_i) \mapsto h \cdot S_i := hS_ih^{-1}$$

を考えます. Y は S_1 集合となります. S_1 の軌道は, 1 点 $\{S_1\}$ となることに注意します. Y はこの作用に関して,

$$Y = \{S_1\} \cup \bigcup_{i=2}^{n_p} (S_1 \cdot S_i)$$

$$\emptyset = (S_1 \cdot S_i) \cap (S_1 \cdot S_j) \quad (i \neq j)$$

と n_p 個の軌道に分解します. これから,

$$n_p = {}^{\#}Y = 1 + \sum_{i=2}^{n_p} {}^{\#}(S_1 \cdot S_i)$$

となっていることがわかります. $i = 2, \ldots, n_p$ に対して, $^{\#}(S_1 \cdot S_i)$ が p の倍数となっていれば, $n_p \equiv 1 \pmod p$ が成り立つことになります. 実際, そうなっていることが示せます.

$i = 2, \ldots, n_p$ を任意にとり, $S_i \in Y$ の安定化群を G_i とします. G_i は S_i の部分群なので, 第 2 話の［ラグランジュの定理］より, G_i の位数は 1 または p のべき乗です. ［軌道・安定化群定理］より,

$$^{\#}(S_1 \cdot S_i) = {}^{\#}S_i/^{\#}G_i$$

ですので, $^{\#}(S_1 \cdot S_i)$ も 1 または p のべき乗です. したがって, $^{\#}(S_1 \cdot S_i) \neq 1$

を示せばよいことになります.

$^\#(S_1 \cdot S_i) = 1$ を仮定します. このとき $G_i = S_1$ で, 任意の $h \in S_1$ に対して, $hS_ih^{-1} = S_i$ が成り立つことになります. したがって, S_1 は S_i の正規化群 $N(S_i)$ に含まれることになります. $N(S_i)$ に含まれる p シロー部分群は1つですので, $S_1 = S_i$ となり不合理です.

したがって, 任意の $i = 2, \ldots, n_p$ に対して, 軌道 $S_1 \cdot S_i$ に属する p シロー部分群の個数は p の倍数ということになります. ■

以上の一連の結果がシローの定理の内容です. 有限群 G の位数が素因数 p をもつとき, G は p シロー部分群をもち, その個数は p を法として1個で, それらはすべて互いに共役な部分群になっていることがわかりました. 群 G を色々な集合に作用させることにより, 少しずつ手がかりがえられていく様子をみてきたわけですが, シローの定理の証明は, 群の作用を上手に用いるための, よい手本になっています.

5話

巡回群

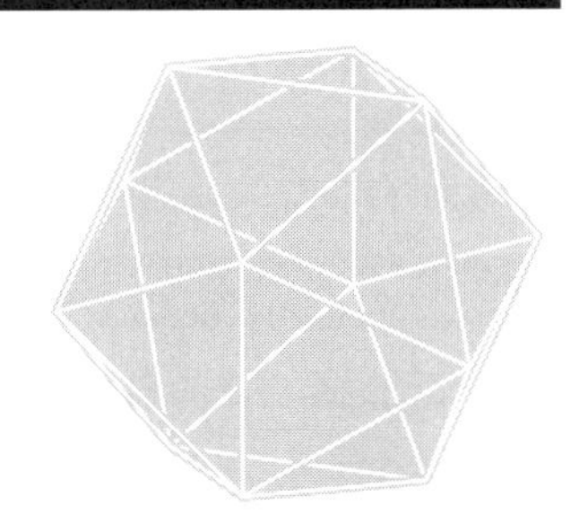

アーベル群 G というのは, 任意の $x, y \in G$ に対して $xy = yx$ が成り立つようなものでした. 2 項演算を加法で書くこともあります.

群は, その中のいくつかの元をとりだすことにより, それらのみを用いて, もとの群を再構成できることがあります. そのような元の集まりを生成系といいます. 1 つの元から生成される群はアーベル群になっていて, 巡回群とよばれます. 巡回群は, アーベル群の中でも基本的なものです. 巡回群の話は, 結局整数の加法の性質についての議論に落ち着きますので, 身近に感じられると思います. ここでは, 巡回群に関して基本的なことをみていきます.

[定義] 生成系

群 G の部分集合 S に対して, S の元, または S に属する元の逆元の, 有限個の積全体からなる集合

$$\langle S \rangle = \left\{ x_1^{\pm 1} \cdots x_n^{\pm 1} \in G \;\middle|\; n \in \mathbb{N}; x_i \in S \quad (i = 1, \ldots, n) \right\}$$

は, G の部分群となる. $\langle S \rangle$ を S の生成する部分群という. $G = \langle S \rangle$ が成り立つとき, S は G の生成系であるという. 生成系が有限個の元 $x_1, \ldots, x_r$ からなるとき, $\langle \{x_1, \ldots, x_r\} \rangle$ を $\langle x_1, \ldots, x_r \rangle$ と書く.

$\langle S \rangle$ が G の部分群となることは明らかでしょう. S の生成する部分群は, S を含む最小の G の部分群として特徴づけられます.

[定義] 巡回群

1 つの元 x で生成される群 $\langle x \rangle$ を, 巡回群という. x の位数が m のとき, $C_m = \langle x \rangle$ とあらわし, m 次巡回群という. x の位数が無限のとき, $\langle x \rangle$ を無

限巡回群という.

巡回群には, 実はよく知っているものしかありません.

巡回群はアーベル群

有限巡回群はある自然数 m に対して $\mathbb{Z}_m$ と同型. 無限巡回群は整数の加法群 $\mathbb{Z}$ と同型.

[証明] $G = \langle x \rangle$ とします. x の位数が有限で, m だとします. $m = 1$ のときは, G は単位群 e です. そこで, m を 2 以上の自然数とします. このとき, $x^{-1} = x^{m-1}$ となっています. したがって, $\langle x \rangle = \left\{ x^i \mid i = 0, 1, \ldots, m-1 \right\}$ となります. ただし, $x^0 = e$ としています. $f : \langle x \rangle \to \mathbb{Z}_m;\ x^i \mapsto i$ は同型となることが確かめられます.

x の位数が無限のとき, $x^{-i} := (x^{-1})^i$ とすれば, $\langle x \rangle = \left\{ x^i \mid i \in \mathbb{Z} \right\}$ となります. この場合も同様に, $f : \langle x \rangle \to \mathbb{Z};\ x^i \mapsto i$ が同型となります. ■

このように, 巡回群はアーベル群となります. いくつかの群を組み合わせて, 新しい群を作る方法の 1 つとして直積という操作があります. いくつかの巡回群から, 新たなアーベル群を作ることができます.

[定義] 群の直積

群 $G_1, \ldots, G_r$ の集合としての直積 $G = G_1 \times \cdots \times G_r$ は, 2 項演算

$$(x_1, \ldots, x_r)\big(x'_1, \ldots, x'_r\big) = \big(x_1 x'_1, \ldots, x_r x'_r\big)$$

によって群の構造をもつ. 群 G を $G_1, \ldots, G_r$ の直積群, ないし直積という.

直積群の位数は, $^\#(G_1 \times \cdots \times G_r) = \prod_{i=1}^{r} {}^\# G_i$ と, 位数の積になります.

アーベル群の直積がアーベル群になることは明らかです. 加法群 $G_1, \ldots, G_r$ の直積に対しては, 2 項演算を

$$(x_1, \ldots, x_r) + \big(x'_1, \ldots, x'_r\big) = \big(x_1 + x'_1, \ldots, x_r + x'_r\big)$$

と書くことにより, $G_1 \times \cdots \times G_r$ も加法群となります. 加法群の直積の単位元は $(0, \ldots, 0)$ です. また, 自然数 m に対して

$$m(x_1, \ldots, x_r) = (mx_1, \ldots, mx_r) \tag{5.1}$$

が成り立ちます. ただし, 加法群の元 x に対して, 自然数 m 倍を

$$mx = \underbrace{x + \cdots + x}_{m\text{ 個}}$$

としています. また, $0x$ は単位元, $(-mx)$ は逆元 $(-x)$ の m 倍のことだとすれば, 式 (5.1) は整数 m に対して成り立ちます.

簡単な例として, $\mathbb{Z}_2 \times \mathbb{Z}_3$ を考えてみましょう. $\mathbb{Z}_2 \times \mathbb{Z}_3$ は位数 6 のアーベル群です. $(1,1)$ を次々に足し合わせていくことにより,

$$\begin{aligned} &(1,1), & &2(1,1) = (0,2), & &3(1,1) = (1,0), \\ &4(1,1) = (0,1), & &5(1,1) = (1,2), & &6(1,1) = (0,0) \end{aligned}$$

となります. したがって, $(1,1)$ は位数 6 の元です. 途中で, $\mathbb{Z}_2 \times \mathbb{Z}_3$ の元はすべてあらわれています. したがって, $\mathbb{Z}_2 \times \mathbb{Z}_3 = \langle (1,1) \rangle$ となり, $\mathbb{Z}_6$ に同型だとわかります.

この例がなぜ巡回群になったのかを考えてみると, 次のことがいえると気が付きます.

巡回群の特徴づけ I

位数 n の群 G が巡回群であるための必要十分条件は, G が位数 n の元をもつこと.

巡回群の直積がいつも巡回群になるとは限りません. どのような場合に巡回群になるのでしょうか. この問題に答えるためには, 巡回群の性質について色々とみておく必要がありそうです. 基本的なところから, 積み上げていきましょう.

[定義]　最大公約数, 最小公倍数, 互いに素

いくつかの自然数 $a_1, \ldots, a_r$ の組に対して, 最大公約数を $\gcd(a_1, \ldots, a_r)$, 最小公倍数を $\mathrm{lcm}(a_1, \ldots, a_r)$ とあらわす. $\gcd(a_1, \ldots, a_r) = 1$ のとき, $a_1, \ldots, a_r$ は互いに素であるという.

自然数 $a_1, \ldots, a_r$ が互いに素であることと, どの 2 つをとっても互いに素であることは意味が違うので注意が必要です. 例えば, 2,3,4 は互いに素ですが, どの 2 つをとっても互いに素というわけではありません.

互いに素な自然数 a, b に対して, $\mathbb{Z}_a \times \mathbb{Z}_b$ が巡回群となることならば, 簡単

にわかります. $m(1,1)=(0,0)$ になるのは, m が a, b の公倍数となるときなので, $(1,1)$ の位数は $\mathrm{lcm}(a,b)=ab={}^{\#}(\mathbb{Z}_a\times\mathbb{Z}_b)$ となるからです. 問題なのは, 互いに素ではない自然 a, b に対して, $\mathbb{Z}_a\times\mathbb{Z}_b$ が巡回群になることがあるかどうかです.

このような問題は結局, 整数の加法の性質に関するものです. 基本的な概念を導入しておきましょう.

[定義] オイラーの φ 関数

自然数 n に対して, n と互いに素な n 以下の自然数の個数を $\varphi(n)$ と書く. $\varphi:\mathbb{N}\to\mathbb{N}$ をオイラーの φ 関数という.

例えば, $\varphi(1)=1$, $\varphi(2)=1$, $\varphi(3)=2$, $\varphi(4)=2,\ldots$ です.

オイラーの φ 関数の値は, 以下のように計算できます.

素数べきに対するオイラーの φ 関数

素数 p と自然数 k に対して, $\varphi\left(p^k\right)=p^k-p^{k-1}$ が成り立つ.

[証明] 素数べき p^k と互いに素ではない p^k 以下の自然数が, p の倍数 pm $(m=1,\ldots,p^{k-1})$ であることからしたがいます. ■

次は, オイラーの φ 関数の乗法性についてです.

φ 関数の乗法性

互いに素な自然数 a, b に対して, $\varphi(ab)=\varphi(a)\varphi(b)$ が成り立つ.

[証明] a, b を互いに素な自然数とします. このとき, $f:\mathbb{Z}_{ab}\to\mathbb{Z}_a\times\mathbb{Z}_b;\ m\mapsto(m,m)$ は群の同型をあたえます. n 以下の自然数のうち, n と互いに素な自然数全体のなす集合を X_n と書くことにします.

a と b は互いに素なので, a, b を素因数分解したときに, 共通の素因数をもちません. このことに注意すると「自然数 m に対して, m, a が互いに素かつ m, b が互いに素である必要十分条件は, m, ab が互いに素であること」が成り立つことがわかります. すると, $m\in X_{ab}$ は, $f(m)=(m,m)$ によって, $X_a\times X_b$ の元に1対1対応することになります. これから,

$$^{\#}X_{ab}={}^{\#}(X_a\times X_b)={}^{\#}X_a{}^{\#}X_b$$

すなわち, $\varphi(ab) = \varphi(a)\varphi(b)$ が成り立つことがわかります. ■

具体例でみると, 上の証明の意味がわかると思います. $X_4 = \{1,3\} \subset \mathbb{Z}_4$, $X_5 = \{1,2,3,4\} \subset \mathbb{Z}_5$, $X_{20} = \{1,3,7,9,11,13,17,19\} \subset \mathbb{Z}_{20}$ を考えてみましょう. 同型 $f : \mathbb{Z}_{20} \to \mathbb{Z}_4 \times \mathbb{Z}_5;\ m \mapsto (m,m)$ による X_{20} の元の値は,

$$f(1) = (1,1),\quad f(3) = (3,3),\quad f(7) = (3,2),\quad f(9) = (1,4),$$
$$f(11) = (3,1),\quad f(13) = (1,3),\quad f(17) = (1,2),\quad f(19) = (3,4)$$

となっていて, $X_4 \times X_5$ の中をちょうど 1 周しています.

これから, 一般の自然数 n に対して $\varphi(n)$ の具体形がわかります.

φ 関数の具体形

自然数 n の素因数分解を $p_1^{k_1} \cdots p_r^{k_r}$ とするとき,

$$\varphi(n) = \prod_{i=1}^{r}(p_i^{k_i} - p_i^{k_i-1}) = n\prod_{i=1}^{r}\frac{p_i - 1}{p_i}$$

が成り立つ.

次は, 自然数を φ 関数の和として書く公式です.

巡回群の元の位数

n を自然数, $d \mid n$ とするとき, 巡回群 $\mathbb{Z}_n$ の位数 d の元の個数は $\varphi(d)$ であたえられる. 特に

$$n = \sum_{d|n}\varphi(d)$$

が成り立つ.

[証明] 巡回群 $\mathbb{Z}_n$ を考えます. 単位元を n と書き, $\mathbb{Z}_n = \{1, \ldots, n\}$ とします. n 以下の自然数 a の倍数の列 $\{ia\}_{i=1,2,\ldots}$ がはじめて n の倍数となるのは, $ia = \mathrm{lcm}(a,n)$ となるときです. $\mathrm{lcm}(a,n)\gcd(a,n) = an$ の関係がありますので, これは $i = n/\gcd(a,n)$ のときです. これから, $a \in \mathbb{Z}_n$ の位数は

$$\mathrm{ord}(a) = \frac{n}{\gcd(a,n)}$$

だとわかります. したがって, $d \mid n$ に対して, $\mathbb{Z}_n$ の位数 d の元全体からなる部分集合は

$$Y_d = \{a \in \mathbb{Z}_n \mid \gcd(a, n) = n/d\}$$

であたえられることになります．また, $\mathbb{Z}_n$ を元の位数によって類別することにより,

$$\mathbb{Z}_n = \bigcup_{d|n} Y_d$$

がえられます．

Y_d の元は $q := n/d$ の倍数となるので, $q, 2q, 3q, \ldots, dq$ の中にあります．この中で, $\gcd(j, d) = 1$ となるような自然数 j を用いて jq として書けるもののみが, $\gcd(jq, n) = q$ をみたします．つまり, ${}^{\#}Y_d = \varphi(d)$ です．したがって,

$$n = {}^{\#}\mathbb{Z}_n = {}^{\#}\left(\bigcup_{d|n} Y_d\right) = \sum_{d|n} {}^{\#}Y_d = \sum_{d|n} \varphi(d)$$

となります． ■

例えば, $n = 6$ の約数は $d = 1, 2, 3, 6$ で,

$$Y_1 = \{6\}, \quad Y_2 = \{3\}, \quad Y_3 = \{2, 4\}, \quad Y_6 = \{1, 5\}$$

となります．

このことを用いると, 有限巡回群の特徴づけができます．

巡回群の特徴づけ II

有限群 G が巡回群であるための必要十分条件は, $d \mid {}^{\#}G$ をみたす任意の自然数 d に対して, 単位元 e の d 乗根の個数が d 以下となること．ただし, 単位元 e の d 乗根とは, $x^d = e$ をみたす $x \in G$ のこと．

[証明] 有限群 G の位数をわりきる自然数 d に対して, G の単位元 e の d 乗根全体のなす集合を

$$\sqrt[d]{e} = \left\{x \in G \,\middle|\, x^d = e\right\}$$

と書くことにします．

必要性を先にみます．G を位数 n の巡回群とし, x を G の生成元とすると, x は位数 n の元で $x^n = e$ をみたします．任意の $d \mid n$ をとり, $n = qd$ とします．自然数 a に対して $\left(x^{aq}\right)^d = \left(x^{qd}\right)^a = e$ が成り立つので, $\langle x^q \rangle \subset \sqrt[d]{e}$ となっていることがわかります．逆に, $x^b \in \sqrt[d]{e}$ ならば, $\left(x^b\right)^d = x^{bd} = e$ なので, b は

q の倍数でなければなりません. これから, $x^b \in \langle x^q \rangle$ ですので, $\langle x^q \rangle = \sqrt[d]{e}$ となっていることがわかります. したがって.

$$^{\#}\sqrt[d]{e} = {}^{\#}\langle x^q \rangle = d$$

となっています.

次に十分性をみておきましょう. G は位数 n の群で, 任意の $d \mid n$ に対して, $^{\#}\sqrt[d]{e} \leq d$ が成り立つとしましょう. $d \mid n$ を任意にとり, G の位数 d の元全体のなす集合を Y_d とします. Y_d が空集合でなければ, $x \in Y_d$ を任意にとります. x で生成される巡回群 $\langle x \rangle$ に属する元はすべて e の d 乗根となっていますが, 仮定から e の d 乗根は高々 d 個しかありませんので,

$$\langle x \rangle = \sqrt[d]{e}$$

が成り立ちます. G の位数 d の元は $\sqrt[d]{e} = \langle x \rangle$ の中にしかありませんので, [巡回群の元の位数] より, それらの個数は $\varphi(d)$ であたえられることになります. 以上から,

$$Y_d \neq \emptyset \Rightarrow {}^{\#}Y_d = \varphi(d)$$

がいえました. 有限群 G は, 元の位数によって類別できますので,

$$G = \bigcup_{d|n} Y_d$$

と分解します. したがって,

$$n = {}^{\#}G = {}^{\#}\left(\bigcup_{d|n} Y_d\right) = \sum_{d|n} {}^{\#}Y_d = \sum_{d|n;\, Y_d \neq \emptyset} \varphi(d)$$

が成り立ちます. [巡回群の元の位数] より, この等式が成り立つためには, すべての $d \mid n$ に対して $Y_d \neq \emptyset$ である必要があります. 特に, G は位数 n の元をもつことになりますので, [巡回群の特徴づけ I] より, G は巡回群です. ■

このことを用いると, 巡回群の直積がいつ巡回群になるのかがわかります.

巡回群の直積が巡回群になる条件

有限巡回群の直積 $\mathbb{Z}_{a_1} \times \cdots \times \mathbb{Z}_{a_r}$ が巡回群になるための必要十分条件は, $a_1, \ldots, a_r$ のどの 2 つも互いに素であること.

[証明] $G = \mathbb{Z}_{a_1} \times \mathbb{Z}_{a_2} \times \cdots \times \mathbb{Z}_{a_r}$ とおきます. 十分性を示すために, $a_1, \ldots, a_r$

のどの 2 つも互いに素だとします. $(1, 1, \ldots, 1) \in G$ の m 倍が $(0, 0, \ldots, 0)$ となる最小の自然数 m は $\mathrm{lcm}(a_1, a_2, \ldots, a_r) = a_1 a_2 \cdots a_r$ で, これが $(1, 1, \ldots, 1)$ の位数となります. これは G の位数に等しいので, ［巡回群の特徴づけ I］より G は巡回群です.

必要性を示すために, $a_1, \ldots, a_r$ はどの 2 つも互いに素だというわけではないとします. 一般性を失わず, a_1 と a_2 が共通の約数 $d \geq 2$ をもつとします. $a_1 = q_1 d$, $a_2 = q_2 d$ とすると, $q_1, 2q_1, \ldots, dq_1 \in \mathbb{Z}_{a_1}$ は d 倍して 0 になる元です. 同様に, $q_2, 2q_2, \ldots, dq_2 \in \mathbb{Z}_{a_2}$ は d 倍して 0 になります. したがって, $i, j = 1, \ldots, d$ に対して, $(iq_1, jq_2, 0, 0 \ldots, 0) \in G$ は d 倍して 0 になる元で, これらは d^2 個あります. G を乗法群で書けば, 単位元の d 乗根が d^2 個以上あることになるので, ［巡回群の特徴づけ II］により, G は巡回群ではありません.

■

この同型が成り立つことは, 中国剰余定理として知られています. 魏晋南北朝時代に成立したといわれる『孫子算経』という書物に, 意訳すると, 「mod 3 で 2, mod 5 で 3, mod 7 で 2 の数は何か」という問題があったそうです. つまり, $(m, m, m) = (2, 3, 2) \in \mathbb{Z}_3 \times \mathbb{Z}_5 \times \mathbb{Z}_7$ となる $m \in \mathbb{Z}_{105}$ を見つける問題です. (m, m, m) は $\mathbb{Z}_3 \times \mathbb{Z}_5 \times \mathbb{Z}_7$ を 1 周するので, 答えはあり, 105 の周期で見つかることになります.

$a_1, \ldots, a_r$ のどの 2 つも互いに素なとき, 具体的な同型として,

$$f : \mathbb{Z}_{a_1 a_2 \cdots a_r} \to \mathbb{Z}_{a_1} \times \mathbb{Z}_{a_2} \times \cdots \times \mathbb{Z}_{a_r};\ m \mapsto (m, m, \ldots, m)$$

をとることができます. 同型はこれだけというわけではありません. $\mathbb{Z}_{a_1 a_2 \cdots a_r}$ 上の自己同型 g があれば, $f \circ g : \mathbb{Z}_{a_1 a_2 \cdots a_r} \to \mathbb{Z}_{a_2} \times \cdots \times \mathbb{Z}_{a_r}$ も同型となるからです.

一般に, 巡回群 $\mathbb{Z}_n$ 上の自己準同型 g は, 位数 n の元 x の行き先 $g(x)$ を指定すると,

$$g : \mathbb{Z}_n \to \mathbb{Z}_n;\ mx \mapsto mg(x) \quad (m = 0, 1, \ldots, n-1)$$

により決まってしまいます. $g(x)$ が位数 n の元であれば, g は自己同型になり, それ以外のときは, ただの自己準同型です. したがって, $\mathbb{Z}_n$ 上の自己同型は, ［巡回群の元の位数］により, $\varphi(n)$ 個あることになります.

見た目の違う巡回群の直積が 2 つあったとき, これらが同型かどうかは, 素数べき位数の巡回群の直積に直すことにより, 判定できます. 例で見たほうがわか

りやすいと思います. 例えば, $\mathbb{Z}_4 \times \mathbb{Z}_6$ の場合, 因子となっている巡回群の位数を $4 = 2^2, 6 = 2 \cdot 3$ と素因数分解します. すると, ［巡回群の直積が巡回群になる条件］より,

$$\mathbb{Z}_4 \times \mathbb{Z}_6 \simeq \mathbb{Z}_2 \times \mathbb{Z}_{2^2} \times \mathbb{Z}_3$$

が成り立ちます. このように, 素数べき位数の巡回群の直積にすることができます. 同様に, $\mathbb{Z}_2 \times \mathbb{Z}_{12} \simeq \mathbb{Z}_2 \times \mathbb{Z}_{2^2} \times \mathbb{Z}_3$ となりますので, 同型

$$\mathbb{Z}_4 \times \mathbb{Z}_6 \simeq \mathbb{Z}_2 \times \mathbb{Z}_{12}$$

がえられます. 実際,

$$f : \mathbb{Z}_4 \times \mathbb{Z}_6 \to \mathbb{Z}_2 \times \mathbb{Z}_{12};\ (m, n) \mapsto (n, 3m + 4n)$$

は 1 つの同型をあたえます.

巡回群 $\mathbb{Z}/n\mathbb{Z} \simeq \mathbb{Z}_n$ は加法群ですが,

$$(x + n\mathbb{Z})(y + n\mathbb{Z}) = xy + n\mathbb{Z}$$

によって乗法をいれることもできます. 整数 x, x' が $n\mathbb{Z}$ に関して合同 $x \sim x'$ だというのは, $x - x' \in n\mathbb{Z}$ という意味ですので, $x \sim x'$ かつ $y \sim y'$ ならば $(x' + n\mathbb{Z})(y' + n\mathbb{Z}) = xy + n\mathbb{Z}$ が成り立っています. つまり, こうしてさだめられた乗法はうまく定義されています. 乗法の単位元として $1 + n\mathbb{Z}$ があるので, $\mathbb{Z}/n\mathbb{Z}$ は乗法に関してモノイドです. 乗法モノイド $\mathbb{Z}/n\mathbb{Z}$ の単元は, 加法群 $\mathbb{Z}/n\mathbb{Z}$ の位数 n の元です. $x + n\mathbb{Z}$ が位数 n というのは, ［巡回群の元の位数］での議論から, $\gcd(x, n) = 1$ となることと同じです. このとき, 整数 a, b がとれて $ax + bn = 1$ が成り立つようにできることはよく知られています. すると, $a + n\mathbb{Z}$ が乗法に関する $x + n\mathbb{Z}$ の逆元をあたえることになります.

［定義］ 既約剰余類群

巡回群 $\mathbb{Z}/n\mathbb{Z}$ は, $(x + n\mathbb{Z})(y + n\mathbb{Z}) = xy + n\mathbb{Z}$ によって乗法をいれることによりモノイドとなる. 巡回群 $\mathbb{Z}/n\mathbb{Z}$ の位数 n 全体のなす集合 $(\mathbb{Z}/n\mathbb{Z})^\times$ は乗法モノイド $\mathbb{Z}/n\mathbb{Z}$ の単元群で, 位数 $\varphi(n)$ の群となる. これを $\mathbb{Z}/n\mathbb{Z}$ の既約剰余類群という.

位数 n の巡回群の, 位数 n の元が乗法群をなすことに気がつけば, 次が成り立つことがわかります.

オイラーの定理

m, n を互いに素な 2 つの自然数とするとき,

$$m^{\varphi(n)} \equiv 1 \pmod n$$

が成り立つ.

[証明] m, n を互いに素な自然数とします. $m+n\mathbb{Z}$ は巡回群 $\mathbb{Z}/n\mathbb{Z}$ の位数 n の元ですので, 既約剰余類群 $(\mathbb{Z}/n\mathbb{Z})^{\times}$ の元になります. ${}^{\#}(\mathbb{Z}/n\mathbb{Z})^{\times} = \varphi(n)$ であることから,

$$m^{\varphi(n)} + n\mathbb{Z} = (m+n\mathbb{Z})^{\varphi(n)} = 1 + n\mathbb{Z}$$

となります. ■

特に, 自然数 m が p を素因数にもたないとき, $a^{p-1} \equiv 1 \pmod p$ が成り立つというフェルマーの小定理がしたがいます.

6話

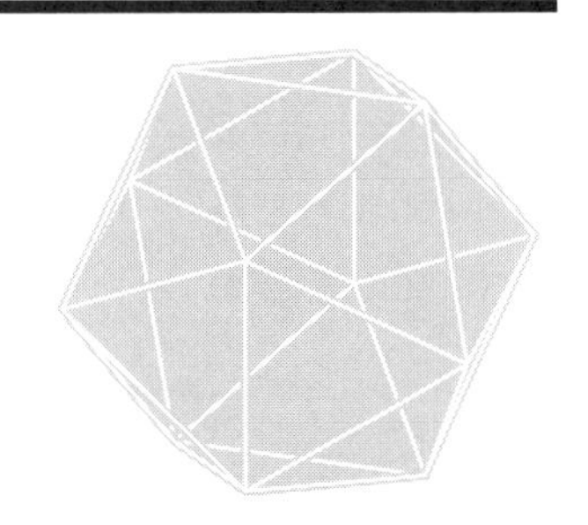

いくつかの群

今までにも対称群や巡回群などのいくつかの群をみてきましたが, 他にも色々な例を知っておくのがよいです. ここでは結晶の対称性としてあらわれるような, 基本的なものについてみておきましょう.

群を記述する方法には, いくつかあります. その中でも, 生成系とその間に成り立つ関係式を用いる方法について説明しておきます. これまでにも, すでにわかっている群の部分群をあらわす方法として, 生成系を用いる方法はみています. 例えば, n 次巡回群 C_n は, 1 点集合 $\{x\}$ の生成する群 $\langle x\rangle$ としてあらわすことができます. ただ, $\langle x\rangle$ と書いただけでは, それが何次の巡回群なのかはわかりません. そこで, x が位数 n の元であるという情報 $x^n = e$ を付け加えて, $\langle x \mid x^n = e\rangle$ と書きます. そうすると, それが C_n のことをあらわしているのがわかるようになります.

一般には次のようにします. まず, 文字の集合 S を考えます. 同時に $S^{-1} = \left\{x^{-1} \,\middle|\, x \in S\right\}$ という新しい文字の集合を作ります. $S \cup S^{-1}$ から, r 個の文字をならべて作られる

$$x_1^{\pm 1} \cdots x_r^{\pm 1}$$

という形のものを, 長さ r の語といいます. 長さ 0 の語を e と書き, 空語とよびます. 語全体のなす集合を W としましょう. 1 つの語に, xx^{-1} または $x^{-1}x$ となっている部分があれば, その 2 文字からなる部分を取り除くことができることにします. この操作を語の簡約といいます. 簡約ができない語を既約語といいます. 1 つの語には既約語が 1 つだけ対応することに注意しておきましょう. W の元 w, w' は同じ既約語に簡約できるとき, 互いに同値だといい, $w \sim w'$ とあらわします. この同値関係に関する商集合 $W/\sim$ を $F(S)$ と書きます. $F(S)$ には, 語をつなげる操作

$$\left(x_1^{\pm1}\cdots x_r^{\pm1}\right)\left(y_1^{\pm1}\cdots y_r^{\pm1}\right)=x_1^{\pm1}\cdots x_r^{\pm1}y_1^{\pm1}\cdots y_r^{\pm1}$$

によって2項演算をいれます．すると，$F(S)$ は群の構造をもち，このようにして作られた群を，S を生成系とする自由群といいます．自由群の単位元は空語 e です．語の逆元は

$$\left(x_1^{m_1}\cdots x_r^{m_r}\right)^{-1}=x_r^{-m_r}\cdots x_1^{-m_1}$$

であたえられます．ただし，$m_1,\ldots,m_r\in\mathbb{Z}$ で，x^m は，$m>0$ ならば x が m 個連続すること，$m<0$ ならば x^{-1} が m 個連続すること，$m=0$ ならば空語をあらわします．

R を $F(S)$ の部分集合とし，

$$N=\left\langle\left\{wrw^{-1}\in F(S)\,\middle|\,w\in F(S),r\in R\right\}\right\rangle$$

とすると，N は $F(S)$ の正規部分群となります．剰余群 $F(S)/N$ を $G=\langle S\mid R\rangle$ と書き，結果としてえられる群 G の表示といいます．S を G の生成系，R の元を関係といいます．また，$r\in W$ に対して $r=e$ という式を，関係式といいます．任意の群は，このように生成系と関係式によってあたえられることが知られています．N の定義はわかりにくかったかもしれませんが，R を含むような $F(S)$ の最小の正規部分群のことです．$F(S)$ の N による剰余群を考えるということは，「R の元から作られる関係式を使って移りあえる語は，同じ語とみなすというルールを $F(S)$ にいれました」という意味です．$F(S)/N$ の2つの既約語は，見た目がちがっていたとしても，関係式を使って互いに移りあえるのであれば，同じものをあらわしていることになります．

n 次巡回群は，$C_n=\langle\{x\}\mid\{x^n\}\rangle$ という表示をもちます．集合をあらわす波括弧を省略し，また，関係のかわりに関係式を書いて $C_n=\langle x\mid x^n=e\rangle$ としてもよいです．無限巡回群 $\mathbb{Z}$ は $\langle x\mid\emptyset\rangle=F(\{x\})$ に同型ということになります．巡回群の直積は，

$$C_m\times C_n=\langle x,y\mid x^m=y^n=e,xy=yx\rangle$$

と表示できます．この場合，関係の集合は $R=\left\{x^m,y^n,xyx^{-1}y^{-1}\right\}$ となります．

ここで，2面体群という新しい群を考えておきましょう．

[定義] 2面体群

自然数 n に対して, 2つの元 x, y で生成される群

$$D_{2n} = \left\langle x, y \;\middle|\; x^2 = y^2 = (xy)^n = e \right\rangle$$

を n 次2面体群という. D_{2n} は, n 次対称群 S_n の位数 $2n$ の部分群となる.

$n = 1$ のときは巡回群 $D_2 \simeq C_2$ となります. $n \geq 3$ のとき, D_{2n} は, ユークリッド平面 $\mathbb{R}^2$ の単位円上 n 個の点

$$V = \left\{ \left(\cos \frac{2\pi k}{n}, \sin \frac{2\pi k}{n} \right) \in \mathbb{R}^2 \;\middle|\; k = 0, \ldots, n-1 \right\}$$

を頂点とする正 n 角形を不変にする, 合同変換全体のなす群のことです. また, それを $n = 1, 2$ の場合に自然に拡張したものが D_2, D_4 です. そのような合同変換は, 直交変換

$$x = \begin{pmatrix} \cos(2\pi/n) & \sin(2\pi/n) \\ \sin(2\pi/n) & -\cos(2\pi/n) \end{pmatrix}, \quad y = \begin{pmatrix} 1 & 0 \\ 0 & -1 \end{pmatrix}$$

で生成されます. x は, $\mathbb{R}^2$ を XY-平面と考えて, X 軸を原点のまわりに角 $-\pi/n$ 回転させてできる直線に関する鏡映, y は, X 軸に関する鏡映です. すると,

$$xy = \begin{pmatrix} \cos(2\pi/n) & -\sin(2\pi/n) \\ \sin(2\pi/n) & \cos(2\pi/n) \end{pmatrix}$$

は原点のまわりの $2\pi/n$ 回転となります. このとき, $x^2 = y^2 = (xy)^n = e$ という関係式が成り立つことがわかります. ただし, e は単位行列です. $r = xy$ とおくと,

$$r^n = (xy)^n = e, \quad (xr)^2 = y^2 = e$$

ですので,

$$D_{2n} = \left\langle x, r \;\middle|\; x^2 = r^n = (xr)^2 = e \right\rangle$$

と表示することもできます. 集合としては,

$$D_{2n} = \{e, r, \ldots, r^{n-1}, x, rx, \ldots, r^{n-1}x\}$$

となっており, 位数 $2n$ の群だとわかります. これが, S_n の部分群となることは, D_{2n} の元を正 n 角形の n 個の頂点からなる集合上の置換と同一視すれば理解できます.

2次の2面体群 D_4 は, クラインの4元群とよばれるものに同型です.

[定義] クラインの 4 元群

演算表

	e	x	y	z
e	e	x	y	z
x	x	e	z	y
y	y	z	e	x
z	z	y	x	e

をもつ位数 4 のアーベル群 K_4 を，クラインの 4 元群という．

クラインの 4 元群が $D_4 = \langle x, y \mid x^2 = y^2 = (xy)^2 = e \rangle$ と同型なことは，$xy = z$ とおいてみればわかります．これらは巡回群の直積 $C_2 \times C_2$ に同型でもあります．

2 面体群について，もう少し詳しく調べるために，ここで少し準備をしておきます．

[定義] 自己同型群

群 G 上の自己同型全体のなす集合 $\mathrm{Aut}(G)$ は，写像の合成を 2 項演算として群をなす．$\mathrm{Aut}(G)$ を G の自己同型群という．G の元 x に対して，G から自身への写像 $i_x : G \to G;\ y \mapsto xyx^{-1}$ は，G 上の自己同型となる．このような自己同型を，G 上の内部自己同型という．G 上の内部自己同型全体のなす集合 $\mathrm{Inn}(G) = \{i_x \in \mathrm{Aut}(G) \mid x \in G\}$ は，$\mathrm{Aut}(G)$ の部分群となり，これを G の内部自己同型群という．

G の自己同型を用いて，2 つの群の半直積が作れます．

[定義] 半直積

N, H を 2 つの群とする．準同型 $f : H \to \mathrm{Aut}(N);\ h \mapsto f_h$ があるとき，直積集合 $N \times H$ に 2 項演算

$$(n, h)(n', h') = (nf_h(n'), hh')$$

をいれることにより，$N \times H$ には群の構造が入る．こうしてできる群を N と H の半直積といい，$N \rtimes_f H$ とあらわす．

$N \rtimes_f H$ が群であることを確かめておきましょう. 結合律は,

$$((n,h)(n',h'))(n'',h'') = (nf_h(n'),hh')(n'',h'') = (nf_h(n')f_{hh'}(n''),hh'h''),$$
$$(n,h)((n',h')(n'',h'')) = (n,h)(n'f_{h'}(n''),h'h'') = (nf_h(n'f_{h'}(n'')),hh'h'')$$
$$= (nf_h(n')f_{hh'}(n''),hh'h'')$$

を比べることにより, 確かめることができます. 単位元は (e,e) で, 逆元をとる操作は,

$$(n,h)^{-1} = (f_{h^{-1}}(n^{-1}),h^{-1})$$

であたえられます.

f が自明なとき, つまり N 上の恒等写像 id_N への定値写像で, 任意の $h \in H$ に対して $f_h = \mathrm{id}_N$ となるとき, 半直積 $N \rtimes_f H$ はただの直積 $N \times H$ になることもわかります.

一般に, あたえられた群が半直積になるのは, どのような場合かということについてみておきます.

群が半直積になる条件

群 G の部分群 H と正規部分群 N がとれて,

$$NH = \{nh \in G \mid n \in N, h \in H\} = G, \quad N \cap H = \{e\}$$

が成り立つとき,

$$i: H \to \mathrm{Aut}(N);\ h \mapsto i_h$$

を $i_h(n) = hnh^{-1}$ によってさだめると, G は半直積 $N \rtimes_i H$ に同型となる.

i による H から N の自己同型群への準同型は, 自然なものなので, このような半直積は i を省略して $N \rtimes H$ と書きます.

[証明] NH が G の部分群になることは, 第3話の［$N \lhd HN \leq G$］と同様にして確かめられます. 写像

$$f: N \rtimes H \to NH;\ (n,h) \mapsto nh$$

を考えます.

$$f(n,h)f(n',h') = nhn'h',$$

$$f((n,h)(n',h')) = f(nhn'h^{-1}, hh') = nhn'h'$$

より f は準同型です. また, $f((n,h)) = nh = e$ とすると, $n = h^{-1} \in N \cap H = \{e\}$ より, $n = h = e$ でなければなりません. したがって, 第3話の［準同型が単射であるための必要十分条件］より f は単射です. f が全射なのは明らかですので, 結局 f は同型となり, $N \rtimes H \simeq HN = G$ が成り立ちます. ■

群が半直積となる十分条件 $NH = G$, $N \cap H = \{e\}$ が意味するのは, 剰余群 G/N の完全代表系として, H がとれるということです.

剰余群の完全代表系として部分群がとれるとき

群 G の部分群 H, 正規部分群 N に対して, $NH = G$, $N \cap H = \{e\}$ が成り立つための必要十分条件は, 包含写像 $\iota : H \to G; h \mapsto h$ と, 自然な全射 $p : G \to G/N$ の合成写像

$$p \circ \iota : H \to G/N; h \mapsto hN$$

が同型となること, つまり, 剰余群 G/N の完全代表系として, G の部分群 H がとれること.

[証明] $NH = G$, $N \cap H = \{e\}$ とします. $p \circ \iota : H \to G/N$ というのは, 自然な全射 $p : G \to G/N$ を H に制限したもののことです. $(p \circ \iota)(h) = N$ とすると, $\iota(h) \in N$ ですので, $h \in N \cap H$ ということになります. つまり, $\mathrm{Ker}(p \circ \iota) = N \cap H$ です. 仮定より $N \cap H = \{e\}$ ですので, $p \circ \iota$ は単射です.

次に, $G = NH$ であることから, 任意の $xN \in G/N$ に対して, $n \in N$, $h \in H$ がとれて, $x = nh$ とすることができます. このとき $N \lhd G$ より, $n' \in N$ がとれて, $n = hn'h^{-1}$ が成り立つようにできます. すると, $x = nh = hn'$ ですので, $xN = hN$ が成り立ちます. したがって $(p \circ \iota)(h) = xN$ となり, $p \circ \iota$ は全射だとわかります. これで必要性が示せました.

十分性を示しましょう. $p \circ \iota : H \to G/N$ が同型だとします. 先ほど $\mathrm{Ker}(p \circ \iota) = N \cap H$ は示しました. $p \circ \iota$ が単射であることから $N \cap H = \{e\}$ でなければなりません. 次に, $p \circ \iota$ の全射性から, 任意の $x \in G$ に対して, $h \in H$ がとれて $p(h) = hN = xN$ が成り立つようにできます. これは h と x が N に関して左合同ということを意味するので, $h^{-1}x \in N$ が成り立ちます. したがって, $n \in N$ がとれて $x = hn$ と書けます. $x = (hnh^{-1})h$ で, $N \lhd G$ より,

$hnh^{-1} \in N$ ですから, $x \in NH$ となります. これから $G = NH$ がしたがいます. ■

これで, 必要な準備は終わりました. 2 面体群 D_{2n} を考えましょう.

2 面体群は半直積

n 次 2 面体群 $D_{2n} = \left\langle x, r \,\middle|\, x^2 = r^n = (xr)^2 = e \right\rangle$ は半直積 $C_n \rtimes_f C_2$ に同型. ただし, $f : C_2 = \{e, x\} \to \mathrm{Aut}(C_n)$ は,

$$f_e(r^k) = r^k, \quad f_x(r^k) \mapsto r^{-k} \quad (k = 0, 1, \ldots, n-1)$$

であたえられる.

[証明] D_{2n} の部分群 $H = \langle x \rangle$ は位数 2 の巡回群 C_2 と同型です. また, $N = \langle r \rangle$ は位数 n の巡回群 C_n と同型です. 関係式 $x^2 = r^n = (xr)^2 = e$ から, $xr = r^{n-1}x$ がえられます. この関係式は, x と r で作られる語において, x の場所を右に移動するのに用いることができます. したがって, G の元は, r^k または $r^k x$ $(k = 0, 1, \ldots, n-1)$ と書くことができます. したがって $G = NH$ です. また, 関係の集合 $R = \left\{x^2, r^n, (xr)^2\right\}$ には, x が偶数個の語しかありませんので, 語の変形において, x と x^{-1} の個数の和の偶奇は変化しません.

任意の $g \in G$ に対して, gNg^{-1} の語は x, x^{-1} を偶数個しか含みませんので, x を含まない既約語に変形できます. これから, $gNg^{-1} = N$ が導かれます. したがって, $N \lhd G$ です.

また, 任意の整数 k に対して $r^k = x$ という関係式は成り立ちません. このことは $N \cap H = \{e\}$ を意味します. したがって, ［群が半直積になる条件］より, G は $N \rtimes_f H$ に同型です. このとき, $f : H \to \mathrm{Aut}(N)$ は

$$f_e\left(r^k\right) = r^k, \quad f_x\left(r^k\right) = xr^k x^{-1} = (xrx)^k = r^{-k}$$

によってあたえられます. ■

4 元数体というのは,

$$i^2 = j^2 = k^2 = ijk = -1$$

という関係式をもつ元を用いて, $p + qi + rj + sk$ $(p, q, r, s \in \mathbb{R})$ と書かれる数全体のなす集合 $\mathbb{H}$ で, 実数や複素数と同様に, 4 則演算の構造が備わった数の体系です. 4 元数群というのは, $\mathbb{H}$ のある有限部分集合のなす乗法群のことです. 複素数の乗法に関する有限群を作ると, 巡回群しかえられませんが, 4 元数群は

アーベル群にはなりません.

[定義] 4 元数群

2 つの元 i, j で生成される群

$$Q_8 = \langle i, j \mid i^4 = e, i^2 = j^2, ji = i^{-1}j \rangle$$

を 4 元数群という.

上の表示はあまりなじみのない書き方です. まずは, Q_8 のすべての元を調べておきましょう. $ji = i^{-1}j = i^3j$ を用いることにより, i, j で作られる任意の語は, $i^k j^l$ という形に持っていくことができます. $i^4 = e$, $j^2 = i^2$ より, $k = 0, 1, 2, 3$; $l = 0, 1$ と限ってよいです. この形を保ったまま, これ以上の語の変形はできません. つまり, この表示は一意的です. $i^2 = j^2 = \overline{e}$ と書くと,

$$\overline{e}i = i^3 = i\overline{e}, \quad \overline{e}j = j^3 = j\overline{e}$$

より, $\overline{e}$ は Q_8 のすべての元と可換だとわかります. このような元を中心元といいます. Q_8 の中心元は, $e = i^0 j^0$, $\overline{e} = i^2 j^0$ のみです. $ij = k$ とおくと,

$$Q_8 = \{e, i, j, k, \overline{e}, \overline{e}i, \overline{e}j, \overline{e}k\}$$

となり, 中心元は別にして,

$$i^2 = j^2 = k^2 = ijk = \overline{e}$$

という関係式をみたします. $\overline{e} = -1$ と書けば, この形はよく知られたものになっています.

7話

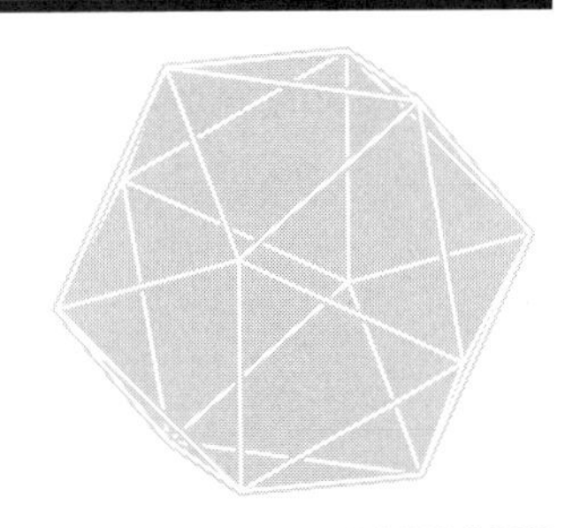

自由なアーベル群

群を具体的に表示するのに, 自由群, つまり生成系から自由に生成された群をもとにした構成について, 第6話ではお話ししました. ここではまず, 自由に生成されたアーベル群というものについて考えてみたいと思います.

[定義] 自由アーベル群

G を加法群とする. G の空でない部分集合 S が, G の1次独立な部分集合であるとは, S の任意の有限部分集合 $\{x_1, \ldots, x_n\}$ をとったとき,

$$a_1x_1 + \cdots + a_nx_n = 0$$

をみたす整数の組 $(a_1, \ldots, a_n)$ には, すべてがゼロであるような自明なものしかないことをいう.
G の1次独立な部分集合 B で, G の生成系になっているもの, つまり $G = \langle B \rangle$ が成り立つようなものがあれば, B は G の基底であるという. 基底がとれるとき, G は自由アーベル群だという.

整数の加法群 $\mathbb{Z}$ は, 基底として $B = \{1\}$ をとれるので, 自由アーベル群です. 同様に, $\mathbb{Z}$ の n 個の直積 $\mathbb{Z}^n$ は,

$$B = \{e_1, \ldots, e_n\} \quad (e_i = (0, \ldots, 0, \overset{i}{1}, 0, \ldots, 0))$$

が基底としてとれるので, 自由アーベル群です. ただし, $\overset{i}{1}$ はそれが第 i 成分だということをあらわしています. 一方, 巡回群 $\mathbb{Z}_n$ は, 任意の $x \in \mathbb{Z}_n$ に対して $nx = 0$ が成り立つので, 1次独立な部分集合をとることができません.

自由アーベル群は, ベクトル空間に似ていますが, 整数倍しかできないので, ベクトル空間ではありません. ただし, 多くのところでベクトル空間と同じように考えることができます.

有限の基底 $B = \{x_1, \ldots, x_n\}$ がとれる自由アーベル群は有限生成だといいます．有限の基底から，新たな有限集合 $S = \{y_1, \ldots, y_m\}$ を，

$$y_i = A_{1i}x_1 + A_{2i}x_2 + \cdots + A_{ni}x_n \quad (i = 1, \ldots, m;\ A_{ij} \in \mathbb{Z})$$

によって作ったとします．このとき，S が 1 次独立な集合になるのはどのようなときでしょうか．それを調べるために，$a_1, \ldots, a_m$ を整数として，

$$a_1y_1 + \cdots + a_my_m = \sum_{i=1}^{n}\left(\sum_{j=1}^{m} A_{ij}a_j\right)x_i = 0$$

としてみます．$B = \{x_1, \ldots, x_n\}$ は 1 次独立なので，$i = 1, \ldots, n$ に対して $\sum_{j=1}^{m} A_{ij}a_j = 0$ が成り立つ必要があります．このとき，$n < m$ ならば，非自明な解 $a_1, \ldots, a_m$ があり，S は 1 次独立にはならないことがわかります．

整数係数の連立 1 次方程式

未知整数 $a_1, \ldots, a_m$ に関する，整数係数の連立 n 元斉次 1 次方程式

$$\sum_{j=1}^{m} A_{ij}a_j = 0 \quad (i = 1, \ldots, n;\ A_{ij} \in \mathbb{Z})$$

は，$n < m$ ならば非自明な解をもつ．

[証明] 未知変数の個数 $m = 2, 3, \ldots$ に関する帰納法によって示します．$m = 2$ のとき，$A_{11}a_1 + A_{12}a_2 = 0$ は，$(a_1, a_2) = (A_{12}, -A_{11})$ という非自明な解をもちます．次に $m > 2$ とし，整数係数の連立 n 元斉次 1 次方程式

$$u_i := \sum_{j=1}^{m} A_{ij}a_j = 0 \quad (i = 1, \ldots, n)$$

を考えます．ただし，$n < m$ とします．$A_{11} = A_{21} = \cdots = A_{n1} = 0$ のときには，$a_1 = 1$, $j \neq 1$ について $a_j = 0$ としたものは非自明な解をあたえます．そこで，$A_{11}, A_{21}, \ldots, A_{n1}$ のうちどれかは 0 ではないとします．一般性を失わず，$A_{11} \neq 0$ としましょう．方程式 $u_1 = 0$ を用いて，a_1 を消去できます．具体的には，$i = 2, \ldots, n$ に対して，$u'_i = A_{11}u_i - A_{i1}u_1 = 0$ とすれば，未知変数 $a_2, \ldots, a_m$ に関する，整数係数の連立 $n-1$ 元斉次 1 次方程式がえられます．帰納法の仮定により，この連立方程式は非自明な解 $a_2, \ldots, a_m$ をもちます．連立斉次 1 次方程式ですので，$a_2, \ldots, a_m$ を一斉に整数倍しても解になります．そこで，$a_2, \ldots, a_m$ がすべて A_{11} の倍数であるような非自明な解がとれます．そ

のような解を $u_1 = 0$ に代入すると $a_1 = -(A_{12}a_2 + \cdots + A_{1m}a_m)/A_{11}$ という整数解がえられます. ■

これから, 有限生成の自由アーベル群は, 階数という不変量をもつことがわかります.

有限生成自由アーベル群の階数

G を有限生成自由アーベル群とするとき, G の任意の基底は一定の個数の元からなる. G の基底 B に対し, $^{\#}B$ を G の階数といい, $\mathrm{rank}(G)$ とあらわす.

[証明] G を有限生成自由アーベル群とし, $B = \{x_1, \ldots, x_n\}$, $B' = \{y_1, \ldots, y_m\}$ を G の基底とします. $n \neq m$ だと仮定します. 一般性を失わず $n > m$ とすると, [整数係数の連立1次方程式] より, B が1次独立のときに, B' は1次独立でないことになり, 不合理です. ■

有限生成自由アーベル群の階数は, ベクトル空間の次元と同様の概念です. 基底を用いると, 数ベクトルと同一視できるようになります.

加法群 $\mathbb{Z}$ の n 個の直積を $\mathbb{Z}^n$ と書きます.

有限生成自由アーベル群の構造

階数 n の自由アーベル群は $\mathbb{Z}^n$ に同型.

[証明] G を階数 n の自由アーベル群とします. G の基底 $B = \{x_1, \ldots, x_n\}$ を1つとると,

$$f : G \to \mathbb{Z}^n;\ m_1x_1 + \cdots + m_nx_n \mapsto (m_1, \ldots, m_n)$$

が同型をあたえます. ■

上の同型は, 基底のとり方によるという意味において, 自然な同型ではありません.

次に, 有限生成自由アーベル群の部分群も有限生成自由アーベル群になることをみておきます.

有限生成自由アーベル群の部分群

G を階数 n の自由アーベル群, $H \neq \{0\}$ を G の部分群とすると, H は階数が n 以下の自由アーベル群.

[証明] G を階数 n の自由アーベル群とし, $B = \{x_1, \ldots, x_n\}$ を G の基底とします. また, H を単位群ではない G の部分群とします.

階数 n に関する帰納法で示します. $n = 1$ のときは明らかです. $n > 1$ のときを考え, $G_1 = \langle x_1, \ldots, x_{n-1} \rangle$, $G_2 = \langle x_n \rangle$ とします. すると, $G = \langle G_1 \cup G_2 \rangle$, $G_1 \cap G_2 = \{0\}$ となっています. G_1 は階数 $n-1$ の自由アーベル群です. $H \neq \{0\}$ を G の任意の部分群とし, $H_1 = H \cap G_1$, $H_2 = H \cap G_2$ とおきます. $H_1 = \{0\}$ のとき, $H = H_2$ は階数 1 の自由アーベル群となります. そこで, $H_1 \neq \{0\}$ とします. H_1 は G_1 の部分群ですので, 帰納法の仮定より, 階数 $n-1$ 以下の自由アーベル群です. $n-1$ 以下の自然数 m がとれて, H_1 の基底を $\{y_1, \ldots, y_m\}$ と書くことができます. 準同型

$$f : G \to \mathbb{Z};\ m_1 x_1 + \cdots + m_{n-1} x_{n-1} + m_n x_n \mapsto m_n$$

を考えます. H の f による像 $f(H)$ は, $\mathbb{Z}$ の部分群ですので, $\{0\}$ となるか, またはある自然数 a によって $a\mathbb{Z}$ と書けます. $f(H) = \{0\}$ のときは, $H \leq \mathrm{Ker}(f) = G_1$ ですので, $H = H_1$ となり, H は階数 m の自由アーベル群となっています.

そこで, $f(H) = a\mathbb{Z}$ のときを考えましょう. このとき, $y \in H$ がとれて, $f(y) = a$ となっています. この y に対して, $\{y_1, \ldots, y_m, y\}$ が H の基底になっていることを示します. 任意の $h \in H$ に対して, 整数 l がとれて, $f(h) = la$ となっています. すると, $f(h - ly) = f(h) - lf(y) = 0$ より, $h - ly \in \mathrm{Ker}(f) \cap H = H_1$ となっています. したがって,

$$h = \sum_{i=1}^{m} h_i y_i + ly \quad (h_i \in \mathbb{Z})$$

と書けます. これで, $\langle \{y_1, \ldots, y_m, y\} \rangle \supset H$ が成り立つことがわかりました. $y_1, \ldots, y_m, y \in H$ より逆の包含関係も成り立つので, $\langle \{y_1, \ldots, y_m, y\} \rangle = H$ となっています.

また,

$$h' = b_1 y_1 + \cdots + b_m y_m + by = 0 \quad (a_i, a \in \mathbb{Z})$$

とすると, $f(h') = f(by) = ab = 0$ より, $b = 0$ です. すると, $\{y_1, \ldots, y_m\}$ の 1 次独立性より, $b_1 = \cdots = b_m = 0$ です. したがって, $\{y_1, \ldots, y_m, y\}$ は 1 次独立で, H の基底となることから, H は階数 n 以下の自由アーベル群となります. ■

次に, 有限生成の, 自由とは限らない一般のアーベル群についてみておきましょう. 生成系に関係式があってもよいということです. しかし, そのような場合でも, 有限生成アーベル群は, 自由アーベル群と, いくつかの有限巡回群との直積になることが, アーベル群の基本定理として知られています.

加法群 G は, 有限の生成系 $S=\{y_1,\ldots,y_n\}$ をもつとします. 加法群ですので, G の関係式は, $a_1y_1+\cdots+a_ny_n=0$ という形の整数係数の斉次 1 次方程式であらわされます. 基本的な考え方として, G の生成系をとりかえることにより, 関係式を簡単な形に変形していきます. これは, 行列を変形する問題に置き換えることができます.

G の生成元の個数 n を階数にもつ自由アーベル群 F を考えます. F の基底を $B=\{x_1,\ldots,x_n\}$ としましょう. 準同型

$$f: F\to G;\, m_1x_1+\cdots+m_nx_n \mapsto m_1y_1+\cdots+m_ny_n$$

を考えます. $\mathrm{Ker}(f)=\{0\}$ ならば, f は同型となり, G は自由アーベル群です. そこで, $\mathrm{Ker}(f)\neq\{0\}$ としましょう. $\mathrm{Ker}(f)$ の各元が G の関係式に対応しています. $\mathrm{Ker}(f)$ は F の部分群ですので, ［有限生成自由アーベル群の部分群］より, 階数 n 以下の自由アーベル群となります. したがって, $\mathrm{Ker}(f)$ の基底 $R=\{r_1,\ldots,r_m\}$ がとれます. 第 3 話の［準同型定理］より, $G\simeq F/\mathrm{Ker}(f)$ ですので. $\mathrm{Ker}(f)$ が F の中でどのような構造になっているのかがわかればよいです.

R の元は, F の基底を用いて

$$r_i=\sum_{j=1}^{n}A_{ij}x_j \quad (i=1,\ldots,m)$$

と書くことができます. これは, 行列の記法で

$$\begin{pmatrix} r_1\\ \vdots\\ r_m\end{pmatrix}=A\begin{pmatrix} x_1\\ \vdots\\ x_n\end{pmatrix}$$

と書けます. ただし, A は (i,j) 成分が $A_{ij}\in\mathbb{Z}$ であるような $m\times n$ 行列です.

$\mathrm{Ker}(f)$ の新しい基底を, R の元の線型結合として作ります. そこで, 整数を成分にもつ m 次正方行列 P を用いて,

$$\begin{pmatrix} r'_1 \\ \vdots \\ r'_m \end{pmatrix} = P \begin{pmatrix} r_1 \\ \vdots \\ r_m \end{pmatrix}$$

とします. $R' = \{r'_1, \ldots, r'_m\}$ が $\mathrm{Ker}(f)$ の基底となるための必要十分条件は, P が正則行列で, 逆行列 P^{-1} の成分がすべて整数となることです. それは $\det P = \pm 1$ という条件であたえられます. そのような行列全体のなす集合を,

$$GL_m(\mathbb{Z}) = \{P \in M_n(\mathbb{Z}) \mid \det P = \pm 1\}$$

と書きます. ただし, $M_n(\mathbb{Z})$ は整数を成分にもつ n 次正方行列全体のなす集合です.

同様に, $Q \in GL_n(\mathbb{Z})$ を用いて,

$$\begin{pmatrix} x'_1 \\ \vdots \\ x'_n \end{pmatrix} = Q \begin{pmatrix} x_1 \\ \vdots \\ x_n \end{pmatrix}$$

とすることにより, F の新しい基底 $B' = \{x'_1, \ldots, x'_n\}$ を作ることができます.

新しい基底のもとでは,

$$\begin{pmatrix} r'_1 \\ \vdots \\ r'_m \end{pmatrix} = P^{-1}AQ \begin{pmatrix} x'_1 \\ \vdots \\ x'_n \end{pmatrix}$$

となります. つまり, 関係式の表示をあらわす行列 A は, $A \mapsto P^{-1}AQ$ という変形をうけます. この自由度を用いて, 行列 A に次のような基本変形をほどこすことができます.

[定義] 基本変形

整数を成分とする $m \times n$ 行列全体のなす集合を $M_{m,n}(\mathbb{Z})$ と書く. $A \in M_{m,n}(\mathbb{Z})$ に対する 3 種類の操作

- a をゼロでない整数として, ある行を a 倍する.
- 2 つの行を入れ換える.
- a をゼロでない整数として, ある行を a 倍したものを別の行に加える.

を行基本変形という. 行基本変形において, 行と列の役割を入れ換えた操

作を列基本変形といい，これらを合わせて，行列の基本変形という．

$P \in GL_m(\mathbb{Z})$ を選ぶことにより，行基本変形を行うことができます．また，$Q \in GL_n(\mathbb{Z})$ は列基本変形に用いることができます．

行列 A を基本変形によって行列 A' にもっていくことができることを，$A \sim A'$ と書きます．これは，$M_{m.n}(\mathbb{Z})$ 上の同値関係になっています．基本変形によって，行列 $A \in M_{m,n}(\mathbb{Z})$ は，次のような標準形にもっていくことができます．

整数行列の標準形

整数を成分にもつ，ゼロ行列ではない行列 $A \in M_{m,n}(\mathbb{Z})$ は，基本変形によって，対角成分の最初のいくつかの成分が自然数 $d_1, \ldots, d_s$ を用いて

$$A'_{11} = d_1, \quad A'_{22} = d_2, \ldots, A'_{ss} = d_s$$

であたえられ，その他のすべての成分がゼロであるような行列 A' にもっていくことができる．このとき，$d_1 \mid d_2 \mid \cdots \mid d_s$ が成り立つようにすることができる．

[証明] A を整数を成分にもつ $m \times n$ 行列とし，A を基本変形してできる行列全体からなる集合

$$\mathscr{A} = \left\{ A' \in M_{m,n}(\mathbb{Z}) \;\middle|\; A' \sim A \right\}$$

を考えます．また，$\mathscr{A}$ の行列の成分となりうる整数全体からなる集合

$$\Gamma = \left\{ A'_{ij} \in \mathbb{Z} \;\middle|\; A' \sim A;\ i = 1, \ldots, m;\ j = 1, \ldots, n \right\}$$

を考えます．行を整数倍する操作があるので，$a \in \Gamma$ ならば，a の倍数はすべて Γ に入っていることに注意します．

A がゼロ行列でなければ，Γ に属する自然数の集合 $\Gamma^+ = \Gamma \cap \mathbb{N}$ は空ではありません．そこで，Γ^+ に属する自然数のうち，最小のものを d_1 とおきます．A を基本変形して，d_1 という成分をもつ行列にもっていくことができます．さらに，行を入れ換える基本変形，列を入れ換える基本変形を組み合わせて，$(1,1)$ 成分が d_1 であるような行列 A' にもっていくことができます．

そのような行列 A' の 1 行目には，d_1 の倍数しか並んでいません．そのことをみるために，A' の $(1, j)$ 成分を $A'_{1j} = qd_1 + r$ $(q \in \mathbb{Z};\ r = 0, 1, \ldots, d_1 - 1)$ と

書いておきましょう．このとき, A' の 1 列目を $-q$ 倍して j 列目に加える列基本変形によって, $(1,j)$ 成分を r にもっていくことができます．$r \neq 0$ だとすると d_1 の選び方に反することになるので, $r=0$, つまり A'_{1j} は d_1 の倍数だということになります．

したがって, 列基本変形によって, A' を $(1,1)$ 成分が d_1 で, 1 行目のその他の成分がゼロであるような行列にもっていくことができます．同様にして,

$$\left(\begin{array}{c|ccc} d_1 & 0 & \ldots & 0 \\ \hline 0 & * & \ldots & * \\ \vdots & \vdots & \ddots & \vdots \\ 0 & * & \ldots & * \end{array}\right)$$

のように, $(1,1)$ 成分が d_1 で, 1 行目と 1 列目のその他の成分がすべてゼロであるような行列 $A^{(1)}$ に変形できます．$A^{(1)}$ から 1 行目と 1 列目を取り除いてできる行列に, 同様の操作を行います．すると,

$$A \sim A^{(2)} = \left(\begin{array}{cc|ccc} d_1 & 0 & 0 & \cdots & 0 \\ 0 & d_2 & 0 & \cdots & 0 \\ \hline 0 & 0 & * & \cdots & * \\ \vdots & \vdots & \vdots & \ddots & \vdots \\ 0 & 0 & * & \cdots & * \end{array}\right)$$

という形にもっていけます．このとき, 行基本変形によって, $(1,1)$ 成分が d_1, $(1,2)$ 成分が d_2 であるような行列が作れますので, 先ほどの注意を思い出すと, $d_1 \mid d_2$ でなければなりません．

この手順を繰り返すことにより,

$$A \sim \left(\begin{array}{ccc|c} d_1 & & & \\ & \ddots & & 0 \\ & & d_S & \\ \hline & 0 & & 0 \end{array}\right)$$

という形に最終的にもっていくことができます．またこのとき, $d_1 \mid d_2 \mid \cdots \mid d_s$ となっています． ■

このことから, 有限生成アーベル群の構造定理がえられます．

アーベル群の基本定理

有限の生成系をもつアーベル群 G は, 有限巡回群と自由アーベル群の直積に同型で,

$$G \simeq \mathbb{Z}_{d_1} \times \mathbb{Z}_{d_2} \times \cdots \times \mathbb{Z}_{d_s} \times \mathbb{Z}^l$$

が成り立つ. ただし, $1 < d_1 \mid d_2 \mid \cdots \mid d_s$.

[証明] $G = \langle y_1, \ldots, y_n \rangle$ を加法群とします. F を階数 n の自由アーベル群とし, F の基底 $B = \{x_1, \ldots, x_n\}$ をとり, 準同型

$$f : F \to G; \sum_{i=1}^{n} m_i y_i \mapsto \sum_{i=1}^{n} m_i x_i$$

を考えます. $\mathrm{Ker}(f) = \{0\}$ ならば, $G \simeq F \simeq \mathbb{Z}^n$ です. そこで以下では $\mathrm{Ker}(f) \neq \{0\}$ とします. このとき, $\mathrm{Ker}(f)$ は［有限生成自由アーベル群の部分群］より, 階数 n 以下の自由アーベル群となります. したがって, $\mathrm{Ker}(f)$ の基底 $R = \{r_1, \ldots, r_m\}$ がとれます. ［整数係数の行列の標準形］より,

$$r_1 = d_1 x_1, \quad r_2 = d_2 x_2, \ldots, r_s = d_s x_s,$$

$$r_{s+1} = x_{s+1}, \ldots, r_{s+t} = x_{s+t}, \quad r_{s+t+1} = 0, \ldots, r_m = 0$$

が成り立つように B, R をとることができます. またこのとき, $1 < d_1 \mid d_2 \mid \cdots \mid d_r$ とすることができます. $r_i = 0$ が G の関係式をあらわしています. つまり, $F \simeq \mathbb{Z}^n$ の元

$$(m_1, \ldots, m_s, m_{s+1}, \ldots, m_{s+t}, m_{s+t+1}, \ldots, m_n)$$

において, m_i $(i = 1, \ldots, s)$ を $\mathrm{mod}\ d_i$ の数, m_{s+j} $(j = 1, \ldots, t)$ を 0 と同一視すれば, G と同型になります.

形式的にいえば, 第 3 話の［準同型定理］より,

$$\begin{aligned} G \simeq F/\mathrm{Ker}(f) &\simeq \mathbb{Z}^n / \bigl(d_1\mathbb{Z} \times \cdots \times d_s\mathbb{Z} \times \mathbb{Z}^t\bigr) \\ &\simeq \mathbb{Z}_{d_1} \times \cdots \times \mathbb{Z}_{d_s} \times \mathbb{Z}^{n-(d_1+\cdots+d_s+t)} \end{aligned}$$

が成り立つ, ということになります. ■

この直積の有限巡回群の部分を, G のトーションといい, 無限巡回群の部分を自由部分といいます. 有限アーベル群には, 自由部分がなく, 有限巡回群の直積に同型だとわかります.

8話

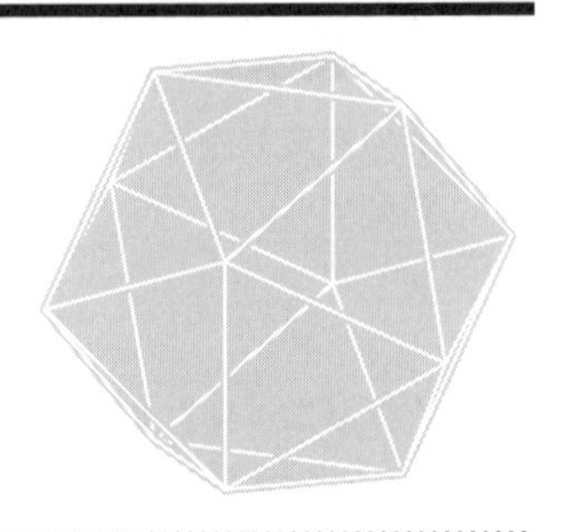

位数の小さい群

位数 n の群は何種類あるか，というのは基本的で興味深い問題です．位数 n が小さいときに，この問題について考えていきます．そのために，いくつかの一般的で有用な概念を，最初に導入しておきましょう．

［定義］ 共役類

群 G の元 s が $t \in G$ に共役であるとは，$x \in G$ がとれて，$s = xtx^{-1}$ が成り立つようにできることだとする．s が t に共役であることを，$s \overset{C}{\sim} t$，共役でないことを $s \overset{C}{\not\sim} t$ とあらわす．群 G の共役関係は同値関係となっており，共役に関する同値類を共役類という． $a \in G$ を含む共役類を $a^G = \left\{ xax^{-1} \in G \,\middle|\, x \in G \right\}$ と書く．共役に関する商集合 $G/\overset{C}{\sim}$ が有限集合のとき，共役類の個数 $k(G) = {}^{\#}(G/\overset{C}{\sim})$ を類数という．

単位元の共役類は，単位元のみからなります．アーベル群では，任意の共役類は１つの元しかもちません．有限群の場合はもちろん，共役類の個数は有限で，共役類に属する元の個数も有限です．

逆元の共役類

群 G の任意の元 a に対して，a の共役類 a^G と a^{-1} の共役類 $\left(a^{-1}\right)^G$ の間には，逆元をとる操作による全単射がある．特に，G が有限群であるとき，任意の $a \in G$ に対して，${}^{\#}a^G = {}^{\#}\left(a^{-1}\right)^G$ が成り立つ．

［証明］ $b \in a^G$ であるための必要十分条件が，$b^{-1} \in \left(a^{-1}\right)^G$ であることが確かめられます．したがって，逆元をとる操作が a^G から $\left(a^{-1}\right)^G$ への全単射になっています． ■

a の共役類 a^G に属する G の元は, xax^{-1} という形をしています. $x, y \in G$ による共役が, a^G の同じ元をあたえる条件 $xax^{-1} = yay^{-1}$ は, $(y^{-1}x)a = a(y^{-1}x)$ が成り立つこと, つまり, a と $y^{-1}x$ が可換なことです.

[定義] 中心化群

群 G の部分集合 A に対して, A の中心化群とは, A の任意の元と可換な元全体からなる部分集合

$$C(A) = \{x \in G \mid xa = ax \quad (\forall a \in A)\}$$

のことで, G の部分群をなす. 1 点集合 $\{a\}$ の中心化群を a の中心化群とよび, $C(a)$ と書く.

中心化群を用いて, 共役類の元の個数をあらわせます.

共役類の元の個数

有限群 G に対して, $a \in G$ の共役類 a^G に属する元の個数は, a の中心化群 $C(a)$ の G における指数 $(G : C(a))$ に等しい.

[証明] 有限群 G の元 a を任意にとります. $xax^{-1} = yay^{-1}$ となるための必要十分条件は, $y^{-1}x \in C(a)$ をみたすこと, つまり, G の部分群 $C(a)$ に関して, x と y が左合同となることです. したがって, 集合 a^G, $G/C(a)$ の間の写像

$$f : a^G \to G/C(a);\ xax^{-1} \mapsto xC(a)$$

は全単射となりますので, ${}^{\#}a^G = (G : C(a))$ が成り立ちます. ■

このことから, 第 2 話の［ラグランジュの定理］を用いて, ${}^{\#}a^G$ は G の位数の約数になっていることがわかります.

群 G のすべての元と可換な元全体のなす集合はアーベル群で, G の正規部分群になります.

[定義] 群の中心

群 G の部分集合

$$Z(G) = \{x \in G \mid xy = yx \quad (\forall y \in G)\}$$

は, G の正規部分群となる. $Z(G)$ を G の中心という.

剰余群 $G/Z(G)$ が位数 2 以上の巡回群となることはありません.

中心に関する剰余群

群 G の中心 $Z(G)$ に関する剰余群 $G/Z(G)$ は, 位数 2 以上の巡回群にはならない.

[証明] 剰余群 $G/Z(G)$ を位数 2 以上の巡回群とし, $G/Z(G)$ の生成元を $xZ(G)$ とします. すると, $G/Z(G)$ の元は, $x^m Z(G)$ $(m = 0, 1, 2, \ldots)$ と書かれることになります. G の任意の元は, $z \in Z(G)$ を用いて $x^m z$ と書けます. $z, z' \in Z(G)$ に対して,

$$\bigl(x^m z\bigr)\bigl(x^n z'\bigr) = x^{m+n} zz' = \bigl(x^n z'\bigr)\bigl(x^m z\bigr)$$

が成り立つことから, G はアーベル群となります. すると, $Z(G) = G$ となり, $G/Z(G)$ が位数 2 以上の巡回群であることに反します. ■

有限群の類等式とは, 次のようなものです.

類等式

有限群 G の, 共役による同値関係に関する完全代表系を $A = \{e, a_1, \ldots, a_r\}$ とするとき,

$$^{\#}G = {}^{\#}Z(G) + \sum_{a_i \in A \setminus Z(G)} (G : C(a_i)) = 1 + \sum_{i=1}^{r} (G : C(a_i))$$

が成り立つ.

[証明] 群 G の共役に関する類別に伴う等式 $^{\#}G = \sum_{a_i \in A} {}^{\#}a_i^G$ において, [共役類の元の個数] より, $^{\#}a_i^G = (G : C(a_i))$ となることを用います.

1 番目の等式は, G の位数を, $Z(G)$ に属する元の個数と, $G \setminus Z(G)$ に属する元の個数の和として書いたものです. $Z(G)$ の各点は 1 点からなる共役類をもち, したがって $Z(G) \subset A$ となっていることに注意すれば, 第 1 の等式の右辺の第 2 項が $^{\#}(G \setminus Z(G))$ を数えていることがわかります.

2 番目の等式は, $G = \{e\} \cup (G \setminus \{e\})$ と考えて G の位数を数えたもので, $e \in G$ の共役類が 1 点からなることからしたがいます. ■

類等式はかなり自明な等式ですが, あとで有限群の基本的な性質を導くときに, 有効だとわかるようになります.

簡単なことから始めていきましょう.

位数 p の群

素数位数 p の群は巡回群.

[証明] 群 G の位数が素数 p のとき, G の各元の位数は, 第2話の［ラグランジュの定理］より1または p です. 位数1の元は単位元のみで, その他の元は位数 p をもちます. したがって, 第5話の［巡回群の特徴付け I］より, G は巡回群です. ■

位数が素数べきの群に類等式を用いると, 次がいえます.

p 群の中心

p 群の中心は単位群にはならない.

[証明] 群 G の位数は, 素数 p のべき p^k $(k \in \mathbb{N})$ であたえられるとします. G がアーベル群ならば, $Z(G) = G$ ですので, $Z(G)$ は単位群ではありません. そこで, G はアーベル群ではないとします. ［類等式］より,

$$p^k = {}^{\#}Z(G) + \sum_{a_i \in A \setminus Z(G)} (G : C(a_i))$$

が成り立ちます. ただし, A は G の共役関係に関する完全代表系です. $a_i \notin Z(G)$ の中心化群は G とはなりません. つまり, $C(a_i)$ は G の真の部分群ですので, $(G : C(a_i))$ は p べきで, 特に p の倍数です. したがって, 類等式より, ${}^{\#}Z(G)$ も p の倍数でなければなりません. ■

これから, 素数の平方の位数をもつ群がアーベル群だとわかります.

位数 p^2 の群

位数が素数 p の2乗であるような群 G はアーベル群. したがって, $G \simeq C_{p^2}$ または $G \simeq C_p \times C_p$ が成り立つ.

[証明] p を素数とし, 群 G の位数を p^2 とします. ［p 群の中心］より, $Z(G) \neq e$ です. すると, $Z(G)$ の位数は p または p^2 です. ${}^{\#}Z(G) = p$ とすると, ［位数 p の群］より $Z(G)$ は巡回群ということになりますが, ［中心に関する剰余群］より, この場合はありません. したがって, ${}^{\#}Z(G) = p^2$ でなければなりません

が, このとき $Z(G)=G$ ですので, G はアーベル群になります. 第7話の［アーベル群の基本定理］により, 有限アーベル群は有限巡回群の直積となりますので, C_{p^2} と $C_p\times C_p$ のどちらかに同型です. ■

有限群の特定の位数の元がとれるかどうかという問題を考えてみましょう.

有限アーベル群に対するコーシーの定理

有限アーベル群 G の位数が素因数 p をもつとき, G の位数 p の元がとれる.

［証明］ G を有限アーベル群とします. 第7話の［アーベル群の基本定理］により, G から有限巡回群の直積への同型 $f: G\to C_{d_1}\times\cdots\times C_{d_r}$ があります. ${}^{\#}G=d_1\cdots d_r$ ですので, ${}^{\#}G$ の任意の素因数 p に対して, ある $i=1,\ldots,r$ がとれて $d_i=mp$ となっています. 巡回群 $C_{d_i}=C_{mp}$ の生成元を x とすると, $\mathrm{ord}\bigl(x^m\bigr)=p$ です. したがって,

$$f^{-1}\Bigl(\bigl(e,\ldots,e,\overset{i}{x^m},e,\ldots,e\bigr)\Bigr)\in G$$

は位数 p の元です. ■

アーベル群とは限らない, 有限群の位数の任意の素因数 p に対して, 位数 p の元がとれることが, コーシーの定理として知られています.

コーシーの定理

有限群 G の位数が素因数 p をもつとき, G の位数 p の元がとれる.

［証明］ 有限群 G の位数に関する帰納法を用います. G の位数が2のとき, G は巡回群ですので, 位数2の元がとれます.

G の位数が3以上のときを考えます. p を G の位数の素因数とします. ［類等式］より,

$${}^{\#}G=1+\sum_{i=1}^{r}(G:C(a_i))$$

が成り立ちます. これから, ある $i=1,\ldots,r$ がとれて, $p\nmid(G:C(a_i))$ が成り立ちます. したがって, $p\mid{}^{\#}C(a_i)$ です. $C(a_i)=G$ でなければ, つまり a_i が G の中心元でなければ, 帰納法の仮定により, $C(a_i)$ は位数 p の元をもちます. そこで, $C(a_i)=G$, つまり a_i が G の中心元であるときを考えます. このとき $Z(G)\neq e$ です. $Z(G)$ はアーベル群ですので, $p\mid{}^{\#}Z(G)$ の場合, ［有限

アーベル群に対するコーシーの定理］により，$Z(G)$ は位数 p の元をもちます．$p \nmid {}^{\#}Z(G)$ の場合，剰余群 $G/Z(G)$ の位数は p の倍数となりますので，帰納法の仮定により，$G/Z(G)$ は位数 p の元 $xZ(G)$ をもちます．剰余類 $xZ(G)$ の代表元 x について，$x \notin Z(G)$ かつ $x^p \in Z(G)$ が成り立ちます．この x で生成される巡回群 $N = \langle x \rangle$ を考えると，

$$NZ(G) = \{x^m z \in G \mid m = 0, 1, \ldots, p-1; z \in Z(G)\}$$

はアーベル群で，$NZ(G)$ の位数は p の倍数です．［有限アーベル群に対するコーシーの定理］より，$NZ(G)$ は位数 p の元をもちます．■

第 4 話のシローの定理を用いると，位数 pq の群の構造がわかります．

位数 pq の群

p, q を $p < q$ であるような素数とすると，位数 pq の群は，$p \nmid q-1$ ならば巡回群 C_{pq}，$p \mid q-1$ ならば巡回群 C_{pq}，または巡回群の半直積 $C_q \rtimes C_p$ となる．

［証明］ G を位数 pq の群とします．第 4 話の［シローの定理 III］より，G の q シロー部分群の個数 n_q は，$\bmod q$ で 1 です．また，n_q が q シロー部分群の指数であることから $n_q | pq$ でなければならないですが，$p < q$ としているので $n_q = 1$ です．同様に考えて，p シロー部分群の個数 n_p は 1 または q です．ただし，$n_p = q$ となるためには，$p \mid q-1$ が必要です．

最初に $n_p = n_q = 1$ の場合を考えましょう．第 2 話の［有限群の元の位数 II］より，G の元の位数は，1, p, q, pq のどれかです．p シロー部分群は p 次巡回群で，それが 1 つだけあることから，G の位数 p の元はちょうど $p-1$ 個あることになります．同様に，G の位数 q の元はちょうど $q-1$ 個あることになります．単位元 e が位数 1 の元で，残りの $(p-1)(q-1)$ 個の元は位数 pq となるしかありませんので，第 5 話の［巡回群の特徴づけ I］より，G は位数 pq の巡回群 C_{pq} となります．

次に，$n_p = q$, $n_q = 1$ の場合を考えましょう．このとき，$p \mid q-1$ でなければなりません．q シロー部分群は，q 次巡回群で，それが 1 つだけあります．それを N とし，N の生成元 y をとります．

第 4 話の［シローの定理 II］より，q シロー部分群が 1 つしかないということは，任意の $g \in G$ に対して $gNg^{-1} = N$ ということですから，N は G の正規

部分群だということになります．剰余群 G/N の位数は p ですので，p 次巡回群となります．G/N の生成元を xN とします．剰余類 xN の代表元 x は，$x \notin N$, $x^p \in N$ をみたすような G の元 x です．$x \notin N$ であることから，x の位数は 1 でも q でもないです．x の位数が pq だとすれば，G は pq 次巡回群となり，$n_p = q$ に反します．したがって，x の位数は p です．$H = \langle x \rangle$ は p シロー部分群の 1 つということになります．

$$G = N \cup xN \cup x^2N \cup \cdots \cup x^{p-1}N$$

より，G の任意の元は，$x^m y^n$ $(m = 0, 1, \ldots, p-1;\ n = 0, 1, \ldots, q-1)$ とあらわされます．つまり，$G = HN$ です．また，H は p 次巡回群，N は q 次巡回群ですので，$H \cap N$ には位数 1 の元 e しかありません．したがって，第 6 話の［群が半直積になる条件］により，G は半直積

$$G \simeq N \rtimes H \simeq C_q \rtimes C_p$$

となります． ■

具体的に，$i : C_p \to \mathrm{Aut}(C_q);\ x \mapsto i_x$ は，$a = 1, \ldots, q-1$ を用いて，

$$i_x(y) = xyx^{-1} = y^a$$

によってあたえられます．これから，

$$i_{x^m}(y) = (i_x)^m(y) = y^{a^m} \quad (m = 1, 2, \ldots, p)$$

です．$(i_x)^p$ は恒等写像ですので，$a^p \equiv 1 (\mathrm{mod}\ q)$ という制限がつきます．$a = 1$ の場合は，$xy = yx$ より，$G \simeq C_p \times C_q \simeq C_{pq}$ となります．

自己同型群 $\mathrm{Aut}(C_q)$ は，$q-1$ 次巡回群に同型で，$p \mid q-1$ であることから位数 p の元を $p-1$ 個もちます．それらが，$i_x, (i_x)^2, \ldots, (i_x)^{p-1}$ に対応しています．$a^p \equiv 1 (\mathrm{mod}\ q)$ となる $a = 2, \ldots, q$ は，$p-1$ 通りありますが，それらは C_p の生成元 x の選び方の自由度にすぎません．

つまり，$p|q-1$ をみたす素数 p, q に対して，

$$C_q \rtimes C_p = \left\langle x, y \,\middle|\, x^p = y^q = e, xyx^{-1} = y^a \right\rangle \quad (a = 2, \ldots, q-1;\ a^p \equiv 1\ (\mathrm{mod}\ q))$$

という表示は，C_p の生成元 x のとり方によって，$p-1$ 通りありますが，それらはすべて同じ群です．

次はただちにしたがいます．

位数 $2p$ の群

p を奇素数とするとき，位数 $2p$ の群は，巡回群 C_{2p} または p 次 2 面体群 $D_{2p} \simeq C_p \rtimes C_2$ に同型.

これまでの結果から，位数 7 までの群は分類できます.

位数 7 までの群

位数 7 までの群は，以下のものに限られる.

$^{\#}G$	G
1	e
2	C_2
3	C_3
4	$C_4,\ C_2 \times C_2 \simeq D_4 \simeq K_4$
5	C_5
6	$C_6,\ S_3 \simeq D_6$
7	C_7

[証明] 素数位数 2,3,5,7 の群は，第 5 話の［巡回群の特徴づけ I］より，巡回群になります．位数 4 の群は，［位数 p^2 の群］より C_4 または $C_2 \times C_2$ に限られます．$C_2 \times C_2$ は 2 次の 2 面体群とクラインの 4 元群とに同型です．位数 6 の群は，［位数 $2p$ の群］より，巡回群 C_6 または 3 次の 2 面体群 $D_6 \simeq C_3 \rtimes C_2$ になります．3 次の対称群 S_3 は位数 6 ですが，$x = (12)$, $y = (123) \in S_3$ をとると，

$$xyx^{-1} = (12)(123)(12) = (312) = y^2$$

より，

$$S_3 = \left\langle x, y \;\middle|\; x^2 = y^3 = e, xyx^{-1} = y^2 \right\rangle \simeq C_3 \rtimes C_2$$

となることから，D_6 に同型だとわかります． ■

少し面倒なのは，位数 8 の群です.

位数 8 の群

位数 8 の群は，C_8，$C_2 \times C_4$，$C_2 \times C_2 \times C_2$，$D_8$，$Q_8$ のどれかに同型．

[証明] G を位数 8 の群とします．G がアーベル群ならば，第 7 話の［アーベル群の基本定理］より，G は巡回群の直積，つまり C_8, $C_2 \times C_4$ のどちらかに同型です．そこで，G はアーベル群ではないとしましょう．

このとき，G の元の位数は 1,2,4 のどれかになります．位数 4 の元をもたないとしましょう．このとき，G の任意の元 x は，$x^2 = e$ をみたします．$x, y \in G$ を任意にとったとき，

$$xy = x(xy)^2 y = xxyxyy = yx$$

が成り立つことから，G はアーベル群となります．したがって，G は位数 4 の元を少なくとも 1 つもつことになります．

$y \in G$ を位数 4 の元とします．y の生成する G の部分群 $H = \langle y \rangle$ は位数 4 の巡回群です．$x \in G \setminus H$ を任意にとると，G は

$$G = H \cup xH = \{e, y, y^2, y^3\} \cup \{x, xy, xy^2, xy^3\}$$

と H に関する左剰余類に分解されます．　つまり，G の任意の元は $x^m y^n$ $(m = 0, 1;\ n = 0, 1, 2, 3)$ と書けます．

G の中心 $Z(G)$ の位数は ${}^{\#}G = 8$ の約数 1,2,4,8 のどれかです．［p 群の中心］より，${}^{\#}Z(G) = 1$ の可能性は排除されます．${}^{\#}Z(G) = 4$ とすると，$G/Z(G)$ が位数 2 の巡回群ということになるので，［中心に関する剰余群］より，その可能性もありません．${}^{\#}Z(G) = 8$ は，G がアーベル群ということなので，この場合もありません．残ったのは，中心の位数が 2 の場合です．そこで，$Z(G)$ の元 z で単位元でないものが一意的にさだまります．z は位数 2 の元で，任意の $g \in G$ と可換です．

このとき $z = xy^m$ $(m = 0, 1, 2, 3)$ とすると，$(xy^m)y = y(xy^m)$ が成り立つはずです．この式の両辺の右から y^{-m} を乗ずることにより，$xy = yx$ がえられます．x と y が可換のとき，G はアーベル群となるので，この可能性はありません．また，y, y^3 は位数 4 ですので，中心に入りません．したがって，$z = y^2$ となるしかありません．

G の中心は $Z(G) = \{e, y^2\}$ となることまでわかりました．$Z(G)$ に関する剰

余群は,

$$G/Z(G) = \{Z(G), xZ(G), yZ(G), xyZ(G)\}$$

です. これは位数 4 の群ですので,［位数 7 までの群］より, C_4 または $C_2 \times C_2$ に同型です. しかし,［中心に関する剰余群］により, $G/Z(G) \simeq C_2 \times C_2$ です. このとき, $G/Z(G)$ の $Z(G)$ 以外の元は位数が 2 になります. 特に,

$$x^2 Z(G) = (xZ(G))^2 = Z(G) = \{e, y^2\}$$

より, $x^2 = e$ または $x^2 = y^2$ の 2 つの可能性が残ります.

最初に $x^2 = e$, つまり x の位数が 2 の場合を考えましょう.

$$(xy)^2 Z(G) = (xyZ(G))^2 = Z(G) = \{e, y^2\}$$

より, $(xy)^2 = e$ または $(xy)^2 = y^2$ です. $(xy)^2 = y^2$ とすると,

$$xy = y^2(xy)^{-1} = y^2(y^{-1}x^{-1}) = yx$$

となり, G はアーベル群となります. したがって, $(xy)^2 = e$ です. これは,

$$xyx^{-1} = y^3$$

と書きかえることもできます. G の生成元 x, y の間には, これ以上の関係式はありません. したがって,

$$G = \left\langle x, y \;\middle|\; x^2 = y^4 = (xy)^2 = e \right\rangle \simeq D_8$$

となります.

次に, x の位数が 4 の場合, つまり $x^2 = y^2$ の場合について考えます. さきほどと同様に, $(xy)^2 = e$ と $(xy)^2 = y^2$ の可能性があります. 今の場合, $(xy)^2 = e$ と仮定すると,

$$xy = (xy)^{-1} = y^{-1}x^{-1} = y^3x^{-1} = (yx^2)x^{-1} = yx$$

となり, G はアーベル群になってしまいます. したがって, $(xy)^2 = y^2$ です. このとき,

$$xy = (xy)^{-1}y^2 = (y^{-1}x^{-1})x^2 = y^{-1}x$$

となります. G の生成元 x, y の間には, これ以上の関係式はありません. したがって, この場合

$$G = \left\langle x, y \;\middle|\; y^4 = e, x^2 = y^2, xy = y^{-1}x \right\rangle \simeq Q_8$$

となります. ■

9 話

行列による表現

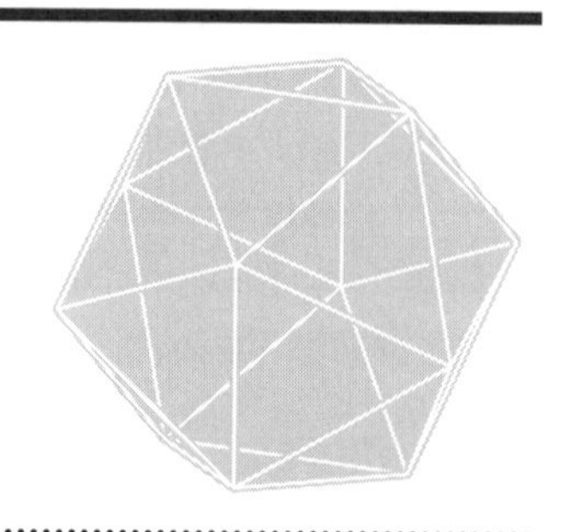

群の 2 項演算は, 実数や複素数の 4 則演算とは一般に違うので, 具体的に計算しようと思ってもなかなか難しいです. しかし, 群のそれぞれの元に正則行列を対応させて, 群の 2 項演算を行列の積として実現させることができれば, 群はより身近なものになります. そのような対応を群の表現といいます. 表現は 1 つの群に 1 通りではなく, いくつも考えることができます. ここでは, そうした群の表現についてみていこうと思います.

[定義] 一般線型群

ベクトル空間 V 上の線型自己同型 $f: V \to V$ 全体のなす集合は, 写像の合成を 2 項演算として群の構造をもつ. この群を V 上の一般線型群といい, $GL(V)$ であらわす. $K = \mathbb{R}$ または $\mathbb{C}$ として, K 上の n 次元数ベクトル空間 K^n 上の一般線型群については, $GL_n(K)$ とあらわす.

V 上の線型自己同型とは, V から自身への線型写像 $f: V \to V$ で全単射となっているもののことです. 全単射なので, 逆写像 f^{-1} をもち, f^{-1} も V 上の線型自己同型になっています.

$GL(V)$ の単位元は, V 上の恒等写像 id_V のこと, $f \in GL(V)$ の逆元は, 逆写像 f^{-1} のことです. $GL_n(K)$ の元は, K の数を成分にもつ n 次正則行列のことだと思えばよいです.

[定義] 表現

群 G から一般線型群 $GL(V)$ への準同型 $\rho: G \to GL(V)$ を G の V 上の表現といい, ベクトル空間 V を表現 ρ の表現空間という. また, $x \in G$ に対して, $\rho(x)$ を x の表現という. V が実ベクトル空間のとき, ρ を実表現, 複素ベクトル空間のときは複素表現という．表現空間の次元が n のとき，ρ は次数 n の表現，ないし n 次表現であるという．

正式には，準同型 $\rho : G \to GL(V)$ と表現空間 V の組 (ρ, V) が表現です．主に有限次数の実または複素表現を考えます．このとき，V は基底を用いることにより数ベクトル空間と同一視できますので，結局のところ，表現とは群の G の元のそれぞれを行列であらわすことにより，2 項演算を行列の積として実現することだといえます．

［定義］ 表現行列

群 G の n 次元ベクトル空間 V 上の表現 $\rho : G \to GL(V)$ があったとする．V の基底 $(\boldsymbol{e}_1, \ldots, \boldsymbol{e}_n)$ をとり，$\rho(x) \in GL(V)$ の基底ベクトル $\boldsymbol{e}_j$ への作用を

$$\rho(x)\boldsymbol{e}_j = \sum_{i=1}^{n} \rho(x)_{ij}\boldsymbol{e}_i$$

と書くとき，$\rho(x)_{ij}$ を (i, j) 成分にもつような正則行列を，線型変換 $\rho(x)$ と同じ記号で書き，x の表現行列という．

表現空間 V のベクトル $\boldsymbol{u} = \sum_{j=1}^{n} u_j \boldsymbol{e}_j$ への $\rho(x)$ の作用が

$$\rho(x)\boldsymbol{u} = \rho(x)\sum_{j=1}^{n} u_j \boldsymbol{e}_j = \sum_{i=1}^{n}\left(\sum_{j=1}^{n} \rho(x)_{ij} u_j\right)\boldsymbol{e}_i$$

となることから，$\rho(x)\boldsymbol{u}$ の第 i 成分は，

$$(\rho(x)\boldsymbol{u})_i = \sum_{j=1}^{n} \rho(x)_{ij} u_j$$

と書けることになります．

V の基底を，正則行列 P を用いて

$$\boldsymbol{e}_i = \sum_{j=1}^{n} P_{ji}\boldsymbol{e}'_j$$

によって，$(\boldsymbol{e}'_1, \ldots, \boldsymbol{e}'_n)$ に取り換えます．逆変換は，

$$\boldsymbol{e}'_j = \sum_{i=1}^{n} \left(P^{-1}\right)_{ij}\boldsymbol{e}_i$$

となります. 新しい基底ベクトルへの $\rho(x)$ の作用が,

$$\begin{aligned}\rho(x)\boldsymbol{e}'_j &= \rho(x)\sum_{l=1}^{n}\left(P^{-1}\right)_{lj}\boldsymbol{e}_l = \sum_{k,l=1}^{n}\rho(x)_{kl}(P^{-1})_{lj}\boldsymbol{e}_k \\ &= \sum_{i,k,l=1}^{n}P_{ik}\rho(x)_{kl}(P^{-1})_{lj}\boldsymbol{e}'_i = \sum_{i=1}^{n}(P\rho(x)P^{-1})_{ij}\boldsymbol{e}'_i\end{aligned}$$

となることから, 表現行列は

$$\rho(x) \mapsto P\rho(x)P^{-1}$$

と変換することがわかります.

巡回群 $\mathbb{Z}_n$ の複素 1 次表現としては,

$$\rho(k) = e^{2\pi ik/n} \quad (k = 0, 1, \ldots, n-1)$$

であたえられるものがあります. この場合, $\rho : \mathbb{Z}_n \to GL_1(\mathbb{C})$ が単射なので, 忠実な表現だといいます. なお, $GL_1(\mathbb{C})$ は 0 以外の複素数全体のなす集合で, 複素数の乗法群 $\mathbb{C}^\times$ のことです. なぜ $\mathbb{C}^\times$ と書くかというと. 複素数全体のなす集合 $\mathbb{C}$ は乗法についてモノイドで, $\mathbb{C}^\times$ はその単元群だからです.

$\mathbb{Z}_m \times \mathbb{Z}_n$ の複素 1 次表現として,

$$\rho_1((k,l)) = e^{2\pi ik/m}$$
$$\rho_2((k,l)) = e^{2\pi il/n}$$

があります. ρ_1, ρ_2 のどちらも表現です. これらは忠実ではありません. 次数 2 の複素表現

$$\rho((k,l)) = \begin{pmatrix} e^{2\pi ik/m} & 0 \\ 0 & e^{2\pi il/n} \end{pmatrix}$$

は忠実な表現です.

対称群の表現もみておきましょう. S_n は実 1 次表現

$$\mathrm{sgn} : S_n \to GL_1(\mathbb{R}); \sigma \mapsto \mathrm{sgn}(\sigma)$$

をもちます. ここで, $GL_1(\mathbb{R})$ は 0 以外の実数全体のなす集合で, 実数の乗法群 $\mathbb{R}^\times$ のことです.

S_n の実 n 次表現として, $\sigma \in S_n$ に対して,

$$\rho(\sigma)\begin{pmatrix} u_1 \\ u_2 \\ \vdots \\ u_n \end{pmatrix} = \begin{pmatrix} u_{\sigma^{-1}(1)} \\ u_{\sigma^{-1}(2)} \\ \vdots \\ u_{\sigma^{-1}(n)} \end{pmatrix}$$

とすることによってあたえられるものを考えることができます．つまり，$\rho(\sigma)$ は，$i = 1, \ldots, n$ について，ベクトルの第 i 成分を第 $\sigma(i)$ 成分に移しかえるような線型変換のことです．具体的に $\rho(\sigma)$ は，(i, j) 成分に，$\sigma(j) = i$ ならば 1 を，$\sigma(j) \neq i$ ならば 0 をいれてできる行列です．$\rho(\tau\sigma) = \rho(\tau)\rho(\sigma)$ となっていることが，表現であることの特徴づけになっています．

任意の有限次表現において，単位元 e の表現 $\rho(e)$ は単位行列になっています．それ以外の元で単位行列で表現されるものがないときに，忠実な表現となっています．

[定義] 同値な表現

群 G の 2 つの表現 (ρ_1, V_1)，(ρ_2, V_2) が同値であるとは，線型同型写像 $f : V_1 \to V_2$ がとれて，すべての $x \in G$ に対して

$$f \circ \rho_1(x) = \rho_2(x) \circ f$$

が成り立つようにできることをいう．

群 G の 2 つの表現 (ρ_1, V_1) と (ρ_2, V_2) が同値だというのは，任意の $x \in G$ に対して，図式

$$\begin{array}{ccc} V_1 & \xrightarrow{f} & V_2 \\ {\scriptstyle \rho_1(x)}\downarrow & & \downarrow{\scriptstyle \rho_2(x)} \\ V_1 & \xrightarrow[f]{} & V_2 \end{array}$$

が可換となることです．V_1 と V_2 が K 上の n 次元数ベクトル空間だとすると，線型同型写像 $f : K^n \to K^n$ は，正則行列 P による線型変換のことです．このとき，K^n 上の 2 つの表現 ρ_1, ρ_2 が同値だというのは，任意の $x \in G$ に対して，表現行列の間に $P\rho_1(x) = \rho_2(x)P$ が成り立つこと，つまり，$\rho_2(x) = P\rho_1(x)P^{-1}$ が成り立つことを意味します．

群 G の表現として，どのようなものがあるか考えてみましょう．1 つの表現

ρ_1 が見つかれば, 表現行列のレベルでは, 正則行列 P を任意にとってきて, 各 x に対して $\rho_2(x) = P\rho_1(x)P^{-1}$ とすることによって, 新しい表現 ρ_2 をいくらでも手にいれることができるわけです. しかし, そのようにしてえられたものは, もとの表現と本質的に同じもので, 新しいものだとはいえません. 同値な表現とはそのようなものを指します.

K 上の 2 つのベクトル空間 V_1, V_2 があったとします. ただし, $K = \mathbb{R}$ または $\mathbb{C}$ とします. 集合 $V_1 \times V_2$ に,

$$(\boldsymbol{v}_1, \boldsymbol{v}_2) + (\boldsymbol{v}'_1, \boldsymbol{v}'_2) = (\boldsymbol{v}_1 + \boldsymbol{v}'_1, \boldsymbol{v}_2 + \boldsymbol{v}'_2),$$
$$a(\boldsymbol{v}_1, \boldsymbol{v}_2) = (a\boldsymbol{v}_1, a\boldsymbol{v}_2)$$

によって, 加法とスカラー倍の構造をいれることでえられる K 上のベクトル空間を $V_1 \oplus V_2$ と書き, V_1 と V_2 の直和ベクトル空間といいます. $V_1 \oplus V_2$ のベクトル $(\boldsymbol{u}_1, \boldsymbol{u}_2)$ を $\boldsymbol{u}_1 \oplus \boldsymbol{u}_2$ と書きます. V_1, V_2 がともに有限次元ベクトル空間のとき, $\boldsymbol{u}_1 \in V_1$, $\boldsymbol{u}_2 \in V_2$ を縦ベクトルだととらえると, $\boldsymbol{u}_1 \oplus \boldsymbol{u}_2$ は

$$\boldsymbol{u}_1 \oplus \boldsymbol{u}_2 = \left(\begin{array}{c} \boldsymbol{u}_1 \\ \hline \boldsymbol{u}_2 \end{array} \right)$$

のように, これらを縦にならべてできる縦ベクトルのことだととらえることができます. $(V_1 \oplus V_2) \oplus V_3 = V_1 \oplus (V_2 \oplus V_3)$ が成り立ちますので, これらを $V_1 \oplus V_2 \oplus V_3$ と書くことができます. 同様にしていくつかのベクトル空間の直和 $V_1 \oplus \cdots \oplus V_r$ を構成できます. $i = 1, \ldots, r$ のそれぞれに対して, V_i 上の自己線型写像 $f_i : V_i \to V_i$ があたえられたとき,

$$f_1 \oplus \cdots \oplus f_r : \boldsymbol{u}_1 \oplus \cdots \oplus \boldsymbol{u}_r \mapsto f_1(\boldsymbol{u}_1) \oplus \cdots \oplus f_r(\boldsymbol{u}_r)$$

によって, $V_1 \oplus \cdots \oplus V_r$ 上の自己線型写像が定義されます.

[定義] 直和表現

群 G のいくつかの表現 $\rho_i : G \to GL(V_i)$ があたえられたとき,

$$\rho_1 \oplus \cdots \oplus \rho_r : x \mapsto \rho_1(x) \oplus \cdots \oplus \rho_r(x)$$

は, $GL(V_1 \oplus \cdots \oplus V_r)$ 上の表現をあたえる. これを $\rho_1, \ldots, \rho_r$ の直和表現という.

表現空間 $V_1, \ldots, V_r$ がすべて有限次元のとき, 直和表現の行列は,

$$(\rho_1 \oplus \cdots \oplus \rho_r)(x) = \begin{pmatrix} \boxed{\rho_1(x)} & & & 0 \\ & \boxed{\rho_2(x)} & & \\ & & \ddots & \\ 0 & & & \boxed{\rho_r(x)} \end{pmatrix}$$

のような, ブロック対角の形をしたものだととらえればよいです.

群 G の表現として, どのようなものがあるかという問題を考えるとき, 直和表現にはあまり興味がありません. 直和表現はより基本的な表現からいくらでも構成することができるからです. 2つ以上の表現の直和としてあらわすことのできない表現を既約表現といいます. 既約表現には, より基本的な重要性があることになります. そこで, あたえられた表現が既約なのか, そうでないのかを注意する必要があります.

$\rho(x)$ はもともと表現空間 V 上の線型自己同型で, V の基底を選ぶと, 行列としてあらわされるわけです. すべての $x \in G$ について, 表現行列 $\rho(x)$ が同じ形のブロック対角行列になっていれば, ρ は直和表現だとわかります. しかし, V のある基底のもとで, 表現行列 $\rho(x)$ がブロック対角でも, 別の基底をとったときの表現行列 $P\rho(x)P^{-1}$ は, 一般にブロック対角になりません. つまり, 表現行列の見た目だけでは, それが直和表現なのかどうかはわかりにくいです. そこで, 表現の既約性を表現空間の基底のとり方によらない方法で, 特徴づけておく必要があります.

[定義] 既約表現

群 G のベクトル空間 V 上の表現 $\rho : G \to GL(V)$ があたえられたとする.
表現空間 V の線型部分空間 W は, 任意の $x \in G$ に対して,

$$\rho(x)W = \{\rho(x)\boldsymbol{w} \in V \mid \boldsymbol{w} \in W\} \subset W$$

が成り立つとき, 表現 ρ の不変部分空間であるという.
ρ の表現空間 V 自身と $\{\mathbf{0}\}$ は自明な不変部分空間になっており, 不変部分空間として自明なものしかもたない表現は既約であるという. 既約ではない表現は, 可約であるという.

群 G の表現 (ρ_1, V_1), (ρ_2, V_2) の直和表現は, $V_1 \neq \{\mathbf{0}\}$ かつ $V_2 \neq \{\mathbf{0}\}$ ならば既約ではありません. $V_1 = \{\boldsymbol{u}_1 \oplus \mathbf{0} \mid \boldsymbol{u}_1 \in V_1\}$ と考えることにより, V_1 は

$V_1 \oplus V_2$ の線型部分空間とみなせます. 任意の $x \in G$, $\boldsymbol{u}_1 \oplus \mathbf{0} \in V_1$ に対して

$$(\rho_1 \oplus \rho_2)(x)(\boldsymbol{u}_1 \oplus \mathbf{0}) = \rho_1(x)\boldsymbol{u}_1 \oplus \mathbf{0} \in V_1$$

ですので, V_1 は非自明な不変部分空間となるからです.

既約表現に同値な表現の既約性

既約表現と同値な表現は既約.

[証明] (ρ_1, V_1) を群 G の既約な表現とし, それと同値な表現 (ρ_2, V_2) を考えます. このとき線型同型写像 $f : V_1 \to V_2$ がとれて, 任意の $x \in G$ に対して, $f \circ \rho_1(x) = \rho_2(x) \circ f$ が成り立つようにできます.

W を ρ_2 の不変部分空間とすると, f による W の原像 $f^{-1}[W]$ は V_1 の線型部分空間となります. $\boldsymbol{w} \in f^{-1}[W]$ を任意にとると, $f(\rho_1(x)\boldsymbol{w}) = \rho_2(x)f(\boldsymbol{w}) \in \rho_2(x)W \subset W$ ですので, $\rho_1(x)\boldsymbol{w} \in f^{-1}[W]$ が成り立ちます. したがって, $f^{-1}[W]$ は ρ_1 の不変部分空間で, ρ_1 の既約性よりこれは $\{\mathbf{0}\}$ または V_1 となります. $f^{-1}[W] = \mathbf{0}$ のときは, $W = \{\mathbf{0}\}$, $f^{-1}[W] = V_1$ のときは, f が線型同型であることから $W = V_2$ となります. したがって, ρ_2 も既約ということになります. ■

このことは, 表現の既約性が表現の同値類に対する概念だということをいっています. それに対して, 同値な表現をとったことで変わるような性質にはあまり興味がありません.

あたえられた表現が既約かどうかを判定する有力な方法として, シューアの補題を利用するというのがあります.

シューアの補題 I

群 G の 2 つの既約表現 (ρ_1, V_1), (ρ_2, V_2) があたえられたとする. 線型写像 $f : V_1 \to V_2$ がとれて, すべての $x \in G$ に対して

$$f \circ \rho_1(x) = \rho_2(x) \circ f$$

が成り立つようにできるとすると, 次の 2 つのうちいずれかが成り立つ.

- f はゼロ写像: $f : V_1 \to V_2$; $\boldsymbol{u}_1 \mapsto \mathbf{0}$.
- f は線型同型で, したがって既約表現 ρ_1, ρ_2 は同値.

[証明] 線型写像 $f : V_1 \to V_2$ は, $f \circ \rho_1(x) = \rho_2(x) \circ f$ が任意の $x \in G$ に対

して成り立つようなものだとします．

f の像 $\mathrm{Im}(f)$ は V_2 の線型部分空間となります．$\boldsymbol{v} \in \mathrm{Im}(f)$ を任意にとります．このとき $\boldsymbol{u} \in V_1$ がとれて，$f(\boldsymbol{u}) = \boldsymbol{v}$ が成り立ちます．すると，任意の $x \in G$ に対して

$$\rho_2(x)\boldsymbol{u} = \rho_2(x)f(\boldsymbol{v}) = f(\rho_1(x)\boldsymbol{u}) \in \mathrm{Im}(f)$$

が成り立つことから，$\mathrm{Im}(f)$ は ρ_2 の不変部分空間になっていることがわかります．ρ_2 は既約ですので，$\mathrm{Im}(f)$ は $\{\mathbf{0}\}$ または V_2 です．$\mathrm{Im}(f) = \{\mathbf{0}\}$ ならば，f はゼロ写像です．$\mathrm{Im}(f) = V_2$ ならば，$f : V_1 \to V_2$ は全射です．

あとは，f を全射としたとき，f の単射性を示せばよいです．$\mathrm{Ker}(f)$ は V_1 の線型部分空間です．任意の $\boldsymbol{u} \in \mathrm{Ker}(f)$ をとります．

$$f(\rho_1(x)\boldsymbol{u}) = \rho_2(x)f(\boldsymbol{u}) = \rho_2(x)\mathbf{0} = \mathbf{0}$$

より，$\rho_1(x)\boldsymbol{u} \in \mathrm{Ker}(f)$ が任意の $x \in G$ に対して成り立ちます．したがって，$\mathrm{Ker}(f)$ は ρ_1 の不変部分空間です．ρ_1 の既約性より，$\mathrm{Ker}(f) = \mathbf{0}$ または $\mathrm{Ker}(f) = V_1$ です．$\mathrm{Ker}(f) = V_1$ のときは，f はゼロ写像ですので，全射ではありません．したがって，f が全射ならば，$\mathrm{Ker}(f) = \mathbf{0}$ が成り立ち，これは f が単射であることを意味します． ■

これから，次のことがしたがいます．

シューアの補題 II

群 G の複素数ベクトル空間 $\mathbb{C}^n$ 上の既約表現 $\rho : G \to GL_n(\mathbb{C})$ があたえられたとき，任意の $x \in G$ に対して，表現行列 $\rho(x)$ と可換であるような行列は，スカラー行列しかない．

[証明] A を n 次複素正方行列とし，任意の $x \in G$ に対して $A\rho(x) = \rho(x)A$ をみたすとします．A の固有値の 1 つを λ とします．λ に属する固有空間が ρ の不変部分空間になっていることを用いても示せますが，せっかくなので［シューアの補題 I］を経由して証明していきます．

$B = A - \lambda\mathbb{1}$ とおきます．ただし，$\mathbb{1}$ は単位行列です．B の行列式は A の固有多項式に固有値 λ を代入したものなのでゼロです．したがって，B は正則行列ではありません．任意の $x \in G$ に対して，$B\rho(x) = \rho(x)B$ ですから，［シューアの補題 I］より B はゼロ行列，したがって A はスカラー行列 $\lambda\mathbb{1}$ となります． ■

あたえられた有限次の複素表現 ρ に対して, 任意の表現行列 $\rho(x)$ と可換な行列がスカラー行列以外にあれば, ρ は既約ではないことになります.

アーベル群の既約表現について考えてみましょう.

アーベル群の既約な複素表現

アーベル群の既約な複素表現は 1 次.

[証明] アーベル群 G の次数 n の複素表現 (ρ, V) が既約だとします. V の基底をとることにより, $\mathbb{C}^n$ 上の表現 $\rho: G \to GL_n(\mathbb{C})$ と同一視します. G はアーベル群なので, 任意の $x,\ y \in G$ に対して, $\rho(x)\rho(y) = \rho(y)\rho(x)$ が成り立ちます. ［シューアの補題 II］により, 任意の $x \in G$ に対して, 表現行列は $\rho(x) = \lambda_x \mathbb{1}$ と書けることになります. したがって, $n \neq 1$ とすれば, $W = \left\{ {}^t(a, 0, 0, \ldots, 0) \in \mathbb{C}^n \;\middle|\; a \in \mathbb{C} \right\}$ は ρ の非自明な不変部分空間となり, 既約性に反します. ■

アーベル群の実ベクトル空間上の既約表現が次数 1 とは限りません. 例えば, 乗法巡回群 $C_n = \langle x \rangle$ の次数 2 の実表現 $\rho: C_n \to GL_2(\mathbb{R})$ として,

$$\rho(x^m) = \begin{pmatrix} \cos\,(2\pi m/n) & -\sin\,(2\pi m/n) \\ \sin\,(2\pi m/n) & \cos\,(2\pi m/n) \end{pmatrix}$$

をとることができます. $n \neq 2$ のとき, ρ は既約表現となっています.

群 G の直和表現 $\rho_1 \oplus \rho_2$ は既約ではありませんが, 既約でない表現がいつも直和表現になるとは限りません.

[定義] 完全可約な表現

群 G の有限次表現 ρ が, いくつかの既約表現の直和としてあらわせるとき, ρ は完全可約であるという. ただし, 既約表現は完全可約であるとする. 完全可約な表現を既約表現の直和としてあらわすことを, 既約分解という.

表現の完全可約性は, 次のように特徴づけることができます.

完全可約性の特徴づけ

群 G の有限次表現 (ρ, V) が完全可約であるための必要十分条件は, ρ の任意の不変部分空間 W に対して, ρ の不変部分空間 W' がとれて, 直和条件

$$W \cup W' = V, \quad W \cap W' = \{\mathbf{0}\}$$

をみたすようにできること.

ベクトル空間 V の線型部分空間 W, W' が上の直和条件をみたすとき, $V = W \oplus W'$ と書き, V は W と W' の直和に分解するといいます.

[証明] 必要性を示します. (ρ, V) は (ρ_i, V_i) $(i = 1, \dots, s)$ の直和表現だとします. 以下では, $\boldsymbol{v}_i \in V_i$ と

$$\mathbf{0} \oplus \cdots \oplus \mathbf{0} \oplus \overset{i}{\boldsymbol{v}_i} \oplus \mathbf{0} \oplus \cdots \oplus \mathbf{0} \in V$$

を同一視します. このとき, $i = 1, \dots, s$ に対して, V_i は V の不変部分空間になっています. W を ρ の不変部分空間とすれば, 任意の $\boldsymbol{v}_i \in W \cap V_i$ に対して $\rho_i(x)\boldsymbol{v}_i = \rho(x)\boldsymbol{v}_i \in W$ かつ $\rho(x)_i\boldsymbol{v}_i \in V_i$ であることから, $W \cap V_i$ は ρ_i の不変部分空間空間となっています. ρ_i の既約性より, $W \cap V_i$ は $\{\mathbf{0}\}$ または V_i です. このことから, ρ の任意の不変部分空間は, $W = V_{i_1} \oplus \cdots \oplus V_{i_t}$ という形になることがわかります. $\{j_1, \dots, j_{s-t}\} = \{1, \dots, s\} \setminus \{i_1, \dots, i_t\}$ として, $W' = V_{j_1} \oplus \cdots \oplus V_{j_{s-t}}$ とすると, W' は ρ の不変部分空間で, $V = W \oplus W'$ となっています.

次に十分性を示します. V が既約でなければ, ρ の不変部分空間のうち最も次元の小さいものをとってきて, V_1 とします. $\rho_1 : G \to GL(V_1); x \mapsto \rho(x)$ とすれば, ρ_1 は V_1 上の既約表現となります. このとき, 仮定より ρ の不変部分空間 V_1' がとれて $V = V_1 \oplus V_1'$ となります. このとき, $\rho_1' : G \to GL(V_1'); x \mapsto \rho(x)$ は G の V_1' 上の表現になります. ρ_1' が既約でなければ ρ_1' の不変部分空間のうち, 最も次元の小さいものを 1 つとり, V_2 とします. この操作を ρ_s' が既約になるまでつづけます. すると, $\rho = \rho_1 \oplus \cdots \oplus \rho_s \oplus \rho_s'$ と既約表現の直和に分解できます. ■

表現 $\rho : G \to GL(V)$ の不変部分空間 W があったとき, $\rho(x)$ は W 上の線型変換となるので, $\rho_W : G \to GL(W); x \mapsto \rho(x)$ は W 上の表現となります. このことを上の証明で用いました. ρ_W を部分表現といいます. ρ が直和表現

$$\rho = \rho_1 \oplus \rho_2 : G \to GL(V_1 \oplus V_2)$$

のとき, V_1 は ρ の不変部分空間で, ρ_1 は部分表現 ρ_{V_1} になっています.

完全可約な表現を既約表現の直和に分解する方法は 1 通りしかありません.

既約分解の一意性

(ρ, V) を群 G の完全可約な有限次表現とする．表現 ρ の既約表現への分解は一意的．つまり，$\rho = \rho_1 \oplus \cdots \oplus \rho_s = \rho'_1 \oplus \cdots \oplus \rho'_t$ を 2 通りの既約分解，これらに対応する表現空間の直和への分解を

$$V = V_1 \oplus \cdots \oplus V_s = V'_1 \oplus \cdots \oplus V'_t$$

とすると，$t = s$ で，置換 $\sigma \in S_s$ がとれて，$i = 1, \ldots, s$ に対して $V'_i = V_{\sigma(i)}$ が成り立つ．特に，(ρ'_i, V'_i) と $(\rho_{\sigma(i)}, V_{\sigma(i)})$ は同値な表現となる．

[証明] 既約分解 $\rho = \rho_1 \oplus \cdots \oplus \rho_s$ に伴って，表現空間は，$V = V_1 \oplus \cdots \oplus V_s$ と不変部分空間の直和に分解し，ρ_i は部分表現 ρ_{V_i} となっています．直和因子の個数 s についての帰納法を用います．

このような分解が

$$V = V_1 \oplus \cdots \oplus V_s = V'_1 \oplus \cdots \oplus V'_t \tag{9.1}$$

と 2 通りあったとしましょう．$s = 1$ のときを考えてみましょう．$V = V_1 = V'_1 \oplus \cdots \oplus V'_t$ とすると，ρ は既約ですので，$t = 1$ で，$V_1 = V'_1$ となります．次に $s > 1$ とし，完全可約な任意の表現は，$s - 1$ 個以下の既約表現に分解するならば，分解は一意的だとします．V が式 (9.1) のように 2 通りに分解したとします．帰納法の仮定により，$t < s$ の場合はありませんので，$t \geq s$ です．(ρ'_t, V'_t) は既約表現ですので，V'_t は不変部分空間で，［完全可約性の特徴づけ］の証明で用いた議論と同様に，$V_1, \ldots, V_s$ のどれか 1 つと一致します．一般性を失わず，$V'_t = V_s$ だとしましょう．このときもちろん，$\rho'_t = \rho_{V'_t} = \rho_{V_s} = \rho_s$ となっており，特に (ρ'_t, V'_t) と (ρ_s, V_s) は同値な表現です．

同様に，$W = V'_1 \oplus \cdots \oplus V'_{t-1}$ は不変部分空間なので，$V_1, \ldots, V_s$ のいくつかの直和に一致します．直和条件

$$W \cup V_s = V, \quad W \cap V_s = \emptyset$$

より，$W = V_1 \oplus \cdots \oplus V_{s-1}$ となるしかありません．帰納法の仮定により，$t = s$ で，置換 $\sigma \in S_{s-1}$ がとれて，$i = 1, \ldots, s - 1$ に対して (ρ'_i, V'_i) と $(\rho_i, V_{\sigma(i)})$ は同値な表現となります．■

10話

有限群の表現

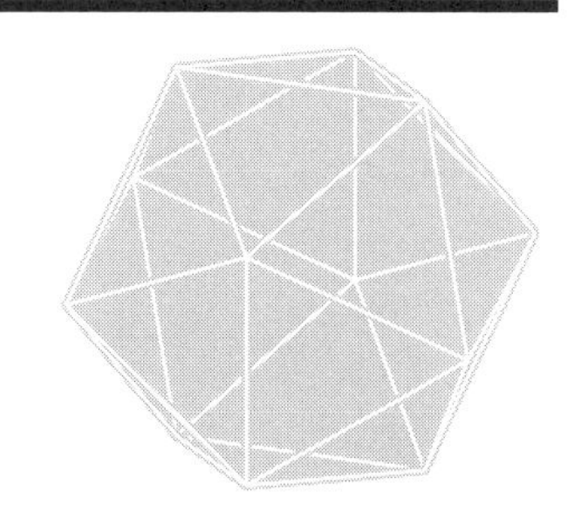

第9話につづいて, 群の表現をもう少し議論していきましょう. 分子や結晶の対称性を記述する群として, 色々な有限群があらわれることがあります. そのような対称性をもつ物理系を量子力学的に扱うとき, その対称性をあらわす群の表現が, 系でおこる現象を理解するのに役立つことが多いです. 群の表現がいくつかあるとすると, 物理系の定常状態がそれらの表現のうちのどれかに対応しているということが1つの理由です. 量子力学への応用は第12話以降で議論することにして, ここから第11話まで, 有限群の表現に関しての一般的な話をしていきます.

1つの群を分析するとき, 群全体にわたる和をとることにより, 群の作用で不変となる量を作り, その不変量の性質から有益な情報がえられることがしばしばあります. 群の位数が無限のときには, そのような和が級数になったり積分になるわけですが, 和の収束性が問題となります. 有限群の場合にはその心配がなく, 話がうまく運んでいきます.

まず, 色々な準備をしておきましょう.

[定義] 内積

$K = \mathbb{R}$ または $K = \mathbb{C}$ とする. K 上のベクトル空間 V 上の内積 $h : V \times V \to K$ とは, 任意の $\boldsymbol{u}, \boldsymbol{v}, \boldsymbol{w} \in V$ と任意の $a \in K$ に対し,

- 第2スロットに関する線型性: $h(\boldsymbol{u}, \boldsymbol{v} + a\boldsymbol{w}) = h(\boldsymbol{u}, \boldsymbol{v}) + ah(\boldsymbol{u}, \boldsymbol{w})$.
- エルミート性: $h(\boldsymbol{u}, \boldsymbol{v}) = \overline{h(\boldsymbol{v}, \boldsymbol{u})}$.
- 正定値性: $\boldsymbol{u} \neq \boldsymbol{0}$ ならば $h(\boldsymbol{u}, \boldsymbol{u}) > 0$.

をみたすもののことをいう. $h(\boldsymbol{u}, \boldsymbol{v})$ をベクトル $\boldsymbol{u}$, $\boldsymbol{v}$ の内積という. 内積を備えた有限次元ベクトル空間を, ユークリッド・ベクトル空間という.

$K = \mathbb{R}$ の場合, エルミート性のことは対称性といい, $h(\boldsymbol{u}, \boldsymbol{v}) = h(\boldsymbol{v}, \boldsymbol{u})$ という条件になります. 実ベクトル空間上の内積は, 第 2 スロットに関する線型性と対称性から, 第 1 スロットに関しても線型です. 複素ベクトル空間上の内積の場合,

$$h(\boldsymbol{u} + a\boldsymbol{v}, \boldsymbol{w}) = \overline{h(\boldsymbol{w}, \boldsymbol{u} + a\boldsymbol{v})} = \overline{h(\boldsymbol{w}, \boldsymbol{u})} + \overline{a}\overline{h(\boldsymbol{w}, \boldsymbol{v})}$$
$$= h(\boldsymbol{u}, \boldsymbol{w}) + \overline{a}h(\boldsymbol{v}, \boldsymbol{w})$$

ですので, 第 1 スロットに関して共役線型です.

以下の議論で, $K = \mathbb{R}$ の場合については, 形式的に複素共役を無視すればよいです. K 上の n 次元ベクトル空間の基底 $\{\boldsymbol{e}_1, \ldots, \boldsymbol{e}_n\}$ をとり, $h_{ij} = h(\boldsymbol{e}_i, \boldsymbol{e}_j)$ とすると, $\boldsymbol{u}$, $\boldsymbol{v}$ の内積を

$$h(\boldsymbol{u}, \boldsymbol{v}) = h\left(\sum_{i=1}^{n} u_i \boldsymbol{e}_i, \sum_{j=1}^{n} v_j \boldsymbol{e}_j\right) = \sum_{i,j=1}^{n} \overline{u_i} v_j h(\boldsymbol{e}_i, \boldsymbol{e}_j) = \sum_{i,j=1}^{n} h_{ij} \overline{u_i} v_j$$

のように, 成分を用いてあらわすこともできます. 内積の成分 h_{ij} は, $K = \mathbb{R}$ のとき対称行列, $K = \mathbb{C}$ のときエルミート行列の成分となっています. 正定値性から, h の行列の固有値はすべて正になっていなければなりません. 特に, h の行列は正則行列です.

[定義] ユニタリー表現

群 G のユークリッド・ベクトル空間 V 上の表現 ρ は, V の内積 h を保つとき, つまり任意の $x \in G$ と任意の $\boldsymbol{u}$, $\boldsymbol{v} \in V$ に対して,

$$h(\rho(x)\boldsymbol{u}, \rho(x)\boldsymbol{v}) = h(\boldsymbol{u}, \boldsymbol{v})$$

をみたすとき, ユニタリー表現であるという.

V の内積を保つ線型変換 $U : V \to V$ とは, $h(U\boldsymbol{u}, U\boldsymbol{v}) = h(\boldsymbol{u}, \boldsymbol{v})$ をみたすようなもののことです. U の表現行列とは U の各基底ベクトルへの作用を

$$U\boldsymbol{e}_j = \sum_{i=1}^{n} U_{ij} \boldsymbol{e}_i \quad (j = 1, \ldots, n)$$

として, 展開係数 U_{ij} のなす正方行列のことです. V の基底として

$$h(\boldsymbol{e}_i, \boldsymbol{e}_j) = \delta_{ij}$$

をみたすものを正規直交基底といいます. 正規直交基底のもとでは,

$$h(U\boldsymbol{e}_i, U\boldsymbol{e}_j) = \sum_{k,l=1}^{n} h\left(U_{ki}\boldsymbol{e}_k, U_{lj}\boldsymbol{e}_l\right) = \sum_{k,l=1}^{n} \overline{U_{ki}} U_{lj}\delta_{kl} = \sum_{k=1}^{n} \overline{U_{ki}} U_{kj},$$

$$h(U\boldsymbol{e}_i, U\boldsymbol{e}_j) = h(\boldsymbol{e}_i, \boldsymbol{e}_j) = \delta_{ij}$$

ですので, $U^\dagger U = \mathbb{1}$ をみたしています. ここで, $U^\dagger = {}^t\overline{U}$ は U のエルミート共役行列, $\mathbb{1}$ は単位行列です. したがって, U の表現行列はユニタリー行列となっています. ユニタリー表現とは, 正規直交基底のもとで, 表現行列 $\rho(x)$ がユニタリー行列になるようなものだともいえます.

ユニタリー表現は完全可約

群 G の K 上のユークリッド・ベクトル空間 V 上の任意のユニタリー表現は完全可約.

[証明] 群 G のユークリッド・ベクトル空間 V 上のユニタリー表現 $\rho : G \to GL(V)$ を考えます. ρ の不変部分空間 W を任意にとります. V の内積を h とし, W の直交補空間

$$W^\perp = \{\boldsymbol{u} \in V \mid h(\boldsymbol{u}, \boldsymbol{w}) = 0 \quad (\forall \boldsymbol{w} \in W)\}$$

を考えます. すると, $\boldsymbol{w} \in W$ かつ $\boldsymbol{u} \in W^\perp$ ならば

$$h(\rho(x)\boldsymbol{u}, \boldsymbol{w}) = h(\rho(x^{-1})\rho(x)\boldsymbol{u}, \rho(x^{-1})\boldsymbol{w}) = h(\boldsymbol{u}, \rho(x^{-1})\boldsymbol{w}) = 0$$

が成り立ちます. 最初の等号は, ρ のユニタリー性から, 最後の等号は, W が不変部分空間なので, $\rho(x^{-1})\boldsymbol{w} \in W$ となることからしたがいます. したがって, $\rho(x)\boldsymbol{u} \in W^\perp$ となり, $W^\perp$ は ρ の不変部分空間となることがわかりました.

内積 h を $W \times W$ に制限することにより, W はユークリッド・ベクトル空間となります. W の正規直交基底 $\{\boldsymbol{e}_1, \ldots, \boldsymbol{e}_r\}$ をとると, $\boldsymbol{e}_{r+1}, \ldots, \boldsymbol{e}_n \in V$ がとれて, $\{\boldsymbol{e}_1, \ldots, \boldsymbol{e}_n\}$ が V の正規直交基底になるようにすることができます. このとき, $\{\boldsymbol{e}_{r+1}, \ldots, \boldsymbol{e}_n\}$ は $W^\perp$ の正規直交基底になっています. このような基底を用いれば, W, $W^\perp$ が直和条件

$$W \cup W^\perp = V, \quad W \cap W^\perp = \{\boldsymbol{0}\}$$

をみたすことは簡単に確かめることができます. したがって, 第 9 話の［完全可約性の特徴づけ］により, ρ は完全可約となります. ■

有限群の表現はユニタリー

有限群 G の K 上の有限次元ベクトル空間 V 上の任意の表現 ρ に対して, V の内積がとれて, ρ がユニタリー表現となるようにできる.

[証明] G を有限群, V を K 上の有限次元ベクトル空間とし, $\rho : G \to GL(V)$ を表現とします. V 上の内積 h を 1 つとります. ρ は h に関してはユニタリー表現とは限りません. 新しい内積を,

$$g(\boldsymbol{u}, \boldsymbol{v}) = \sum_{x \in G} h(\rho(x)\boldsymbol{u}, \rho(x)\boldsymbol{v})$$

によって定義します. 右辺の総和は有限項からなるので, 収束性について考える必要がありません. これが内積となっていることは簡単に確かめられます.

この内積に関して, 任意の $y \in G$ に対して,

$$\begin{aligned} g(\rho(y)\boldsymbol{u}, \rho(y)\boldsymbol{v}) &= \sum_{x \in G} h(\rho(x)\rho(y)\boldsymbol{u}, \rho(x)\rho(y)\boldsymbol{v}) = \sum_{x \in G} h(\rho(xy)\boldsymbol{u}, \rho(xy)\boldsymbol{v}) \\ &= \sum_{xy \in G} h(\rho(xy)\boldsymbol{u}, \rho(xy)\boldsymbol{v}) = g(\boldsymbol{u}, \boldsymbol{v}) \end{aligned}$$

ですので, ρ はユニタリー表現となっています. 最後から 2 番目の等式は, $y \in G$ を固定したとき, $x \mapsto xy$ は 1 対 1 対応であることから, $x \in G$ に関する総和と, $xy \in G$ に関する総和が等しいことを用いています. ■

これらのことと, 第 9 話の［既約分解の一意性］より, 有限群の任意の有限次表現は, いくつかの既約表現の直和に一意的に分解することになります. そういうわけで, 有限群の既約表現をこれから考えていくことになります.

［有限群の表現はユニタリー］は, 具体的には, 有限群 G の任意の有限次表現 $\rho : G \to GL(V)$ において, V の基底を適当にとることにより. 表現行列 $\rho(x)$ がすべての $x \in G$ について一斉にユニタリー行列になるようにできることを意味します.

以下では, 有限群 G の n 次元複素数ベクトル空間 $\mathbb{C}^n$ 上の既約なユニタリー表現 $\rho : G \to U_n$ を考えます. ただし,

$$U_n = \left\{ U \in GL_n(\mathbb{C}) \;\middle|\; U^\dagger U = \mathbb{1} \right\}$$

は n 次ユニタリー行列全体のなす群で, n 次ユニタリー群といいます.

あたえられた有限群 G の既約表現がどれだけあるのかはわかりませんが, 既

約表現を $\alpha, \beta, \gamma, \ldots$ によってラベルづけし, $\rho_\alpha : G \to U_{n_\alpha}$ のように書きます. ただし, $\alpha \neq \beta$ ならば ρ_α と ρ_β は同値な表現ではないとします.

群直交性定理

有限群 G の次数 n_α の既約な複素ユニタリー表現 $\rho_\alpha : G \to U_{n_\alpha}$ に対して,

$$\sum_{x \in G} \overline{\rho_\alpha(x)_{ik}} \rho_\alpha(x)_{jl} = \frac{{}^\# G}{n_\alpha} \delta_{ij} \delta_{kl} \quad (i, j, k, l = 1, \ldots, n_\alpha)$$

が成り立つ. また, ρ_α と同値でない, 任意の有限次の既約な複素ユニタリー表現 $\rho_\beta : G \to U_{n_\beta}$ に対して,

$$\sum_{x \in G} \overline{\rho_\alpha(x)_{ik}} \rho_\beta(x)_{jl} = 0 \quad (i, k = 1, \ldots, n_\alpha;\ j, l = 1, \ldots, n_\beta)$$

が成り立つ.

[証明] $\rho_\alpha : G \to U_{n_\alpha}$, $\rho_\beta : G \to U_{n_\beta}$ を有限群 G の既約表現とします. $i = 1, \ldots, n_\beta$, $j = 1, \ldots, n_\alpha$ に対して, 線型写像

$$g(i,j) : \mathbb{C}^{n_\alpha} \to \mathbb{C}^{n_\beta};\ \boldsymbol{e}_k \mapsto \delta_{jk} \boldsymbol{f}_i$$

を考えます. ただし, $\{\boldsymbol{e}_1, \ldots, \boldsymbol{e}_{n_\alpha}\}$ は $\mathbb{C}^{n_\alpha}$ の, $\{\boldsymbol{f}_1, \ldots, \boldsymbol{f}_{n_\beta}\}$ は $\mathbb{C}^{n_\beta}$ の標準基底とします. つまり, $g(i,j)$ は $n_\beta \times n_\alpha$ 行列で, (i,j) 成分が 1, その他の成分が 0 であるようなもののことで, (k,l) 成分は

$$g(i,j)_{kl} = \delta_{ik} \delta_{jl}$$

によってあたえられます. これを用いて, 線型写像 $f(i,j) : \mathbb{C}^{n_\alpha} \to \mathbb{C}^{n_\beta}$ を,

$$f(i,j) = \sum_{x \in G} \rho_\beta(x)^{-1} g(i,j) \rho_\alpha(x)$$

によって定義すると, 任意の $y \in G$ に対して,

$$\begin{aligned} f(i,j)\rho_\alpha(y) &= \sum_{x \in G} \rho_\beta(x)^{-1} g(i,j) \rho_\alpha(x) \rho_\alpha(y) = \rho_\beta(y) \sum_{x \in G} \rho_\beta(xy)^{-1} g(i,j) \rho_\alpha(xy) \\ &= \rho_\beta(y) \sum_{xy \in G} \rho_\beta(xy)^{-1} g(i,j) \rho_\alpha(xy) = \rho_\beta(y) f(i,j) \end{aligned}$$

が成り立ちます. したがって, 第 9 話の [シューアの補題 I] [シューアの補題 II] より, $\alpha = \beta$ ならば $f(i,j)$ はスカラー行列で, $\alpha \neq \beta$ ならば $f(i,j)$ はゼロ行列となります.

$\alpha=\beta$ のとき, $f(i,j)$ はスカラー行列なので, $f(i,j)_{kl}=\lambda\delta_{kl}$ とおくことができます. 行列 $f(i,j)$ の成分を計算してみると,

$$\lambda\delta_{kl}=f(i,j)_{kl}=\sum_{x\in G}\left(\rho_\alpha(x)^{-1}\right)_{km}g(i,j)_{mn}\rho_\alpha(x)_{nl}$$
$$=\sum_{x\in G}\overline{\rho_\alpha(x)_{ik}}\rho_\alpha(x)_{jl}$$

となります. $l=k$ として, k について和をとると,

$$n_\alpha\lambda=\sum_{x\in G}\sum_{k=1}^{n_\alpha}\overline{\rho_\alpha(x)_{ik}}\rho_\alpha(x)_{jk}=\sum_{x\in G}\delta_{ij}={}^{\#}G\delta_{ij}$$

となります. したがって, $\lambda={}^{\#}G\delta_{ij}/n_\alpha$ と求まります.

以上をまとめると,

$$\sum_{x\in G}\overline{\rho_\alpha(x)_{ik}}\rho_\beta(x)_{jl}=\frac{{}^{\#}G}{n_\alpha}\delta_{\alpha\beta}\delta_{ij}\delta_{kl}$$

となります. ■

この定理から, 既約表現は表現の同値をのぞけば, 高々有限個しかないことがわかります. 有限群 G の位数を r とし, G の元に, $G=\{x_1,x_2,\ldots,x_r\}$ と番号をつけることにします. そして, 各既約表現 ρ_α に対して複素 r 次元ベクトル

$$\boldsymbol{v}_{(\alpha,i,j)}=(\rho_\alpha(x_1)_{ij},\rho_\alpha(x_2)_{ij},\ldots,\rho_\alpha(x_r)_{ij})\quad(i,j=1,\ldots,n_\alpha)$$

を定義します. 1つの既約表現 ρ_α に対して, このようなベクトルは, n_α^2 個あることになります. [群直交性定理] は, このようにして作られたベクトルは, どの2つをとっても, $\mathbb{C}^r$ の標準内積に関して直交していることを意味します. 特に, このようなベクトル全体は, 1次独立となっています. ところが, $\mathbb{C}^r$ の1次独立な部分集合は, 高々 r 個のベクトルしかもてませんので, 互いに同値ではない既約表現の個数は, 高々有限個だということになります.

これ以上のことをいうためには, まだ準備が少し必要となりますので, あらためて第11話で考えていくことにします.

11話

表現の指標

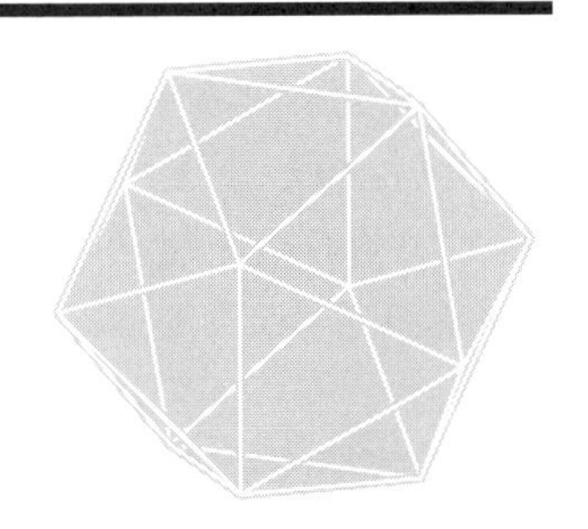

有限群の有限次表現は完全可約であるため, 既約表現について考えておけばよいことになりました. 既約表現を調べるには, 表現の指標とよばれるものが重要な役割を果たします. ここでは, あたえられた有限群には, どれだけの既約表現が許されるのかという問題について, 表現の指標を用いながらもう少し精密に考えていきたいと思います. 第8話で導入した, 群の共役類の知識が必要になるので, 思い出しておいてください.

G を有限群とし, $a \in G$ の共役類 a^G に属する元の線型結合を考えます. そのためには, 群の元の加法やスカラー倍を約束しておく必要があります.

[定義] 群環

有限群 G の元の形式的な複素線型結合全体のなす集合

$$\mathbb{C}G = \left\{ u = \sum_{x \in G} u(x)x \;\middle|\; u(x) \in \mathbb{C} \right\}$$

に, 加法と複素数倍を

$$u + v = \sum_{x \in G} (u(x) + v(x))x$$

$$su = \sum_{x \in G} su(x)x \quad (s \in \mathbb{C})$$

によってさだめることにより, $\mathbb{C}G$ は複素ベクトル空間の構造をもつ. さらに, $\mathbb{C}G$ に積を

$$uv = \sum_{x \in G} \sum_{y \in G} u(x)v(y)xy = \sum_{x \in G} \left(\sum_{y \in G} u(xy^{-1})v(y) \right) x$$

によってさだめたものを, 群環という.

群環 $\mathbb{C}G$ は, ベクトル空間であると同時に, 乗法モノイドになっています. 乗法の単位元は G の単位元 e です. 加法の単位元は 0 と書きます. 有限群 G の元 x を, $\mathbb{C}G$ の元 $1x$ と同一視することによって, $G \subset \mathbb{C}G$ と考えます. 群環の演算は, 直感的にわかりやすいもので, 積の順序に気をつけさえすればよいです.

有限群 G の元 x を固定して考えたとき, x による共役は, 共役類 a^G に作用します.

共役類への共役作用

有限群 G の任意の x に対して, 写像

$$i_x : a^G \to a^G;\ b \mapsto xbx^{-1}$$

は a^G 上の全単射となる.

[証明] i_x の逆写像 $i_{x^{-1}} : a^G \to a^G$ がとれるので全単射です. ■

このことを用いると, 共役類の元の1次対称式の, 次の性質がわかります.

共役類の元の対称式

G を有限群とする. $a \in G$ の共役類 a^G に属する元の総和を

$$\mathscr{C}_a = \sum_{b \in a^G} b \in \mathbb{C}G$$

と書く. このとき, 任意の $x \in G$ に対して, $x\mathscr{C}_a = \mathscr{C}_a x$ が成り立つ.

[証明] $i_x : a^G \to a^G;\ b \mapsto xbx^{-1}$ は, ［共役類への共役作用］より, 全単射です. すると,

$$\begin{aligned} x\mathscr{C}_a &= x\left(\sum_{b \in a^G} b\right) = \sum_{b \in a^G} xb = \left(\sum_{b \in a^G} xbx^{-1}\right) x \\ &= \left(\sum_{b \in a^G} i_x(b)\right) x = \left(\sum_{i_x(b) \in a^G} i_x(b)\right) x = \mathscr{C}_a x \end{aligned}$$

となります. ■

逆に, 任意の $x \in G$ と可換な $\mathbb{C}G$ の元は, $\mathscr{C}_a$ たちの線型結合になります.

G の中心化環

有限群 G の任意の元 x に対して, $xu = ux$ が成り立つような $\mathbb{C}G$ の元 u は,

$$u = \sum_{a \in A} u(a)\mathscr{C}_a \quad (u(a) \in \mathbb{C})$$

と書ける. ただし, A は G の共役関係に関する完全代表系.

[証明] $\mathbb{C}G$ の元を $u = \sum_{y \in G} u(y)y$ とおき, 任意の $x \in G$ に対して, $xux^{-1} = u$ が成り立つとします. このとき, a の共役類 a^G に属する任意の元 b について, $u(b) = u(a)$ となっていればよいです.

任意の $b \in a^G$ に対して, $x \in G$ がとれて, $a = xbx^{-1}$ が成り立つようにできます. このとき, $a = xcx^{-1}$ となるような $c \in G$ は b の他にはないことに注意します. u の b の項に着目すると,

$$xux^{-1} = \cdots + x(u(b)b)x^{-1} + \cdots = \cdots + u(b)a + \cdots$$

ですので, $u(b) = u(a)$ でなければなりません. ■

これから, 次のような演算があることがわかります.

G の中心化環の乗法

A を有限群 G の共役関係に関する完全代表系とする. 非負の整数の組 $\{m^c{}_{ab}\}_{a,b,c \in A}$ があって,

$$\mathscr{C}_a\mathscr{C}_b = \sum_{c \in A} m^c{}_{ab}\mathscr{C}_c$$

が成り立つ. また, このとき $m^c{}_{ab} = m^c{}_{ba}$ となっている.

[証明] [共役類の元の対称式] より, 任意の $x \in G$ に対して, $x\mathscr{C}_a\mathscr{C}_b = \mathscr{C}_a x\mathscr{C}_b = \mathscr{C}_a\mathscr{C}_b x$ が成り立ちます. したがって, [G の中心化環] より,

$$\mathscr{C}_a\mathscr{C}_b = \sum_{c \in A} m^c{}_{ab}\mathscr{C}_c$$

と書けます. $m^c{}_{ab}$ は, ペア $(a', b') \in \mathscr{C}_a \times \mathscr{C}_b$ のうち, $a'b' = c$ をみたすようなものの個数ですので, 非負の整数になります. また,

$$\mathscr{C}_a\mathscr{C}_b = \mathscr{C}_a \sum_{b' \in b^G} b' = \sum_{b' \in b^G} b'\mathscr{C}_a = \mathscr{C}_b\mathscr{C}_a$$

ですので, $m^c{}_{ab} = m^c{}_{ba}$ となっています. ■

G の単位元 e の共役類 e^G は, 1 点 e のみからなります. ペア $(a', b') \in \mathscr{C}_a \times \mathscr{C}_b$ のうち, $a'b' = e$ となることがあるのは, $a^{-1} \in \mathscr{C}_b$ のときにかぎります. 第 8 話の［逆元の共役類］より, 完全代表系 A のとり方として, $a \in A$ ならば $a^{-1} \in A$ が成り立つようにできます. この約束のもとでは, $b \neq a^{-1}$ ならば $m^e{}_{ab} = 0$ が成り立つことになります. また, $m^e{}_{aa^{-1}} = {}^{\#}a^G$ となっていることもわかります.

［定義］ 類関数

有限群 G 上の複素数値関数 $f : G \to \mathbb{C}$ は, 共役類上で一定値をとるとき, つまり, $a \overset{C}{\sim} b$ ならば $f(a) = f(b)$ が成り立つとき, 類関数であるという. 類関数 f を商集合 $G/\overset{C}{\sim}$ 上の関数とみなし, 同じ記号 f を用いて

$$f : G/\overset{C}{\sim} \to \mathbb{C};\ a^G \mapsto f\bigl(a^G\bigr)$$

とあらわす.

有限群の表現を分類する上で, 表現の指標とよばれる類関数が重要な役割を果たします.

［定義］ 表現の指標

有限群 G の n 次複素表現 $\rho : G \to GL(V)$ に対して, G 上の複素数値関数

$$\chi : G \to \mathbb{C};\ x \mapsto \chi(x) = \mathrm{Tr}\,\rho(x) := \sum_{i=1}^{n} \rho(x)_{ii}$$

を表現 ρ の指標という. 指標は類関数

$$\chi : G/\overset{C}{\sim} \to \mathbb{C};\ a^G \mapsto \chi\bigl(a^G\bigr) = \mathrm{Tr}\,\rho(a)$$

となっている.

表現行列のトレース $\mathrm{Tr}\,\rho(x)$ は, V の基底のとり方によらないので, 指標はうまく定義されています. 表現の指標が類関数となっているのは,

$$\chi\bigl(yay^{-1}\bigr) = \mathrm{Tr}\,\rho(y)\rho(a)\rho(y)^{-1} = \mathrm{Tr}\,\rho(a) = \chi(a)$$

のように, 共役作用で不変だからです. 同様に, 同値な表現 ρ' の指標 χ' は,

$$\chi'(x) = \mathrm{Tr}\,\rho'(x) = \mathrm{Tr}\,P\rho(x)P^{-1} = \mathrm{Tr}\,\rho(x) = \chi(x)$$

となることから, 指標は表現の同値類で決まっているものだとわかります.

指標の直交性 I

有限群 G の有限次複素既約表現 $\rho_\alpha : G \to GL(V_\alpha)$ の指標を χ_α と書く. このとき, 任意の既約表現 ρ_α に対して,

$$\sum_{x \in G} \overline{\chi_\alpha(x)} \chi_\alpha(x) = {}^{\#}G$$

が成り立つ. また, 互いに同値ではない既約表現 ρ_α, ρ_β に対して,

$$\sum_{x \in G} \overline{\chi_\alpha(x)} \chi_\beta(x) = 0$$

が成り立つ.

[証明] 指標は表現の同値類に対して決まっているので, 第 10 話の［有限群の表現はユニタリー］より, 既約ユニタリー表現 $\rho_\alpha : G \to U_{n_\alpha}$ について考えれば十分です. 第 10 話の［群直交性定理］より,

$$\sum_{x \in G} \overline{\rho_\alpha(x)_{ij}} \rho_\alpha(x)_{kl} = \frac{{}^{\#}G}{n_\alpha} \delta_{ik} \delta_{jl}$$

が成り立ちます. この式において, $j = i$, $l = k$ として $i, k = 1, \ldots, n_\alpha$ について和をとることにより,

$$\sum_{x \in G} \overline{\chi_\alpha(x)} \chi_\alpha(x) = {}^{\#}G$$

がえられます. 同様に, 同値ではない既約表現 ρ_α, ρ_β に対しては,

$$\sum_{x \in G} \overline{\chi_\alpha(x)} \chi_\beta(x) = 0$$

が成り立ちます. ■

特に, ある表現 ρ の既約分解が

$$\rho = \underbrace{\rho_\alpha \oplus \cdots \oplus \rho_\alpha}_{N_\alpha \text{ 個}} \oplus \underbrace{\rho_\beta \oplus \cdots \oplus \rho_\beta}_{N_\beta \text{ 個}} \oplus \cdots \oplus \underbrace{\rho_\gamma \oplus \cdots \oplus \rho_\gamma}_{N_\gamma \text{ 個}}$$

ならば, 指標 χ は

$$\sum_{x \in G} \overline{\chi(x)} \chi(x) = \left(N_\alpha^2 + N_\beta^2 + \cdots + N_\gamma^2\right) {}^{\#}G$$

となります. ρ が既約でなければ右辺は $^{\#}G$ とはなりません. このように, この公式は表現の既約性を判定するのに役に立ちます.

有限群にどれだけ既約表現があるのかを精密に調べるためには, 正則表現とよばれるものを調べればよいです.

[定義] 正則表現

位数 r の有限群 G の元に番号をつけて, $G=\{x_1,\ldots,x_r\}$ とする. G の正則表現は,

$$\rho_R: G \to GL_r(\mathbb{C});\ x \mapsto \rho_R(x) = \begin{cases} 1 & (x = x_i^{-1}x_j) \\ 0 & (x \neq x_i^{-1}x_j) \end{cases}$$

によってあたえられる.

正則表現の表現行列 $\rho_R(x)$ の各行, 各列は, 1 つだけ成分が 1 で, その他の成分はすべて 0 となっています. そのような行列を置換行列といいます.

正則行列の既約分解を考えてみましょう.

正則表現の既約分解

有限群 G の正則表現の既約分解には, G の表現の同値を除いてすべての既約表現があらわれ, それぞれの既約表現は, その表現の次数と等しい個数だけ因子として含まれる. つまり,

$$\rho_R = \underbrace{\rho_\alpha \oplus \cdots \oplus \rho_\alpha}_{n_\alpha \text{ 個}} \oplus \underbrace{\rho_\beta \oplus \cdots \oplus \rho_\beta}_{n_\beta \text{ 個}} \oplus \cdots \oplus \underbrace{\rho_\gamma \oplus \cdots \oplus \rho_\gamma}_{n_\gamma \text{ 個}}$$

のように既約分解される.

[証明] 有限群 G の位数を r とします. G の既約表現を $\alpha,\beta,\ldots$ によってラベルづけし, ρ_α の次数を n_α とします. ただし, $\alpha \neq \beta$ ならば ρ_α と ρ_β は互いに同値ではないようにしておきます. 正則表現 $\rho_R: G \to U_r$ はユニタリー表現なので, 第 10 話の [ユニタリー表現は完全可約] より, いくつかの既約表現の直和に分解します. 正則表現 ρ_R の表現空間 $\mathbb{C}^r$ の基底をとりかえると, 表現行列 $\rho_R(x)$ は共役な行列 $\rho'_R(x)$ に変換します. このとき, $\mathbb{C}^r$ の 適当な基底のもとで, 任意の $x \in G$ について同時に,

$$\rho'_R(x) = \begin{pmatrix} \boxed{\rho_\alpha(x)} & & & 0 \\ & \boxed{\rho_\beta(x)} & & \\ & & \ddots & \\ 0 & & & \boxed{\rho_\gamma(x)} \end{pmatrix}$$

のようないくつかの既約ユニタリー表現からなる, ブロック対角行列の形となるようにすることができます. 具体的には, ρ_R の既約な不変部分空間ごとに正規直交基底をとればよいです. このとき, 各ブロックは, 先ほどラベルづけした既約表現 $\rho_\alpha, \rho_\beta, \ldots$ のどれかになるように, 同値変形しておきます.

この形にしておくと, 第 10 話の［群直交性定理］が使えて, 任意の既約表現 ρ_α に対して,

$$\sum_{i=1}^{r}\sum_{x\in G}\rho_\alpha(x)_{11}\rho'_R(x)_{ii} = m_\alpha\frac{r}{n_\alpha}$$

がえられます. 右辺の m_α は, ρ'_R に含まれている既約表現 ρ_α の個数です. 左辺を計算すると,

$$\sum_{i=1}^{r}\sum_{x\in G}\rho_\alpha(x)_{11}\rho'_R(x)_{ii} = \sum_{x\in G}\rho_\alpha(x)_{11}\sum_{i=1}^{r}\rho_R(x)_{ii} = \rho_\alpha(e)_{11}\rho_R(e)_{ii} = r$$

となります. 最初の等式は, 同値な表現では表現行列のトレースは等しいこと, 2 番目の等式は, $\rho_R(x)$ の対角成分は $x \neq e$ のときにすべてゼロになることからしたがいます. したがって, 右辺と比べることにより, $m_\alpha = n_\alpha$ がえられます. ■

このように, 正則表現を既約分解することにより, あたえられた有限群のすべての既約表現を知ることができることになります.

これからただちにしたがうのは, 群の位数は, すべての既約表現にわたる, 表現の次数の平方和だということです.

既約表現の次数の平方和

有限群 G の位数は, 表現の同値を除いた G のすべての複素既約表現にわたる表現の次数の平方和となる. つまり,

$$^{\#}G = \sum_{\alpha\in\Lambda} n_\alpha^2$$

が成り立つ. ただし, Λ は G の複素既約表現の同値類の添え字集合.

巡回群 $C_n = \langle x \rangle$ の複素既約表現は, 第9話の［アーベル群の既約な複素表現は1次］により, すべて1次です. したがって, n 個の複素既約表現があることになります. これらは実際, $k = 0, 1, \ldots, n-1$ によってラベルづけされた既約表現

$$\rho_k : C_n \mapsto \mathbb{C}^\times;\ x^m \mapsto e^{2\pi imk/n}$$

によって尽くされています.［既約表現の次数の平方和］より, これ以外の複素既約表現は見つからないことが保証されます.

表現の指標を用いて, もう少しだけ精密なことがわかります.

指標の直交性 II

有限群 G の有限次複素既約表現全体は, 表現の同値を除いて $\{\rho_\alpha\}_{\alpha\in\Lambda}$ であたえられるとする. また, 既約表現 ρ_α の指標を χ_α とあらわす. このとき

$$\sum_{\alpha\in\Lambda} \overline{\chi_\alpha(a^G)}\chi_\alpha(b^G) = \begin{cases} {}^\#G/{}^\#a^G & (a \overset{G}{\sim} b) \\ 0 & (a \overset{G}{\not\sim} b) \end{cases}$$

が成り立つ.

［証明］ まず, 表現 $\rho : G \to U_n$ を線型に拡張することによって, 群環 $\mathbb{C}G$ の元に作用するようにします. つまり, $u = \sum_{x\in G} u(x)x$ に対して

$$\rho(u) = \sum_{x\in G} u(x)\rho(x) \in M_n(\mathbb{C})$$

と定義します. すると, $u, v \in \mathbb{C}G$, $a \in \mathbb{C}$ に対して

$$\rho(u + av) = \rho(u) + a\rho(v),$$
$$\rho(uv) = \rho(u)\rho(v)$$

が成り立ちます.

［共役類の元の対称式］より, $x \in G$, $\mathscr{C}_a = \sum_{b\in a^G} b \in \mathbb{C}G$ に対して $x\mathscr{C}_a = \mathscr{C}_a x$ が成り立ちます. 両辺に既約表現 ρ_α を作用させて,

$$\rho_\alpha(x)\rho_\alpha(\mathscr{C}_a) = \rho_\alpha(\mathscr{C}_a)\rho_\alpha(x)$$

が, 任意の $x \in G$ に成り立つことになります. したがって, 第9話の［シューアの補題 II］より, $\rho_\alpha(\mathscr{C}_a)$ はスカラー行列で, $\rho_\alpha(\mathscr{C}_a) = \lambda\mathbb{1}$ とおけます. これのトレースをとると,

$$ {}^{\#}a^G \chi_\alpha(a^G) = \lambda n_\alpha $$

がえられます. これから λ が求まり,

$$ \rho_\alpha(\mathscr{C}_a) = \frac{{}^{\#}a^G}{n_\alpha}\chi_\alpha(a^G)\mathbb{1} $$

であることがわかりました. 第 8 話の［逆元の共役類］より ${}^{\#}\left(a^{-1}\right)^G = {}^{\#}a^G$ に注意すると,

$$ \rho_\alpha\left(\mathscr{C}_{a^{-1}}\right)\rho_\alpha\left(\mathscr{C}_b\right) = \frac{{}^{\#}a^G\,{}^{\#}b^G}{n_\alpha^2}\chi_\alpha\left(\left(a^{-1}\right)^G\right)\chi_\alpha\left(b^G\right)\mathbb{1} = \frac{{}^{\#}a^G\,{}^{\#}b^G}{n_\alpha^2}\overline{\chi_\alpha\left(a^G\right)}\chi_\alpha\left(b^G\right)\mathbb{1} \tag{11.1} $$

がえられます. ここで,

$$ \chi_\alpha\left(\left(a^{-1}\right)^G\right) = \operatorname{Tr}\rho_\alpha\left(a^{-1}\right) = \operatorname{Tr}\rho_\alpha(a)^\dagger = \overline{\chi_\alpha\left(a^G\right)} $$

を用いています. ［中心化環の乗法］より, 式 (11.1) の右辺は,

$$ \sum_{c\in A} m^c{}_{a^{-1}b}\rho_\alpha\left(\mathscr{C}_c\right) = \sum_{c\in A} m^c{}_{a^{-1}b}\frac{{}^{\#}c^G}{n_\alpha}\chi_\alpha\left(c^G\right)\mathbb{1} \tag{11.2} $$

となります. 式 (11.1), (11.2) を比較して,

$$ \overline{\chi_\alpha\left(a^G\right)}\chi_\alpha\left(b^G\right) = \sum_{c\in A} m^c{}_{a^{-1}b}\frac{{}^{\#}c^G}{{}^{\#}a^G\,{}^{\#}b^G}n_\alpha\chi_\alpha\left(c^G\right) \tag{11.3} $$

がえられます. ここで,［正則表現の既約分解］より, 正則表現 ρ_R の指標を χ_R として,

$$ \chi_R\left(c^G\right) = \operatorname{Tr}\rho_R(c) = \sum_{\alpha\in\Lambda} n_\alpha \operatorname{Tr}\rho_\alpha(c) = \sum_{\alpha\in\Lambda} n_\alpha\chi_\alpha\left(c^G\right) $$

となることに注意して, 式 (11.3) の両辺を $\alpha\in\Lambda$ について和をとると,

$$ \sum_{\alpha\in\Lambda}\overline{\chi_\alpha\left(a^G\right)}\chi_\alpha\left(b^G\right) = \sum_{c\in A} m^c{}_{a^{-1}b}\frac{{}^{\#}c^G}{{}^{\#}a^G\,{}^{\#}b^G}\chi_R\left(c^G\right) = m^e{}_{a^{-1}b}\frac{{}^{\#}G}{{}^{\#}a^G\,{}^{\#}b^G} $$

となります. ここで, $\chi_R(c^G)$ は, $c=e$ のとき ${}^{\#}G$, $c\neq e$ のときゼロとなることを用いました. $m^e{}_{a^{-1}b}$ は, $\left(a'^{-1}, b'\right)\in\left(a^{-1}\right)^G\times b^G$ のうち, $a'=b'$ となる組み合わせの数のことですので, 第 8 話の［逆元の共役類］より, $a \overset{C}{\sim} b$ のときに ${}^{\#}a^G$, $a \overset{C}{\not\sim} b$ のときにゼロとなります. したがって, $a \overset{C}{\sim} b$ のとき, 上式は

$$ \sum_{\alpha\in\Lambda}\overline{\chi_\alpha\left(a^G\right)}\chi_\alpha\left(a^G\right) = {}^{\#}G/{}^{\#}a^G $$

となり, $a \overset{G}{\not\sim} b$ のとき,

$$\sum_{\alpha \in \Lambda} \overline{\chi_\alpha(a^G)}\chi_\alpha(b^G) = 0$$

となります. ■

これを用いると, 既約表現の個数と共役類の個数が等しいことがわかります.

既約表現の個数

有限群 G の有限次複素既約表現の個数は, G の類数に等しい. つまり, G の複素既約表現の添え字集合を Λ とすると, ${}^\#\Lambda = k(G)$ が成り立つ.

[証明] [指標の直交性 I] より,

$${}^\#G\delta_{\alpha\beta} = \sum_{x \in G} \overline{\chi_\alpha(x)}\chi_\beta(x) = \sum_{a^G \in G/\overset{G}{\sim}} {}^\#a^G\overline{\chi_\alpha(a^G)}\chi_\beta(a^G)$$

が成り立ちます. $k(G)$ 個の成分をもつ複素ベクトル $v_\alpha = \left(\sqrt{{}^\#a^G}\chi_\alpha(a^G)\right)_{a^G \in G/\overset{G}{\sim}}$ を考えると, 上の式は, ${}^\#\Lambda$ 個のベクトルの集合 $\{v_\alpha\}_{\alpha\in\Lambda}$ からどの 2 つをとっても, $\mathbb{C}^{k(G)}$ の標準内積に関して互いに直交することを意味します. したがって, ${}^\#\Lambda \leq k(G)$ です.

[指標の直交性 II] より,

$$({}^\#G/{}^\#a^G)\delta_{ab} = \sum_{\alpha \in \Lambda} \overline{\chi_\alpha(a^G)}\chi_\alpha(b^G)$$

が成り立ちます. $G/\overset{G}{\sim}$ の完全代表系 A をとり, $a \in A$ に対して ${}^\#\Lambda$ 個の成分をもつベクトル $w_a = \left(\chi_\alpha(a^G)\right)_{\alpha\in\Lambda}$ を考えます. 上式は, ベクトルの集合 $\{w_a\}_{a\in A}$ からどの 2 つをとっても $\mathbb{C}^{{}^\#\Lambda}$ の標準内積に関して直交することを意味します. したがって, $k(G) = {}^\#A \leq {}^\#\Lambda$ です.

以上より, $k(G) = {}^\#\Lambda$ でなければなりません. ■

12 話

エネルギー準位の縮退

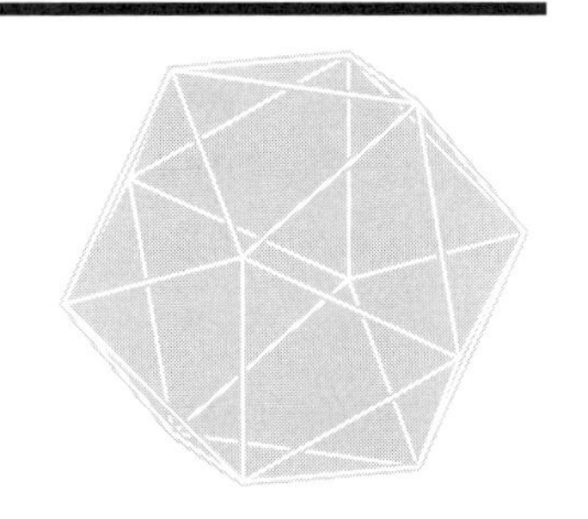

分子の状態を理解するためには，量子力学を用いる必要があります．分子には，いくつかの原子核がそれぞれ空間の決まった位置に配置されていて，そのまわりをいくつかの電子がまわっています．

電子の状態については，古典力学のように「時刻 t に位置 (x,y,z) にいる」というような記述はしません．電子の軌道は，波動関数とよばれる複素数値関数 $\psi:\mathbb{R}^3\to\mathbb{C};\boldsymbol{x}=(x,y,z)\mapsto\psi(\boldsymbol{x})$ によって記述されます．波動関数がみたすべき条件は，説明するには少し込み入っていて，考える物理系によります．現段階の議論では，ψ は何回でも微分可能な関数で，原点からの距離 $r=\sqrt{x^2+y^2+z^2}$ が大きいところで急速にゼロに近づく関数だと思っておけば十分です．波動関数全体のなす集合を，$\mathscr{H}$ とあらわしておきましょう．恒等的にゼロではない複素数値関数 $\psi\in\mathscr{H}$ は電子の軌道をあらわしています．軌道は，量子力学的な 1 つの状態です．電子の状態は軌道とスピンからなりますが，ここでは電子のスピンのことは考えないで，軌道のことを状態とよぶことにしましょう．

状態の空間 $\mathscr{H}$ は，関数の加法と，複素数倍が備わっていることから，複素ベクトル空間になっています．ただし，無限次元のベクトル空間です．さらに，$\mathscr{H}$ には内積が備わっています．$\psi,\varphi\in\mathscr{H}$ の内積 $\langle\psi,\varphi\rangle$ は，

$$\langle\psi,\varphi\rangle=\int\overline{\psi(\boldsymbol{x})}\varphi(\boldsymbol{x})d^3x$$

によって定義します．$\mathscr{H}$ の恒等的にゼロではない関数 ψ と，それにゼロではない複素数 c をかけた関数 $c\psi$ は，同じ状態をあらわしています．そこで，通常 $\langle\psi,\psi\rangle=1$ をみたす関数 ψ によって状態を記述します．関数に複素数をかけて，$\langle\psi,\psi\rangle=1$ となる関数をえる操作を，関数の正規化，ないし規格化といいます．

物理系を特徴づけるのは，ハミルトニアンという，関数に作用する微分作用素です．例えば，分子の形を決めると，ハミルトニアンの形が決まるようになって

います. 分子の中には, 複数の電子があるので, $\psi(\boldsymbol{x}_1, \ldots, \boldsymbol{x}_N)$ という形をした多変数関数で状態を記述するのですが, 簡単のために 1 つの電子に着目し, その電子は, 分子の作る平均的なクーロン場中を運動していると考えます. 1 つの電子を記述する関数 ψ へのハミルトニアン H の作用 $H : \psi \mapsto H\psi$ は, 典型的には

$$(H\psi)(\boldsymbol{x}) = -\frac{\hbar^2}{2m}\left(\frac{\partial^2}{\partial x^2} + \frac{\partial^2}{\partial y^2} + \frac{\partial^2}{\partial z^2}\right)\psi(\boldsymbol{x}) + V(\boldsymbol{x})\psi(\boldsymbol{x})$$

という形であたえられます. ただし, $\hbar$ はプランク定数を 2π で除したもの, m は電子の質量, $V(\boldsymbol{x})$ は位置エネルギーで, 分子の形に依存する実数値関数です. 定常状態に対するシュレーディンガー方程式は $H\psi = E\psi$ であたえられ, これをみたすような, 実数 E と関数 ψ が求まれば, それが電子の 1 つの定常的な軌道 ψ をあたえ, その軌道はエネルギー E をもつことになります.

分子の中には, 二酸化炭素のように原子核が直線状に等間隔に並んだものや, ベンゼンのように炭素が正 6 角形に並んだものなど, 何らかの対称性をもつものがあります. そのような分子のハミルトニアンは, 対称性を反映していて, 群論の知識を用いることにより, 計算を簡略化したり, 具体的な計算をすることなく, 定性的な議論ができるようになります. ここでは, 対称性をもつ物理系で, 群論をどのように用いるのかなどについての, 基本的な方針をみていきましょう.

簡単のため, x 軸上を運動する粒子の量子力学を考えてみましょう. そのような粒子の状態をあらわすのは, 複素数値関数 $\psi : \mathbb{R} \to \mathbb{C};\ x \mapsto \psi(x)$ です. 状態空間を $\mathscr{H}$ とします. $\mathscr{H}$ はやはり内積を備えた無限次元の複素ベクトル空間です. 粒子の状態 ψ を正規化しておくと, 粒子の位置を測定したとき, x 軸の微小な区間 $[x, x + dx]$ に粒子が見つかる確率は, $|\psi(x)|^2 dx$ であたえられます. これは, ボルン則とよばれる, 量子力学の法則の 1 つです. つまり, $|\psi(x)|^2$ は粒子の位置の確率分布と解釈できます. l を正の実数として,

$$\psi_{x_0,l}(x) = \frac{1}{2l\sqrt{\pi}} \exp\left(-\frac{(x - x_0)^2}{4l^2}\right)$$

であたえられる関数 $\psi_{x_0,l} \in \mathscr{H}$ は, ある時刻に, $x = x_0$ 付近に局在した粒子の状態をあらわしています. この状態は, シュレーディンガー方程式

$$i\hbar\frac{\partial}{\partial t}\psi = H\psi \tag{12.1}$$

にしたがって, 時間発展します. 質量 m の粒子の場合, ハミルトニアンは,

$$H = -\frac{\hbar^2}{2m}\frac{d^2}{dx^2} + V$$

であたえられます.

V は, 位置エネルギー $V(x)$ を関数 $\psi(x)$ に乗ずることにより $V(x)\psi(x)$ という関数を作る, 掛け算作用素です. $V(x)$ が定数関数で, x によらないようなとき, x 軸は一様な空間だといえます. 例えば, 初期状態を $\psi_{x_0,l}$ とした状態の時間発展と, 初期状態を $\psi_{x_0+a,l}$ とした状態の時間発展は, 定性的に全く同じものになるだろうと予想できます. このことは, 群論の言葉では, どう言い換えることができるのでしょうか.

物理系に対称性があるというのは, 変換に対してハミルトニアンが不変ということと同じです. ハミルトニアンは, 状態空間 $\mathscr{H}$ 上の線型作用素ですので, 状態空間に変換全体の集合である群を作用させることになります.

x 軸の一様性に関わる変換は, a を実数として,

$$T_a;\, x \mapsto \widetilde{x} = x + a$$

であたえられます. これは, x 軸の原点を取り換える座標変換の形をしています. つまり, $x = -a$ を新しく原点に取り直す操作です. これに伴って, 関数 $\psi(x)$ は,

$$\widetilde{\psi}(\widetilde{x}) = \psi(x) = \psi(\widetilde{x} - a)$$

と変換します. つまり, ψ とは別の関数

$$\widetilde{\psi};\, x \mapsto \psi(x - a)$$

になります. 例えば, $\widetilde{\psi}_{x_0,l} = \psi_{x_0+a,l}$ となり, x_0 に局在する粒子の状態は, $x_0 + a$ に局在する粒子の状態へと変換されます. これは x 軸に作用する変換 T_a に伴って, $\mathscr{H}$ のベクトルも変換を受けるということをあらわしています. 実数 a をパラメーターとする変換の集合 $G = \{T_a \mid a \in \mathbb{R}\}$ は, 変換の合成を 2 項演算として群をなしています. 変換の合成は

$$T_a T_b = T_{a+b}$$

ですので, G は実数の加法群 $\mathbb{R}$ と同型です. T_a に伴う $\mathscr{H}$ の変換は, G の $\mathscr{H}$ 上の表現で, それを

$$U : G \to GL(\mathscr{H});\, T_a \mapsto U_a$$

と書きます．つまり，$\widetilde{\psi} = U_a\psi$ と書き直すことができます．関数のテイラー展開は

$$\psi(x-a) = \psi(x) - a\frac{d\psi}{dx}(x) + \frac{a^2}{2}\frac{d^2\psi}{dx^2}(x) + \cdots = \sum_{k=0}^{\infty}(-a)^k\psi^{(k)}(x)$$

ですので，形式的に

$$U_a = \exp\left(-a\frac{d}{dx}\right)$$

と書くことができます．$\mathscr{H}$ の内積は，

$$\langle\psi,\varphi\rangle = \int\overline{\psi(x)}\varphi(x)dx$$

で定義されます．この表現は，

$$\begin{aligned}\langle U_a\psi, U_a\varphi\rangle &= \int\overline{\psi(x-a)}\varphi(x-a)dx \\ &= \int\overline{\psi(x)}\varphi(x)dx = \langle\psi,\varphi\rangle\end{aligned}$$

のように，内積を保ちますので，無限次元ベクトル空間上のユニタリー表現だといえます．

特に，正規化された関数 $\psi \in \mathscr{H}$ に対しては，$|\psi(x)|^2$ が粒子を発見する確率分布となっています．変換後の関数 $\widetilde{\psi}$ に対しても，$|\widetilde{\psi}(x)|^2$ は粒子の存在確率分布をあたえているはずなので，ユニタリー表現を考えなければなりません．

変換 T_a に伴って，$\mathscr{H}$ のベクトルは変換を受けるわけですから，$\mathscr{H}$ 上の線型変換も変換を受けます．$\mathscr{H}$ 上の線型変換 $O : \mathscr{H} \to \mathscr{H}$ とは，$\psi \in \mathscr{H}$ から新しい関数 $O\psi$ を作る操作で，$\psi, \varphi \in \mathscr{H}$, $c \in \mathbb{C}$ に対して

$$O(\psi + c\varphi) = O\psi + cO\varphi$$

をみたすようなものです．変換 T_a に伴って，線型変換 O が別の線型変換 $\widetilde{O}$ へと変換するとすれば，$\widetilde{O}\widetilde{\psi} = \widetilde{O\psi}$ が成り立つはずです．これは，

$$\widetilde{O}(U_a\psi) = U_a(O\psi)$$

より，

$$\widetilde{O} = U_aOU_a^{-1}$$

を意味します．

物理系が群 G の作用で不変だというのは，任意の $T_a \in G$ に対して，ハミル

トニアンが不変なこと, つまり

$$H = U_a H U_a^{-1}$$

が成り立つことです. この条件を

$$[H, U_a] = HU_a - U_a H = 0$$

とあらわし, H と U_a が可換だといってもよいです.

微分作用 d/dx は,

$$\left(U_a \frac{d}{dx} U_a^{-1} \psi\right)(x) = \left(U_a \frac{d}{dx} \psi\right)(x+a) = (U_a \psi')(x+a) = \left(\frac{d}{dx}\psi\right)(x)$$

ですので, $T_a \in G$ の作用で不変です. 掛け算作用素 V は,

$$\begin{aligned}(U_a V U_a^{-1})\psi(x) &= (U_a V)(\psi(x+a)) = U_a(V(x)\psi(x+a)) \\ &= V(x-a)\psi(x)\end{aligned}$$

ですので, $(\widetilde{V}\psi)(x) = V(x-a)\psi(x)$ のように, 別の掛け算作用素に変換します. したがって, ハミルトニアンが G の任意の元 T_a の作用に対して不変であるための必要十分条件は, $V(x)$ が定数であることです. これが, 物理系が x 軸上で一様であるという意味です.

次に, x 軸の原点に関する鏡映

$$\sigma : x \mapsto \widetilde{x} = -x$$

を考えてみましょう. $\sigma^2 = e : x \mapsto x$ より, σ の生成する群 G は, 位数 2 の巡回群となります. 関数 $\psi \in \mathscr{H}$ の変換は, 先ほどと同じように $\widetilde{\psi}(\widetilde{x}) = \psi(x)$ から,

$$U_\sigma : \psi(x) \mapsto (U_\sigma \psi)(x) = \psi(-x)$$

であたえられます. 微分作用素 d/dx は,

$$\left(U_\sigma \frac{d}{dx} U_\sigma^{-1} \psi\right)(x) = \left(U_\sigma \frac{d}{dx}\right)\psi(-x) = -(U_\sigma \psi')(-x) = -\left(\frac{d}{dx}\psi\right)(x)$$

となります. つまり, $\widetilde{d/dx} = -d/dx$ です. 掛け算作用素 V の変換は,

$$\left(U_\sigma V U_\sigma^{-1} \psi\right)(x) = (U_\sigma V)\psi(-x) = U_\sigma(V(x)\psi(-x)) = V(-x)\psi(x)$$

より, $(\widetilde{V}\psi)(x) = V(-x)\psi(x)$ です. したがって, 鏡映のなす群 $G = \langle\sigma\rangle$ に対して物理系を記述する自然法則が不変である条件は, 位置エネルギーが偶関数であること, すなわち $V(x) = V(-x)$ であたえられます.

ある固定された正の実数 a に対して, T_a の作用で不変な物理系というのも考えられます. T_a の生成する群 $G = \langle T_a \rangle$ は無限巡回群 $\mathbb{Z}$ に同型です. この対称性をもつ系では, 位置エネルギーは $V(x+a) = V(x)$ をみたし, 周期 a をもつ関数になっています. 結晶中を運動する電子の系はこのような種類の対称性をもっています.

同じことを, $\mathbb{R}^3$ で考えてみましょう. 今まで考えてきた変換というのは, 1 次元ユークリッド空間の構造を不変にするものだということに気がついたでしょうか. ユークリッド空間の構造というのは, ユークリッド距離の構造のことです. つまり, 任意の 2 点 x, x' の距離 $\left|x - x'\right|$ が, 変換後も $\left|\widetilde{x} - \widetilde{x}'\right|$ と同じ形に書けるようなものを考えてきました. 1 次元ユークリッド空間では, そのようなものが $\widetilde{x} = \pm x + a$ という形のものしかないので, それについて調べてきたわけです.

3 次元ユークリッド空間 $\mathbb{R}^3$ の 2 点 $\boldsymbol{x} = (x, y, z)$, $\boldsymbol{x}' = \left(x', y', z'\right)$ の間のユークリッド距離は,

$$\sqrt{(x-x')^2 + (y-y')^2 + (z-z')^2}$$

であたえられます. この距離の構造を不変にする変換は,

$$\begin{pmatrix} \widetilde{x} \\ \widetilde{y} \\ \widetilde{z} \end{pmatrix} = R \begin{pmatrix} x \\ y \\ z \end{pmatrix} + \begin{pmatrix} a_1 \\ a_2 \\ a_3 \end{pmatrix}$$

という形のものしかありません. ただし, R は 3 次直交行列, a_1, a_2, a_3 は実の定数です. 3 次直交行列全体のなす集合を O_3 と書き, 3 次直交群といいます. これを

$$\widetilde{x}_i = \sum_{j=1}^{3} R_{ij} x_j + a_i \quad (i = 1, 2, 3)$$

と書きましょう. この変換を $(\boldsymbol{a}, R)$ とあらわし, このような変換全体のなす集合

$$E_3 = \left\{ (\boldsymbol{a}, R) \;\middle|\; \boldsymbol{a} \in \mathbb{R}^3, R \in O_3 \right\}$$

を, 3 次ユークリッド群とよびます. E_3 の 2 項演算は

$$(\boldsymbol{a}, R)(\boldsymbol{a}', R')x_i = (\boldsymbol{a}, R)\left(\sum_{j=1}^{3} R'_{ij} x_j + a'_i\right) = \sum_{k=1}^{3} R_{ik}\left(\sum_{j=1}^{3} R'_{kj} x_j + a'_k\right) + a_i$$

$$= \sum_{j=1}^{3} (RR')_{ij} x_j + a_i + \sum_{j=1}^{3} R_{ij} a'_j$$

より,

$$(\boldsymbol{a}, R)(\boldsymbol{a}', R') = (\boldsymbol{a} + R\boldsymbol{a}', RR')$$

となっています. これに関して, E_3 は群の構造をもちます. $\mathbb{R}^3$ を $\{(\boldsymbol{a}, e) \mid \boldsymbol{a} \in \mathbb{R}^3\}$ とみなすことにより, $\mathbb{R}^3$ は E_3 の正規部分群となっています. $\mathbb{R}^3$ は 3 次元実数ベクトル全体のなす加法群のことで, E_3 の正規部分群としては, 平行移動群といいます. E_3 の部分群 O_3 から平行移動群の自己同型群 $\mathrm{Aut}(\mathbb{R}^3)$ への準同型として $i : O_3 \to \mathrm{Aut}(\mathbb{R}^3)$; $R \mapsto i_R$,

$$\begin{aligned} i_R \boldsymbol{a} &= i_{\boldsymbol{0},R}(\boldsymbol{a}, e) = (\boldsymbol{0}, R)(\boldsymbol{a}, e)(\boldsymbol{0}, R^{-1}) \\ &= (\boldsymbol{0}, R)(\boldsymbol{a}, R^{-1}) = (R\boldsymbol{a}, e) = R\boldsymbol{a} \end{aligned}$$

を考えると, E_3 の 2 項演算は $(\boldsymbol{a}, R)\big(\boldsymbol{a}', R'\big) = \big(\boldsymbol{a} + i_R\boldsymbol{a}', RR'\big)$ となっていますので, E_3 は半直積 $\mathbb{R}^3 \rtimes O_3$ であることがわかります.

物理系の対称性は, 1 次元の場合と同様に, 位置エネルギーの関数形の対称性に対応しています. 例えば, $T_{\boldsymbol{a}} = (\boldsymbol{a}, e)$ の生成する平行移動群の部分群 $\langle T_{\boldsymbol{a}} \rangle \simeq \mathbb{Z}$ で不変な物理系は, 位置エネルギーが $V(\boldsymbol{x} + \boldsymbol{a}) = V(\boldsymbol{x})$ という周期関数であたえられるようなものです. 結晶中の電子の系は, 3 つの 1 次独立な並進ベクトル $\boldsymbol{a}$, $\boldsymbol{b}$, $\boldsymbol{c}$ による生成元をもつ, 自由アーベル群 $\langle T_{\boldsymbol{a}}, T_{\boldsymbol{b}}, T_{\boldsymbol{c}} \rangle \simeq \mathbb{Z}^3$ の作用に対する不変性をもちます.

分子の中を運動する電子に対するシュレーディンガー方程式の正確な解を求めることは, そう簡単なことでありませんが, 分子が対称性をもつとき, いくつかの現象について, 定性的な議論を行うことができます.

シュレーディンガー方程式 (12.1) において, 時間依存性を $\psi \propto \exp(-iEt/\hbar)$ $(E \in \mathbb{R})$ と仮定すると,

$$H\psi = E\psi$$

という固有値問題になります. 固有値 E をエネルギーといいます. エネルギーの値には最小値があり, エネルギーの小さい順に $E_1, E_2, \ldots$ と番号をつけることができます. つまり, 分子に束縛されているような電子については, エネルギーは孤立した数になっています. エネルギーのとりうる値の集合は, その分子のエネルギー準位といいます. 固有関数 ψ はエネルギー E をもつ電子の軌道を

記述します.

水素原子中の電子のシュレーディンガー方程式は, 対称性がよいために, 近似を用いずにエネルギー準位とそれぞれの固有関数を書き下すことができます. 軌道には, $1s, 2s, 2p, 3s, 3p, 3d, \ldots$ と名前がついています. $1s$, $2s$ などの s 軌道は1つの軌道ですが, p 軌道は3つの軌道の総称です. 固有関数は $\psi_{n,l,m}$ と3つのラベルをもっており, n, l, m はそれぞれ主量子数, 方位量子数, 磁気量子数とよばれます. これらのとりうる値の範囲は, $n = 1, 2, 3, \ldots$; $l = 0, 1, \ldots, n-1$; $m = 0, \pm 1, \pm 2, \ldots, \pm l$ となっています. 方位量子数の値 $l = 0, 1, 2, 3, \ldots$ にしたがって, $\psi_{n,l,m}$ のあらわす軌道はそれぞれ $s, p, d, f, \ldots$ 軌道とよばれます. 主量子数 n をもつ軌道は, エネルギー E_n をもちます. $1s, 2p$ などのように, 軌道をあらわす記号 s, p の前についている自然数は主量子数で, これらがそれぞれ, $n = 1, 2$ の軌道であることをあらわしています.

$2p$ 軌道は, 異なる磁気量子数をもつ $\psi_{2,1,-1}, \psi_{2,1,0}, \psi_{2,1,1}$ の3つの軌道からなっています. このように, 同じエネルギーをもつ軌道が複数あるとき, そのエネルギーは縮退しているといいます. エネルギーが縮退する理由は, 物理系が対称性をもつことにあります.

ハミルトニアンの固有空間は対称変換群の表現空間

群 G があって, 状態空間 $\mathscr{H}$ の上のユニタリー表現 $U : G \to GL(\mathscr{H})$; $g \mapsto U_g$ をもつとする. 物理系は G の変換に関して対称で, 任意の $g \in G$ に対して $[H, U_g] = 0$ がみたされるとする. このとき, H のエネルギー E に属する固有空間 V_E は表現 U の不変部分空間となっている.

[証明] ハミルトニアン H の固有値 E に属する固有空間を V_E とします. 任意の $g \in G$, $\psi \in V_E$ に対し,

$$H(U_g\psi) = U_g(H\psi) = U_g(E\psi) = EU_g\psi$$

より, $U_g\psi \in V_E$ ですので, V_E は表現 U の不変部分空間です. ■

また, 表現 U が既約な部分表現をもてば, あるエネルギーに属する固有空間の線型部分空間になっています.

対称変換群の既約表現

群 G があって, 状態空間 $\mathscr{H}$ の上のユニタリー表現 $U: G \to GL(\mathscr{H})$; $g \mapsto U_g$ をもつとする. 物理系は G の変換に関して対称で, 任意の $g \in G$ に対して $[H, U_g] = 0$ がみたされるとする. $\mathscr{H}$ の部分空間 V が表現 U の既約な不変部分空間であるとき, V はハミルトニアンのあるエネルギー E に属する固有空間 V_E の線型部分空間となっている.

[証明] ハミルトニアン H のエネルギー $E_1, E_2, \ldots$ に属する固有空間をそれぞれ $V_1, V_2, \ldots$ とすると, 状態空間は

$$\mathscr{H} = V_1 \oplus V_2 \oplus \cdots$$

と直和分解されます, このことは, 量子力学の一般原理から導かれることで, ここではこの事実を用います. 表現 $U: G \to GL(\mathscr{H})$ の不変部分空間 V がとれて, 部分表現 $\rho: G \to GL(V)$ は既約だとします. $W_i = V \cap V_i$ とすると, V は,

$$V = W_1 \oplus W_2 \oplus \cdots$$

と直和分解されます. $V \neq \{0\}$ ですので, $W_i \neq \{0\}$ であるような W_i がとれます. $\psi \in W_i$ を任意にとると, $\psi \in V_i$ であることから, $H\psi = E_i\psi$ が成り立ちます.

$$H(U_g\psi) = U_g(H\psi) = EU_g\psi$$

より, $U_g\psi \in V_i$ が成り立ちます. また, $\psi \in V$ であることから, $U_g\psi \in V$ です. したがって, $U_g\psi = \rho(g)\psi \in V \cap V_i = W_i$ が任意の $g \in G$ に対して成り立ちます. つまり, W_i は表現 ρ の不変部分空間です. ρ は V 上で既約なので, $V = W_i$ でなければなりません. ■

［ハミルトニアンの固有空間は対称変換群の表現空間］より, 表現 $U: G \to GL(\mathscr{H})$ はハミルトニアンのエネルギー E に属する固有空間 V_E 上に部分表現 $\rho = U_{V_E}$ をもちます.

V_E が $\mathscr{H}$ の n 次元部分空間の場合を考えましょう. V_E の正規直交基底を, $\{\varphi_1, \ldots, \varphi_n\}$ とすると, V_E の関数 ψ は

$$\psi = c_1\varphi_1 + \cdots + c_n\varphi_n$$

と書けます. この基底に関して,

$$(U_g\psi)_i = \sum_{j=1}^{n} \rho(g)_{ij} c_j \quad (i = 1, \ldots, n)$$

が成り立ちます. 特に, $\psi = \varphi_j$ とすると,

$$(U_g\varphi_j)_i = \rho(g)_{ij}$$

ですので,

$$U_g\varphi_j = \sum_{i=1}^{n} (U_g\varphi_j)\varphi_i = \sum_{i=1}^{n} \varphi_i \rho(g)_{ij}$$

となります.

水素原子の系は, 3 次特殊直交群 SO_3 の作用に対する対称性をもちます. 主量子数 n, 方位量子数 l をもつ軌道の生成する $\mathscr{H}$ の線型部分空間を $V_{n,l}$ とします. ハミルトニアン H のエネルギー E_n に属する固有空間 V_n は,

$$V_n = V_{n,0} \oplus V_{n,1} \oplus \cdots \oplus V_{n,n-1}$$

と, 互いに直交する線型部分空間の直和に分解されます. これは, SO_3 の表現の既約分解になっています. つまり, $U : SO_3 \to GL(\mathscr{H})$ の $V_{n,l}$ 上の部分表現 ρ_l は, $2l+1$ 次の既約表現になっています. 水素原子中の電子に対するシュレーディンガー方程式の固有関数は,

$$\varphi_{n,l,m} = f_n Y_{l,m}$$

と, 2 つの関数の積であらわすことができます. $Y_{l,m}$ は球面調和関数という, $\mathbb{R}^3$ の単位球面上の関数です. $g \in SO_3$ に対して, $2l+1$ 次のユニタリー行列 $\rho_l(g)$ が決まり, 固有関数は

$$U_g\varphi_{n,l,m} = \sum_{m'=-l}^{l} \varphi_{n,l,m'} \rho_l(g)_{m'm}$$

と変換します.

表現 U は, $n \geq 2$ のとき, エネルギー E_n に属する固有空間 V_n 上では既約ではありません. このことは偶然縮退といいます. 基本的には, エネルギーの固有空間は, 物理系の対称変換群 G の既約表現になっていると考えられます. [対称変換群の既約表現] より, 既約表現にはエネルギーという属性があると考えることができるわけですが, 異なる既約表現が同じエネルギーをもつ理由はないからです. ところが, 水素原子の場合, 1 次の既約表現である $2s$ 軌道, 3 次の

既約表現である $2p$ 軌道は, 同じエネルギー E_2 をもっています.

水素原子の場合, 本当に偶然に「偶然縮退」がおこったわけではなく, 水素原子の対称変換群として, SO_3 を部分群にもつ, もっと大きな群があるからです. 実際にはその大きな群というのが SO_4 だということがわかっています. SO_4 の表現としては既約な不変部分空間が, 部分群を考えたためにブロック対角に分解し, 既約ではなくなったというわけです.

13話

分子と点群

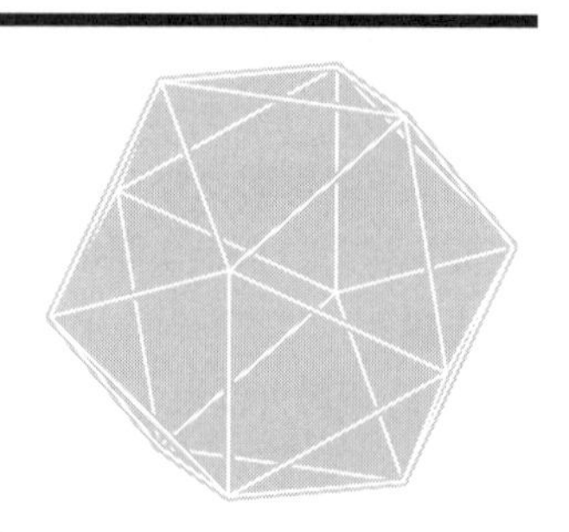

分子はいくつかの原子が結合してできています．水分子は H_2O で，H–O–H の結合角は，どの水分子をとっても 104.5° です．また水分子に限らず，1 つの分子は決まった形をもっていると考えることができます．分子の化学的な，あるいは光学的な性質は，分子の形，特に原子配置の対称性によってある程度理解できることが多いです．ここでは，分子の対称性として，どのようなものが考えられるかみていきたいと思います．

ここで問題とする対称性とは，合同変換に対する不変性のことです．ユークリッド平面の 2 つの 3 角形が合同だというのは，一方の 3 角形を平行移動したり，回転したり，裏返したりして，もう一方の 3 角形にぴったり重ねることができるときをいいます．このとき考えているのが，3 角形の合同変換です．正 3 角形の場合，重心のまわりの 120° 回転によって，自分自身に重なります．合同変換による不変性といっているのは，このような性質のことです．1 つの図形を不変にする合同変換全体のなす集合は，変換の合成を 2 項演算として，群の構造をもちます．有限の大きさをもつ図形を不変にする合同変換の集合として考えうるような群を「点群」といいます．

[定義]　合同変換

n 次元ユークリッド空間とは，集合 $\mathbb{R}^n = \{(x_1, \ldots, x_n) \mid x_1, \ldots, x_n \in \mathbb{R}\}$ の任意の 2 点 $x = (x_1, \ldots, x_n)$, $y = (y_1, \ldots, y_n)$ に，

$$d(x, y) = \sqrt{(x_1 - y_1)^2 + \cdots + (x_n - y_n)^2}$$

によって，x と y の間の距離 $d(x, y)$ がさだめられたものを指す．ユークリッド空間から自分自身への写像 $f : \mathbb{R}^n \to \mathbb{R}^n$ で，2 点間の距離を不変にするもの，つまり 任意の $x, y \in \mathbb{R}^n$ に対して $d(f(x), f(y)) = d(x, y)$ が成り立つ

ようなものを, $\mathbb{R}^n$ の合同変換という.

合同変換は, n 次直交行列 R と, 定数 $a_1, \ldots, a_n$ を用いて,

$$f(x)_i = \sum_{j=1}^{n} R_{ij} x_j + a_i \quad (i = 1, \ldots, n)$$

という形に書くことができます. n 次直交行列全体のなす群

$$O_n = \left\{ R \in GL_n(\mathbb{R}) \mid {}^t RR = \mathbb{1} \right\}$$

を n 次直交群といいます. ただし, $\mathbb{1}$ は単位行列です. $\mathbb{R}^n$ の合同変換全体のなす群 E_n を n 次ユークリッド群といいます. 第12話では, $E_3 \simeq \mathbb{R}^3 \rtimes O_3$ であることをみました. 同様に自然数 n に対して, n 次ユークリッド群 E_n は平行移動群と直交群の半直積 $\mathbb{R}^n \rtimes O_n$ です.

分子は $\mathbb{R}^3$ の図形と考えることができますので, ある分子の対称性は, E_3 の部分群 G であらわされることになります. G の各元は, その分子の配置を, 全体として不変に保つような合同変換です. 分子を構成する1つ1つの原子に着目すると, G の合同変換によって, 配置の入れ換えがおこります. しかし, 分子の重心は G のどの合同変換に対しても不動のままなはずです. したがって, 分子の重心を $\mathbb{R}^3$ の原点にとれば, G は原点を固定する合同変換からなることになります. これは, G が O_3 の部分群であることを意味しています.

[定義]　点群

$\mathbb{R}^n$ の原点を固定する合同変換群としての n 次直交群 O_n の部分群を点群という. 2つの点群 G, G' は, O_n の部分群として共役であるとき, つまり, $g \in O_n$ がとれて, $G' = gGg^{-1}$ が成り立つようにできるとき, 同値であるという.

分子の対称性をあらわすのは, $\mathbb{R}^3$ における点群です. ここでは, 位数が有限の有限点群を考えましょう.

その前に, $\mathbb{R}^2$ の有限点群を調べておきます. 2次特殊直交群

$$SO_2 = \{ R \in O_2 \mid \det R = 1 \}$$

の元は, 実パラメーター θ を用いて

$$R_\theta = \begin{pmatrix} \cos\theta & -\sin\theta \\ \sin\theta & \cos\theta \end{pmatrix}$$

という形に書けます. R_θ は, 原点を中心とする θ 回転をあらわします. SO_2 の部分群であるような位数 n の点群を $G = \{\mathbb{1}, R_{\theta_1}, \ldots, R_{\theta_{n-1}}\}$ としましょう. 一般性を失わず, $0 < \theta_1 < \cdots < \theta_{n-1} < 2\pi$ が成り立つとします. このとき, $k = 1, 2, \ldots, n-1$ に対して, θ_k は θ_1 の整数倍になっています. それはなぜかというと, もし θ_k が θ_1 の整数倍でなければ, 整数 m と $\delta \in (0, \theta_1)$ がとれて $\theta_i = m\theta_1 + \delta$ と書けることになりますが, $R_\delta = R_{\theta_k}(R_{\theta_1})^{-m}$ が G に属することになり, θ_1 の最小性に反することになるからです. このことから, G は R_{θ_1} で生成される位数 n の巡回群だということになります. したがって, $\theta_1 = 2\pi/n$ でなければならず, $G = \langle R_{2\pi/n} \rangle \simeq C_n$ となっていることがわかりました.

次に, G は O_2 の部分群で, かつ SO_2 の部分群ではないとしてみましょう. すると, G の元であって, SO_2 には属さない元 $\sigma \in G \setminus SO_2$ をとることができます. σ は実パラメーター θ を用いて

$$\sigma = \begin{pmatrix} 1 & 0 \\ 0 & -1 \end{pmatrix} \begin{pmatrix} \cos\theta & -\sin\theta \\ \sin\theta & \cos\theta \end{pmatrix} = \begin{pmatrix} \cos\theta & -\sin\theta \\ -\sin\theta & -\cos\theta \end{pmatrix}$$

と書くことができます. σ は原点のまわりの θ 回転に続けて, 鏡映 $(x_1, x_2) \mapsto (x_1, -x_2)$ をほどこす操作です. この操作は, x_1 軸とのなす角が $-\theta/2$ であるような直線に関する鏡映と同じです.

任意の $g \in O_2$ に対し, 点群 G と gGg^{-1} は同値, つまり同じものとみなすのでした. そこで, $g = R_{-\theta/2}$ ととります. すると,

$$R_{-\theta/2}\sigma R_{\theta/2} = \begin{pmatrix} 1 & 0 \\ 0 & -1 \end{pmatrix}$$

となるので, はじめから $\sigma = \mathrm{diag}(1, -1) \in G \setminus SO_2$ がとれるとしてもよいことになります.

SO_2 は O_2 の正規部分群となっています. したがって, 第3話の $[H \cap N \lhd H]$ より, $G_0 = G \cap SO_2$ は, G の正規部分群です.

G_0 は SO_2 の有限部分群ですので, 巡回群になります. そこで, G_0 は n 次巡回群 $\langle R_{2\pi/n} \rangle$ だとしましょう. $g \in G_0$ に対し, σg の行列式は -1 ですので, σg は $G \setminus G_0$ に属します. また, $g' \in G \setminus G_0$ に対し, $\sigma g'$ は行列式が 1 ですので, $\sigma g' \in G_0$ です. したがって, $g'' = \sigma g' \in G_0$ がとれて, $g' = \sigma g''$ と書けること

になります．このことから，$\sigma : G_0 \to G \setminus G_0$ は全単射，また G の位数は $2n$ で，

$$\begin{aligned} G &= G_0 \cup \sigma G_0 \\ &= \left\{\mathbb{1}, R_{2\pi/n}, \ldots, (R_{2\pi/n})^{n-1}\right\} \cup \left\{\sigma, \sigma R_{2\pi/n}, \ldots, \sigma(R_{2\pi/n})^{n-1}\right\} \end{aligned}$$

となることがわかりました．$\tau = \sigma R_{2\pi/n}$ とすると，$G = \langle \sigma, \tau \rangle$ で，生成元の関係式は

$$\sigma^2 = \tau^2 = (\sigma\tau)^n = \mathbb{1}$$

であたえられます．したがって，G は n 次 2 面体群

$$D_{2n} = \left\langle s, t \;\middle|\; s^2 = t^2 = (st)^n = e \right\rangle$$

と同型であることがわかります．

$\mathbb{R}^2$ の有限点群

$\mathbb{R}^2$ の有限位数の点群は，巡回群または 2 面体群に同型．

次に $\mathbb{R}^3$ の有限点群について調べていきましょう．最初に，G を SO_3 の有限部分群とします．$\mathbb{R}^3$ の単位球面を

$$S^2 = \left\{(x_1, x_2, x_3) \in \mathbb{R}^3 \;\middle|\; (x_1)^2 + (x_2)^2 + (x_3)^2 = 1\right\}$$

とします．S^2 には，

$$SO_3 \times S^2 \to S^2;\ (g, x) \mapsto g \cdot x = g(x) \qquad \left(g(x)_i = \sum_{j=1}^{3} g_{ij} x_j \quad (i = 1, 2, 3)\right)$$

によって特殊直交群 SO_3 が作用します．$g \in SO_3$ に対して，$g(x) = x$ が成り立つような S^2 の点 x を，g の不動点といいます．任意の $g \neq \mathbb{1}$ は，ちょうど 2 つの不動点をもち，それらは互いに S^2 の対蹠点になっています．つまり，g の 1 つの不動点が x ならば，もう 1 つの不動点は $-x = (-x_1, -x_2, -x_3)$ になっています．$g \in SO_3$ は $\mathbb{R}^3$ の原点を通る直線のまわりの回転で，回転軸と S^2 との 2 つの交点が g の不動点になっています．$g \in SO_3 \setminus \{\mathbb{1}\}$ の 2 つの不動点を $\pm x_g$ としましょう．SO_3 の有限部分群としての点群 G に対し，S^2 の部分集合

$$X = \bigcup_{g \in G \setminus \{\mathbb{1}\}} \{\pm x_g\}$$

を考え, G の不動点集合とよびます.

任意の $x_g \in X$, $g' \in G$ に対し, $g'' = g'gg'^{-1} \in G$ がとれて,

$$g''\bigl(g'(x_g)\bigr) = \bigl(g'gg'^{-1}\bigr)\bigl(g'(x_g)\bigr) = g'g(x_g) = g'(x_g)$$

が成り立ちます. つまり, $g'(x_g)$ は g'' の不動点の1つで, X に属しています. このことは, 不動点集合 X が G 空間になっていることを意味します.

不動点集合の軌道

G を SO_3 の有限部分群であるような, $\mathbb{R}^3$ の点群とする. 点群 G の, 不動点集合 $X = \bigcup_{g \in G \setminus \{\mathbb{1}\}} \{\pm x_g\}$ への左作用 $G \times X \to X$; $(g, x) \mapsto g(x)$ に関して, X は2つ, または3つの軌道に分解する.

[証明] G 空間 X は, $X = \bigcup_{i=1}^{r} X_i$ と, r 個の軌道に分解されるとします.

$G \times X$ の部分集合

$$A = \{(g, x) \in G \times X \mid g(x) = x\}$$

の元の個数を2通りの方法で数えます. A の元 (g, x) は, x と, x の安定化群 G_x の元 g のペアのことですから,

$$^{\#}A = \sum_{x \in X} {}^{\#}G_x = \sum_{i=1}^{r} \sum_{a_i \in X_i} {}^{\#}G_{a_i}$$

と書くことができます. 第4話の[軌道・安定化群定理]により, $\bigl(G : G_{a_i}\bigr) = {}^{\#}X_i$ ですので,

$$^{\#}G_{a_i} = \frac{^{\#}G}{^{\#}X_i} \tag{13.1}$$

が成り立ちます. したがって,

$$^{\#}A = \sum_{i=1}^{r} \sum_{a_i \in X_i} \frac{^{\#}G}{^{\#}X_i} = \sum_{i=1}^{r} {}^{\#}X_i \frac{^{\#}G}{^{\#}X_i} = r\,^{\#}G \tag{13.2}$$

がえられます.

次に,

$$A = \left(\bigcup_{x \in X} (\mathbb{1}, x) \right) \cup \bigcup_{g \in G \setminus \{\mathbb{1}\}} \bigl\{ (g, x_g), (g, -x_g) \bigr\}$$

であることから,

$$^{\#}A = {}^{\#}X + 2\bigl({}^{\#}G - 1\bigr) \tag{13.3}$$

と書けることもわかります.

式 (13.2), (13.3) より,

$$r = 2 + \frac{^{\#}X - 2}{^{\#}G} \tag{13.4}$$

がえられます. $g \in G \setminus \{\mathbb{1}\}$ に対して不動点はペアであらわれますので, $^{\#}X$ は 2 以上です. このことから, $r \geq 2$ だとわかります.

次に, $i = 1, \ldots, r$ について, $a_i \in X_i$ をとり, a_i の安定化群を $G_i = G_{a_i}$ と書くことにします. 式 (13.1) を用いて,

$$^{\#}X = \sum_{i=1}^{r} {}^{\#}X_i = \sum_{i=1}^{r} \frac{^{\#}G}{^{\#}G_i} \leq \frac{r}{2} {}^{\#}G$$

がえられます. 最後の不等式は, a_i の安定化群 G_i の位数が 2 以上だということからしたがいます. この不等式を式 (13.4) に用いると,

$$r \leq 4 - \frac{4}{^{\#}G}$$

がえられます. したがって, $r = 2$ または $r = 3$ でなければなりません. ■

G 空間 X の軌道が 2 つの場合をまず考えてみましょう. $r = 2$ のとき, 式 (13.4) より $^{\#}X = 2$ です. これは, ある $x \in S^2$ が, G のすべての元に対する共通の不動点になっている場合です. SO_3 の中で共役部分群を考えることにより, $x = (0, 0, 1)$ としても一般性を失いません. SO_3 の元で $(0, 0, \pm 1)$ を不動点にもつようなものは, θ を実のパラメーターとして,

$$Z_\theta = \begin{pmatrix} \cos\theta & -\sin\theta & 0 \\ \sin\theta & \cos\theta & 0 \\ 0 & 0 & 1 \end{pmatrix}$$

と書けます. これは, x_3 軸に関する θ 回転で, x_1x_2-平面の合同変換とみなせます. この形の元からなる有限群は, n 次巡回群 $G = \langle Z_{2\pi/n} \rangle \simeq C_n$ のみです. この点群を, さしあたり C_n 型とよぶことにしましょう.

C_n 型の点群

C_n 型の点群 $(n = 2, 3, \ldots)$ は, n 次巡回群 C_n に同型.

次に, $r = 3$ の場合を調べていきます. このとき, 式 (13.4) は

$$^{\#}X = {}^{\#}G + 2 \tag{13.5}$$

となります．すると，

$$^{\#}X = {}^{\#}X_1 + {}^{\#}X_2 + {}^{\#}X_3 = \frac{^{\#}G}{^{\#}G_1} + \frac{^{\#}G}{^{\#}G_2} + \frac{^{\#}G}{^{\#}G_3}$$

と書けます．これを式 (13.5) とあわせて，

$$1 + \frac{2}{^{\#}G} = \frac{1}{^{\#}G_1} + \frac{1}{^{\#}G_2} + \frac{1}{^{\#}G_3} \tag{13.6}$$

がえられます．一般性を失わず，$^{\#}G_1 \leq {}^{\#}G_2 \leq {}^{\#}G_3$ としましょう．すると，

$$1 + \frac{2}{^{\#}G} \leq \frac{3}{^{\#}G_3}$$

より，$^{\#}G_3 = 2$ でなければなりません．このとき，

$$\frac{1}{2} + \frac{2}{^{\#}G} = \frac{1}{^{\#}G_1} + \frac{1}{^{\#}G_2} \leq \frac{2}{^{\#}G_2} \tag{13.7}$$

ですので，$^{\#}G_2 = 2$ または $^{\#}G_2 = 3$ となります．

$^{\#}G_2 = 2$ のとき，

$$\frac{2}{^{\#}G} = \frac{1}{^{\#}G_1}$$

となり，n を 2 以上の自然数として，$^{\#}G = 2n$, $^{\#}G_1 = n$ であることがわかります．

$^{\#}G_2 = 3$ のとき，

$$\frac{1}{6} + \frac{2}{^{\#}G} = \frac{1}{^{\#}G_1}$$

より，$^{\#}G_1 = 3, 4, 5$ の場合しかないことがわかります．それぞれについて，$^{\#}G = 12, 24, 60$ となります．

結局不動点集合 X が G の作用で 3 つの軌道 X_1, X_2, X_3 に分解するとき，4 種類のパターンしかないことがわかりました．これらの点群を，D_n, T, O, I 型と，それぞれよぶことにします．

C_n, D_n, T, O, I は，化学分野で広く用いられている点群の名称で，シェーンフリース記号といいます．

G の型	$^{\#}G$	$^{\#}G_1$	$^{\#}G_2$	$^{\#}G_3$
C_n	n	1	1	
D_n	$2n$	n	2	2
T	12	3	3	2
O	24	4	3	2
I	60	5	3	2

今のところ, SO_3 の有限部分群であるような点群として, どのようなものがあるのか, 可能性を絞っただけです. 次はこれらの型の点群が, 実際にあることをみていきたいと思います. それらが, 具体的にどのようなものかについては, 個別に調べてみる必要があります.

C_n 型の点群が, x_3 軸のまわりの $2\pi/n$ 回転 $Z_{2\pi/n}$ で生成される巡回群であることは, すでにみましたので, D_n 型について考えてみましょう.

D_n 型の点群

D_n 型の点群 $(n = 2, 3, \ldots)$ は, n 次 2 面体群 D_{2n} に同型.

[証明] G を D_n 型の点群とします. 不動点集合 X 上の点 a_1 がとれて, G の作用に関する a_1 の安定化群 G_1 の指数は 2 ですので, 第 2 話の［指数 2 の部分群］より, G_1 は G の正規部分群となっています. a_1 の軌道 $X_1 = G \cdot a_1$ は, 第 4 話の［軌道・安定化群定理］より, ${}^{\#}X_1 = (G : G_1) = 2$ ですので, 2 点集合です. それを $X_1 = \{a_1, a_1'\}$ としましょう. G の元 g がとれて, $g(a_1) = a_1'$ となっています. a_1' を不変にする G の元がどのようなものか考えてみましょう.

$$g'(a_1') = a_1' \Leftrightarrow g'g(a_1) = g(a_1) \Leftrightarrow g^{-1}g'g(a_1) = a_1$$

より, $g'(a_1') = a_1'$ であるための必要十分条件は $g' \in gG_1g^{-1}$ が成り立つことです. しかし, $G_1 \lhd G$ より, $gG_1g^{-1} = G_1$ ですので, a_1' の安定化群は G_1 であることがわかります. これは, G_1 のすべての元が, a_1, a_1' のどちらも不動点としてもつことを意味します. したがって, $a_1' = -a_1$ で, G_1 は位数 n の巡回群であることになります. G と共役な SO_3 の部分群を考えることにより, 一般性を失わず, $a_1 = (0, 0, 1)$ であるとしてよいです. このとき, $G_1 = \langle Z_{2\pi/n} \rangle$ となっています.

g は $(0, 0, 1)$ を $(0, 0, -1)$ に写すような回転です. そのようなものは, x_1x_2-平面上の原点を通る回転軸に関する π 回転です. 一般性を失わず, その回転軸は x_1 軸だとしてよいです. すると, g は

$$g = \begin{pmatrix} 1 & 0 & 0 \\ 0 & -1 & 0 \\ 0 & 0 & -1 \end{pmatrix}$$

であたえられることになります. このとき, 点群 G は

$$G = R_1 \cup gR_1 = \langle Z_{2\pi/n} \rangle \cup g\langle Z_{2\pi/n} \rangle$$

であたえられます. G の元は一般に, $k = 0, 1, \ldots, n-1$ として, x_3 軸のまわりの $2\pi k/n$ 回転

$$(Z_{2\pi/n})^k = \begin{pmatrix} \cos(2\pi k/n) & -\sin(2\pi k/n) & 0 \\ \sin(2\pi k/n) & \cos(2\pi k/n) & 0 \\ 0 & 0 & 1 \end{pmatrix}$$

または, x_1x_2-平面の 2 点 $\pm(\cos(\pi k/n), -\sin(\pi k/n), 0)$ を通る回転軸 $l_{-\pi k/n}$ に関する π 回転

$$g(Z_{2\pi/n})^k = \begin{pmatrix} \cos(2\pi k/n) & -\sin(2\pi k/n) & 0 \\ -\sin(2\pi k/n) & -\cos(2\pi k/n) & 0 \\ 0 & 0 & -1 \end{pmatrix}$$

であたえられます.

化学の分野では, D_n 型の点群の場合, x_3 軸のことを主回転軸, x_1x_2-平面を水平面, 水平面に含まれる, 原点を通る直線に関する回転を覆転といいます. 覆転軸 $l_{-\pi k/n}$ $(k = 0, 1, \ldots, n-1)$ が n 本あり, 覆転軸の単位球面上の点の集合は, 不動点集合 X に属します. X の軌道分解は,

$$\begin{aligned} X &= X_1 \cup X_2 \cup X_3, \\ X_1 &= \{(0, 0, \pm 1)\}, \\ X_2 &= \left\{\cos\left(\frac{2\pi k}{n}\right), -\sin\left(\frac{2\pi k}{n}\right), 0)\right\}_{k=0}^{n-1}, \\ X_3 &= \left\{\cos\left(\frac{\pi(2k+1)}{n}\right), -\sin\left(\frac{\pi(2k+1)}{n}\right), 0)\right\}_{k=0}^{n-1} \end{aligned}$$

によってあたえられます. 点群 G は g, $Z_{2\pi/n}$ で生成され, これらは

$$g^2 = (Z_{2\pi/n})^n = (gZ_{2\pi/n})^2 = \mathbb{1}$$

をみたします. したがって, G と 2 面体群

$$D_{2n} = \left\langle s, t \;\middle|\; s^2 = t^2 = (st)^n = e \right\rangle$$

の間の同型 $f : G \to D_{2n}$ は,

$$f(g) = s, \quad f(Z_{2\pi/n}) = st$$

を準同型に拡張することによってえられます. ■

これで, C_n, D_n 型の点群がどのようなものかわかりました. D_n 型の群が D_{2n} となっていて紛らわしいかもしれませんが, 分野によって呼称が変わることもあるのかな, くらいに思ってください. 残りの T, O, I 型の点群については, 第 14 話で調べることにします.

14話

正多面体群

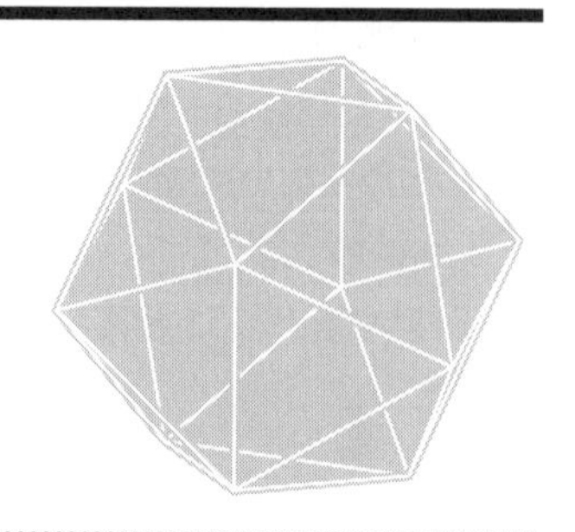

第 13 話では, SO_3 の有限部分群としての点群の候補として, C_n, D_n, T, O, I 型が考えられるということをみました. また, C_n, D_n 型の点群がどのようなものかが明らかになりました. ここでは, T, O, I 型の点群が実際にあることをみていきます.

G を T, O, または I 型の点群とします. G の不動点集合 X の軌道は 3 つに分解し, G の位数と, 各軌道の安定化群の位数は,

G の型	$^{\#}G$	$^{\#}G_1$	$^{\#}G_2$	$^{\#}G_3$
T	12	3	3	2
O	24	4	3	2
I	60	5	3	2

のようになるのでした.

T, O, I 型のすべてについて, 安定化群 G_2 の位数は 3 です. したがって第 4 話の［軌道・安定化群定理］より, 軌道 X_2 に属する点の個数は T, O, I 型のそれぞれについて, $^{\#}X_2 = 4, 8, 20$ となります.

互いに対蹠点ではない, X_2 の 2 点 p, q を結ぶ S^2 上の最短の弧を $\widehat{pq}$ と書きます. また, $\widehat{pq}$ の長さを p, q 間の距離といい, $\overline{pq}$ と書くことにします. X_2 の点のペアのうち, 2 点間の距離が最小となるものをとり, それを p_1, p_2 とします. このとき $\ell = \overline{p_1p_2}$ とします. p_1 の安定化群は G_2 と同型なので, 3 次巡回群です. それは, p_1 を固定する 120° 回転 R_{p_1} で生成される G の部分群 $\langle R_{p_1} \rangle$ です. $\langle R_{p_1} \rangle$ の作用による p_2 の軌道を $\{p_2, p_3, p_4\}$ とすれば, $\overline{p_2p_3} = \overline{p_3p_4} = \overline{p_4p_2}$ となっています.

点群 G のある元による作用によって, p_1 を p_2 に写すことができます. G の作用は X_2 の自身への合同変換ですので, p_2 からの距離が最小距離 ℓ であるような X_2 の点が少なくとも 3 点あるはずです.

G が T 型で, ${}^{\#}X_2 = 4$ の場合, その 3 点は p_1, p_3, p_4 しかありません. このとき, X_2 のどの 2 点 p_i, p_j をとっても $\overline{p_i p_j} = \ell$ となっています. これは, X_2 の 4 点が正 4 面体の頂点をなすことを意味します.

G は O, または I 型だとしましょう. p_1 の安定化群 $\langle g \rangle$ の作用に関して, X_2 はいくつかの軌道に分解します. $\langle g \rangle$ は 3 次の巡回群なので, 各軌道は 3 点または 1 点からなります. ${}^{\#}X_2 = 8, 20$ が mod 3 で 2 であることから, 1 点からなる軌道がちょうど 2 つあることになります. それは $\{p_1\}$ と, p_1 の対蹠点 $-p_1$ からなる軌道 $\{-p_1\}$ のことです. G の合同変換によって p_1 が p_i にうつされるとすると, $-p_1$ は p_i の対蹠点 $-p_i$ にうつされます. つまり, X_2 は O, I 型のそれぞれの場合について, 4, 10 組の対蹠点のペアからなります.

p_1 を北極とよぶことにすると, 最近接の p_2, p_3, p_4 は, 北半球にあることになります. 3 点 p_2, p_3, p_4 は, 同じ緯線上に等間隔に並んでいて, この緯線上に $\langle g \rangle$ のそのほかの軌道はありません. なぜなら, もし 6 点以上が同じ緯線上にあれば, そのうちの 2 点は ℓ より近くにいることになり, ℓ の最小性に反することになるからです. このことは, 球面上に頂点をもつ正 6 角形を描いてみると理解できるでしょう.

X_2 には, G が作用するので, どの点も幾何学的には対等です. p_2 にも最近接の ℓ だけはなれた 3 点があり, そのうちの 1 点が p_1, そのほかに p_3, p_4 以外の 2 点があるということになります.

X_2 の ℓ だけ離れた 2 点はすべて弧で結ぶことにし, それらを辺とよびましょう. p_1 から辺に沿って p_2 に移動し, p_2 から伸びているもう 1 つの辺に移って移動を続けていきます. p_2 は Y 字状に辺が分岐していますが, 左を進むことにします. X_2 の他の点に到達すれば, Y 字路を左に進むということを繰り返していけば, いつかはもとの p_1 にもどってくるはずです (図 14.1). Y 字路ではいつも $60°$ 左に折れていますので, すべての外角が $60°$ の球面上の正多角形を 1 周することになります. ただし, 球面上での外角が $60°$ ですので, 正 6 角形というわけではありません. X_2 のどの点からはじめても, これと合同な正多角形を描くことになるので, 球面はこれらの正多角形で分割されていることになります.

このような正多角形の数を F としましょう. 頂点の数を $V = {}^{\#}X_2 = 8, 20$ と書きます. 1 つの頂点から 3 つの辺がのびており, 1 つの辺は 2 つの頂点を結んでいることから, 辺の数は $E = (3/2)V = 12, 30$ です.

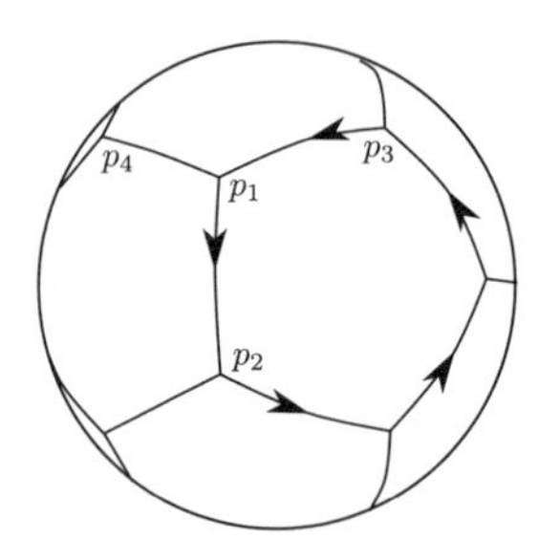

図 **14.1**　X_2 は正多面体の頂点をなす.

オイラーの多面体定理

球面が多角形に分割されているとき, 面の数を F, 辺の数を E, 頂点の数を V とすれば,

$$F - E + V = 2$$

が成り立つ.

これは, 位相幾何学の古典的な結果です. これを用いると, $F = 6, 12$ だとわかります. つまり X_2 は, O 型だと $\mathbb{R}^3$ の正 6 面体, I 型では $\mathbb{R}^3$ の正 12 面体の頂点をなしているということになります. 面の個数 F は, ${}^{\#}X_1 = 6, 12$ に, 頂点の個数 V は, ${}^{\#}X_2 = 8, 20$ に, 辺の個数 E は, ${}^{\#}X_3 = 12, 30$ に一致しています. 同様のことは, T 型の場合にもあてはまります.

T, O, I 型の点群について, 軌道 X_2 は, $\mathbb{R}^3$ の正多面体の頂点をなしていることがわかったところです. したがって, 点群 G は, 正多面体を不変に保つような合同変換群だということになります.

[定義]　正多面体群

正 n 面体 $(n = 4, 6, 8, 12, 20)$ を不変に保つ SO_3 の部分群を正 n 面体群といい, P_n であらわす.

正 n 面体は鏡映でも不変ですが, 正 n 面体群というときは, 回転のみからなる群を指します. T, O, I 型の点群 G が, それぞれ P_4, P_6, P_{12} と同型であることをみていきましょう.

最初に T 型の点群 G を考えましょう. G は正 4 面体の頂点の集合 X_2 に作用

しています. つまり, G は正 4 面体を不変に保つ, 位数 12 の点群です.

正 4 面体を不変に保つ合同変換の個数を考えてみましょう. これは, 正 4 面体を決まった位置に置く配置の仕方のことです. 正 4 面体を床に置くことを考えれば, 底面の選び方が 4 通り, そのそれぞれに対して底面の向きの選び方が 3 通りありますので, 12 通りの配置の仕方があることがわかります. したがって, 正 4 面体群 P_4 の位数は 12 です. 点群 G は P_4 の部分群で, 位数が 12 ですので, $G = P_4$ です. 正 4 面体群 P_4 の構造をみておきます.

必要なら G と共役な SO_3 の部分群に置き換えて, 軌道 $X_2 = \{p_i\}_{i=1}^4$ は,

$$p_1 = \left(\frac{1}{\sqrt{3}}, -\frac{1}{\sqrt{3}}, \frac{1}{\sqrt{3}}\right), \qquad p_2 = \left(\frac{1}{\sqrt{3}}, \frac{1}{\sqrt{3}}, -\frac{1}{\sqrt{3}}\right),$$
$$p_3 = \left(-\frac{1}{\sqrt{3}}, -\frac{1}{\sqrt{3}}, -\frac{1}{\sqrt{3}}\right), \quad p_4 = \left(-\frac{1}{\sqrt{3}}, \frac{1}{\sqrt{3}}, \frac{1}{\sqrt{3}}\right)$$

であたえられるとしても一般性を失いません. 点群 G の X_2 への作用

$$G \times X_2 \to X_2;\ p_i \mapsto g(p_i) = p_{\sigma_g(i)}$$

は, 準同型

$$\sigma : G \to S_4;\ g \mapsto \sigma_g$$

をあたえています. 恒等変換 $e \in S_4$ をあたえるのは単位行列 $\mathbb{1}$ だけですので, σ は単射準同型です.

p_4 を通る軸に関する 120° 回転を g とすると, g は, p_1, p_2, p_3 の巡回置換をあたえます. 具体的に,

$$g = \begin{pmatrix} 0 & -1 & 0 \\ 0 & 0 & 1 \\ -1 & 0 & 0 \end{pmatrix}$$

とあたえられ, $\sigma_g = (1, 2, 3)$ となっています

x_1 軸のまわりの 180° 回転 h は, p_1 と p_2, p_3 と p_4 の同時の入れ換えをあたえます. 具体的に,

$$h = \begin{pmatrix} 1 & 0 & 0 \\ 0 & -1 & 0 \\ 0 & 0 & -1 \end{pmatrix}$$

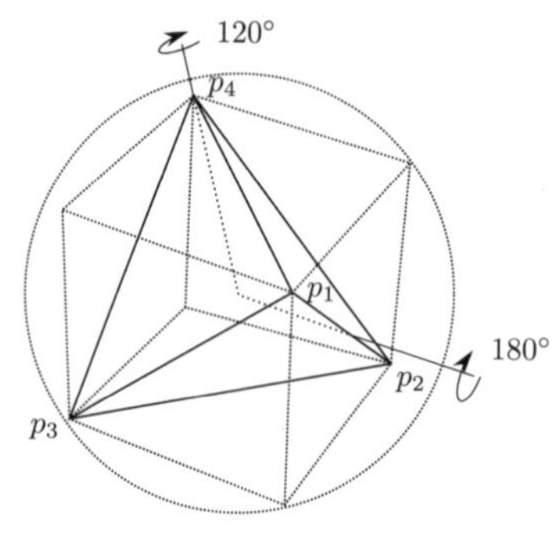

図 **14.2** 点群 G の軌道 X_2 への作用.

とあたえられ, $\sigma_h = (12)(34)$ となっています (図 14.2).

g, h で生成される SO_3 の部分群は, 4 次交代群になります. 次の事実を用います.

対称群の指数 2 の部分群

n 次対称群 S_n の指数 2 の部分群は, n 次交代群 A_n.

[証明] $n = 2$ のときは明らかなので, n は 3 以上の自然数とします. H を S_n の指数 2 の部分群とします. 第 2 話の［指数 2 の部分群］より, H は S_n の正規部分群です. 剰余群 S_n/H は位数 2 の群ですので, 2 次巡回群です. $\rho \in S_n \setminus H$ をとり, $S_n/H = \{H, \rho H\}$ としましょう. 自然な全射

$$f : S_n \to S_n/H;\ \sigma \mapsto f(\sigma) = \sigma H$$

を考えます. $i = 1, \ldots, n-1$ に対し, 互換 $(i, i+1)$ を τ_i と書くことにします. 置換は互換の積に分解できることから, $S_n = \langle \tau_1, \ldots, \tau_{n-1} \rangle$ です.

$$(\tau_1\tau_2)^3 = (1,2,3)^3 = e$$

に注意すると,

$$f(\tau_1\tau_2)^3 = f((\tau_1\tau_2)^3) = f(e) = H$$

です. ρH の位数は 2 ですので, $f(\tau_1\tau_2) = H$ でなければなりません. これから, $f(\tau_1) = f(\tau_2)$ です. 同様にして,

$$f(\tau_1) = f(\tau_2) = \cdots = f(\tau_{n-1})$$

がいえることになります. $f(\tau_i) = H$ のとき, 任意の $\sigma \in S_n$ に対して $f(\sigma) = H$

となり, f の全射性に反します. したがって, $f(\tau_i) = \rho H$ でなければなりません. これから,

$$f(\sigma) = \begin{cases} H & (\mathrm{sgn}(\sigma) = 1) \\ \rho H & (\mathrm{sgn}(\sigma) = -1) \end{cases}$$

となることがわかりました. つまり, σ が偶置換である必要十分条件は, $\sigma \in H$ となることですので, $H = A_n$ です. ■

これを $n = 4$ の場合に適用すれば, 次が示されます.

4 次交代群の生成系

A_4 は $s = (123)$, $t = (12)(34)$ で生成される.

[証明] $st = (134)$ は巡回置換なので, 位数 3 です. このことから, s, t は関係式 $s^3 = t^2 = (st)^3 = e$ をみたします. s, t の生成する A_4 の部分群 $\langle s, t\rangle$ を考えましょう. $(st)^3 = e$ より, $tst = s^2ts^2$, $ts^2t = sts$ ですので, $\langle s, t\rangle$ の語の簡約

$$\cdots tst \cdots \to \cdots s^2ts^2 \cdots, \quad \cdots ts^2t \cdots \to \cdots sts \cdots$$

により, 語にあらわれる t の個数が高々 1 個となるようにすることができます. そのような語は, s^k $(k = 0, 1, 2)$, s^kts^l $(k, l = 0, 1, 2)$ という形のものしかなく, 具体的に

$$e,\ s = (123),\ s^2 = (132),\ t = (12)(34),\ ts = (243),\ ts^2 = (143),\ st = (134),$$
$$sts = (124),\ sts^2 = (14)(23),\ s^2t = (234),\ s^2ts = (13)(24),\ s^2ts^2 = (142)$$

とあたえられます. ${}^{\#}\langle s, t\rangle = 12$ なので, $\langle s, t\rangle = A_4$ です. ■

これから, $\langle g, h\rangle \simeq A_4$ だとわかります. 4 次交代群の位数は 12 ですので, G は $\{g, h\}$ で生成され, A_4 と同型ということになります.

なお, X_2 以外の軌道 X_1, X_3 は,

$$X_1 = \{-p_1, -p_2, -p_3, -p_4\}, \quad X_3 = \{(\pm 1, 0, 0), (0, \pm 1, 0), (0, 0, \pm 1)\}$$

となっています.

次に, O 型の点群 G についてです. G は正 6 面体の頂点集合 X_2 を不変にする位数 24 の群です.

正 6 面体を不変に保つ合同変換の個数を数えておきましょう. 底面の選び方が 6 通り, そのそれぞれに対して, 底面の向きの選び方が 4 通りありますの

で. 24 通りの配置の仕方があります. したがって, 正 6 面体群 P_6 の位数は 24 で, $G = P_6$ であることがわかります. P_6 がどのような群なのかをみておきましょう.

X_2 の点の個数は 8 です. 対蹠点のペアは, G の作用によって, 対蹠点のペアに写されます. 対蹠点のペアを $d_i = \{p_i, -p_i\}$ $(i = 1, 2, 3, 4)$ と書くことにしましょう. d_i は $\pm p_i$ を結ぶ正 6 面体の対角線とみなせます. G は対角線の集合 $Y = \{d_i\}_{i=1}^4$ に,

$$G \times Y \to Y;\ g \mapsto g(d_i) = d_{\sigma_g(i)}$$

と作用します. これは, 準同型

$$\sigma : G \to S_4;\ g \mapsto \sigma_g$$

をさだめます. すべての対蹠点ペアを, ペアとして不変にする合同変換は, 恒等変換しかありませんので, σ は単射準同型です.

一般性を失わず, 対蹠点のペアは,

$$\pm p_1 = \pm\left(-\frac{1}{\sqrt{3}}, \frac{1}{\sqrt{3}}, \frac{1}{\sqrt{3}}\right),\ \pm p_2 = \pm\left(-\frac{1}{\sqrt{3}}, -\frac{1}{\sqrt{3}}, \frac{1}{\sqrt{3}}\right),$$
$$\pm p_3 = \pm\left(\frac{1}{\sqrt{3}}, -\frac{1}{\sqrt{3}}, \frac{1}{\sqrt{3}}\right),\ \pm p_4 = \pm\left(\frac{1}{\sqrt{3}}, \frac{1}{\sqrt{3}}, \frac{1}{\sqrt{3}}\right)$$

であたえられるとしてよいです.

$\widehat{p_1p_2}, \widehat{p_2p_3}, \widehat{p_3p_4}, \widehat{p_4p_1}$ の中点をそれぞれ m_1, m_2, m_3, m_4 とします. これらの点を通る軸のまわりの 180° 回転は,

$$g_1 = \begin{pmatrix} 0 & 0 & -1 \\ 0 & -1 & 0 \\ -1 & 0 & 0 \end{pmatrix},\ g_2 = \begin{pmatrix} -1 & 0 & 0 \\ 0 & 0 & -1 \\ 0 & -1 & 0 \end{pmatrix},\ g_3 = \begin{pmatrix} 0 & 0 & 1 \\ 0 & -1 & 0 \\ 1 & 0 & 0 \end{pmatrix},\ g_4 = \begin{pmatrix} -1 & 0 & 0 \\ 0 & 0 & 1 \\ 0 & 1 & 0 \end{pmatrix}$$

であたえられます. $g_1, \ldots, g_4$ は X_2 を不変にするので, $G = P_6$ の元です. これらは, Y の互換に対応しており,

$$\sigma_{g_1} = \tau_1 = (12),\ \sigma_{g_2} = \tau_2 = (23),\ \sigma_{g_3} = \tau_3 = (34),\ \sigma_{g_4} = \tau_4 = (14)$$

となっています. 4 次対称群は, これらの互換で生成されます. 実際,

$$(13) = \tau_1\tau_2\tau_1,\ (14) = \tau_1\tau_2\tau_3\tau_2\tau_1,\ (24) = \tau_2\tau_3\tau_2$$

より, すべての互換は $\tau_1, \ldots, \tau_4$ の積で書け, 任意の置換は, 互換の積として書

けるからです. S_4 の位数は 24 ですので, $G = \langle g_1, g_2, g_3, g_4 \rangle \simeq S_4$ ということになります.

残るのは, I 型の点群 G です. これは, 正 12 面体の頂点の集合に作用するので, P_{12} の部分群になるはずです. 正 12 面体群 P_{12} の位数を求めてみると, 底面の選び方が 12 通りで, そのそれぞれに対して向きが 5 通りあるので, $^{\#}P_{12} = 60$ です. したがって, $G = P_{12}$ です. そこで, P_{12} が群としてどのようなものかを考えていきます. 正 12 面体の頂点の集合 X_1 は, $\varphi = (1+\sqrt{5})/2$ を黄金比として,

$$X_2 = \left\{\left(\epsilon_1\frac{1}{\sqrt{3}}, \epsilon_2\frac{1}{\sqrt{3}}, \epsilon_3\frac{1}{\sqrt{3}}\right)\right\}_{\epsilon_1,\epsilon_2,\epsilon_3=\pm1} \cup \left\{\left(\epsilon_4\frac{\varphi^{-1}}{\sqrt{3}}, \epsilon_5\frac{\varphi}{\sqrt{3}}, 0\right)\right\}_{\epsilon_4,\epsilon_5=\pm1}$$
$$\cup \left\{\left(0, \epsilon_6\frac{\varphi^{-1}}{\sqrt{3}}, \epsilon_7\frac{\varphi}{\sqrt{3}}\right)\right\}_{\epsilon_6,\epsilon_7=\pm1} \cup \left\{\left(\epsilon_8\frac{\varphi}{\sqrt{3}}, 0, \epsilon_9\frac{\varphi^{-1}}{\sqrt{3}}\right)\right\}_{\epsilon_8,\epsilon_9=\pm1}$$

の 20 点であたえられるとして, 一般性を失いません. X_2 の 20 点のうち 8 点を選んで, 正 12 面体に内接する立方体を作ることができます. そのうち, $\left\{(\epsilon_1, \epsilon_2, \epsilon_2)/\sqrt{3}\right\}_{\epsilon_1,\epsilon_2\epsilon_2=\pm1}$ が立方体の頂点になっていることは簡単にわかります. この立方体の対角線のまわりの 120°, 240° 回転によって, その他の立方体も見つけることができます. 全部で 5 つ, そのような立方体があります (図 14.3). これらの立方体からなる集合を $Y = \{c_1, \ldots, c_5\}$ としましょう.

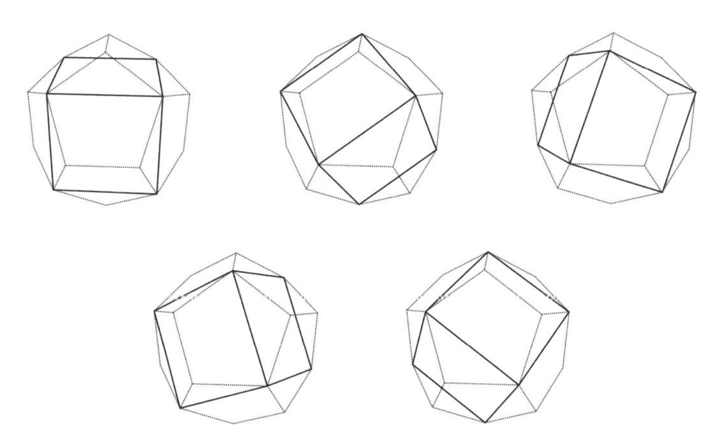

図 **14.3**　正 12 面体の頂点から 8 点を選んでできる立方体が 5 つある.

Y は

$$G \times Y \to Y;\ (g, c_i) \mapsto g(c_i) = c_{\sigma_g(i)}$$

によって G 空間となります. この左作用は, 準同型

$$\sigma : G \to S_5;\ g \mapsto \sigma_g$$

をあたえます. 5 つの立方体を不変にするのは単位行列のみで, σ は単射準同型です.

G は 2 つの回転で生成されます. そのような生成元として, 正 12 面体の 1 つの辺の中点を固定する 180° 回転と, その辺の端点となっている 1 つの頂点を固定する 120° 回転をとることができます. 例えば, $(0,1,0)$ を固定する 180° 回転 g と, $\left(\varphi^{-1}/\sqrt{3}, \varphi/\sqrt{3}, 0\right)$ を固定する 120° 回転 h は,

$$g = \begin{pmatrix} -1 & 0 & 0 \\ 0 & 1 & 0 \\ 0 & 0 & -1 \end{pmatrix}, \quad h = \begin{pmatrix} -\varphi^{-1}/2 & 1/2 & -\varphi/2 \\ 1/2 & \varphi/2 & \varphi^{-1}/2 \\ \varphi/2 & -\varphi^{-1}/2 & -1/2 \end{pmatrix} \tag{14.1}$$

であたえられます. これらが G を生成することは, 以下のようにわかります.

g, h は Y に属する 5 つの立方体の置換 $s = \sigma_g$, $t = \sigma_h$ を引き起こします. 立方体の番号を適当につけかえれば,

$$s = (12)(34), \quad t = (135)$$

となっています. $s, t \in S_5$ はどちらも偶置換で, すべての偶置換は s, t の積であらわせます.

5 次交代群の生成系

A_5 は $s = (12)(34)$, $t = (135)$ で生成される.

[証明] 長さ 3 の (ijk) 型の巡回置換は,

$$(123) = st^2stst,\ (124) = tstst^2,\ (125) = tst^2stst,\ (134) = stst^2st^2,\ (135) = t,$$
$$(145) = t^2stst^2s,\ (234) = t^2st^2st,\ (235) = st^2stst^2,\ (345) = t^2stst^2st$$

と, その他のものは $(ikj) = (ijk)^2$ によりえられます. また, 長さ 5 の巡回置換は,

$$(12345) = ts, \quad (12453) = stst^2, \quad (12534) = t^2s,$$
$$(12354) = tst^2stst^2st^2, \quad (12543) = stst^2, \quad (12435) = t^2stst^2$$

と,

$$(12ijk)^2 = (1ik2j), \quad (12ijk)^3 = (1j2ki), \quad (12ijk)^4 = (1kji2)$$

により, 24 通りのすべてがえられます. その他の偶置換は, 可換な 2 つの互換 (ij), (kl) の積 $(ij)(kl)$ で,

$$(ij)(kl) = (ijk)(jkl)$$

より, 長さ 3 の巡回置換の積で書けます. 以上より, 5 次の対称群は, $s = (12)(34)$ と $t = (135)$ で生成されることになります. ■

したがって, G は A_5 を部分群としてもつことになりますが, どちらの位数も 60 ですので,

$$G = \langle g, h \rangle \simeq A_5$$

ということになります. つまり, 正 12 面体群は群としては 5 次交代群です.

X_1 が正 12 面体の 12 個の面のそれぞれの中心, X_2 が正 12 面体の 20 個の頂点, X_3 が 30 個の辺のそれぞれの中点に対応します.

これで, SO_3 の有限部分群としての点群が, 具体的にどのようなものなのかわかりました.

SO_3 の有限な点群の分類

SO_3 の自明でない有限部分群 G は以下のものに限られる.

G の型	G	$^\#G$	$^\#G_1$	$^\#G_2$	$^\#G_3$
C_n $(n \geq 2)$	C_n	n	1	1	
D_n $(n \geq 2)$	D_{2n}	$2n$	n	2	2
T	A_4	12	3	3	2
O	S_4	24	4	3	2
I	A_5	60	5	3	2

正 8 面体群と正 20 面体群が入っていないようにみえますが, $P_8 = P_6$, $P_{20} = P_{12}$ が成り立つからです. 実際, O 型の点群において, X_1 は正 8 面体の 6 個の頂点からなる集合になっており, 同様に I 型の点群において, X_1 は正 20 面体の 12 個の頂点の集合になっています.

15話

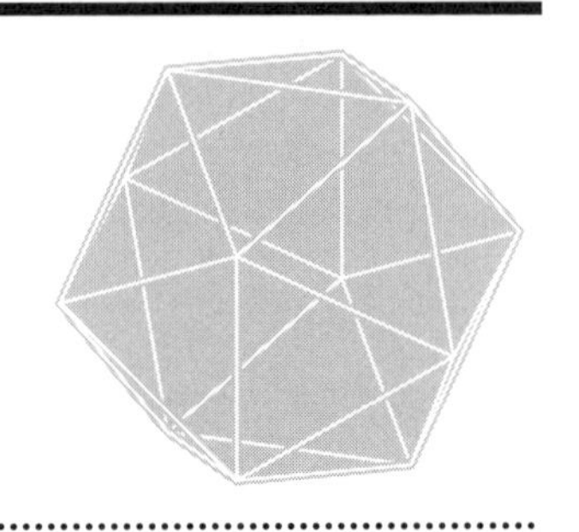

巡回群と2面体群の表現

第13話でみたように, 点群のうち, SO_3 の有限部分群になっているものには, C_n, D_n, T, O , I 型があります. これらの対称性をもつ量子力学系を, 群論の手法を用いて扱う際に, 実際には群の既約表現, 特に既約表現の指標が必要になります. そこで, これらの点群の既約表現を順番に構成していきましょう. ここでは, C_n, D_n 型の点群についてみていきます.

その前に, 有限群 G の複素ユニタリー表現について基本事項を思い出しておきましょう.

まずは C_n 型 $(n \geq 2)$ です. 第13話でみたように, 群としては n 次巡回群 $C_n = \langle r \rangle$ となります. 第9話の［アーベル群の既約な複素表現］より, 既約表現はすべて1次です. C_n の類数は n ですので, 第11話の［既約表現の個数］より, 1次の既約表現が n 個あります. それらは $k = 0, 1, \ldots, n-1$ に対して

$$\rho_k : C_n \to \mathbb{C};\ r^m \mapsto \omega^{mk}$$

であたえられます. ただし, $\omega = e^{2\pi i/n}$ は1の原始 n 乗根です.

［定義］ 指標テーブル

G を有限群とし, $\{a_1, \ldots, a_t\}$ を G 上の共役関係の完全代表系とする. G の複素既約表現は t 個あり, それらを $\rho_1, \ldots, \rho_t$, それぞれの次数を $n_1, \ldots, n_t$ とする. このとき,

		$\left[{}^{\#}a_k^G\right]$	
G	$\cdots$	a_k	$\cdots$
$\vdots$		$\vdots$	
(n_j) ρ_j	$\cdots$	$\chi_j\left(a_k^G\right)$	
$\vdots$			

のように, (j,k) 成分が指標 $\chi_j(a_k^G)$ であるような表を指標テーブルという.

C_n の指標テーブルは以下のようになります.

		[1]	[1]	$\cdots$	[1]	$\cdots$	[1]
	C_n	e	r	$\cdots$	r^k	$\cdots$	r^{n-1}
(1)	ρ_0	1	1	$\cdots$	1	$\cdots$	1
(1)	ρ_1	1	ω	$\cdots$	ω^k	$\cdots$	ω^{n-1}
$\vdots$	$\vdots$	$\vdots$	$\vdots$		$\vdots$		$\vdots$
(1)	ρ_j	1	ω^j	$\cdots$	ω^{jk}	$\cdots$	$\omega^{j(n-1)}$
$\vdots$	$\vdots$	$\vdots$	$\vdots$		$\vdots$		$\vdots$
(1)	ρ_{n-1}	1	ω^{n-1}	$\cdots$	$\omega^{(n-1)k}$	$\cdots$	$\omega^{(n-1)^2}$

次は D_n 型の群

$$D_{2n} = \left\langle r, s \,\middle|\, r^n = s^2 = (sr)^2 = e \right\rangle$$

の既約表現を調べていきましょう. $(sr)^2 = e$ より $srs^{-1} = r^{-1}$ ですので, この両辺を k 乗することにより, $sr^k s^{-1} = r^{-k}$ がえられます. また, $rs = sr^{-1}$, $r^{-1}s = sr$ を用いて, D_{2n} の元はすべて r^k または sr^k という形にもっていくことができ,

$$D_{2n} = \left\{e, r, \ldots, r^{n-1}\right\} \cup \left\{s, sr, \ldots, sr^{n-1}\right\}$$

と書くことができます.

指標テーブルを作るためには, D_{2n} を共役類に分解しておく必要があります.

$$r^j r^k \left(r^j\right)^{-1} = r^k, \qquad sr^j r^k \left(sr^j\right)^{-1} = r^{-k},$$
$$r^j \left(sr^k\right)\left(r^j\right)^{-1} = sr^{k-2j}, \quad sr^j \left(sr^k\right)\left(sr^j\right)^{-1} = sr^{2j-k}$$

より, D_{2n} を共役類に分解できます.

D_{2n} の共役類

n 次 2 面体群 D_{2n} は, $n=2$ のとき,

$$e^{D_4}=\{e\},\quad r^{D_4}=\{r\},\quad s^{D_4}=\{s\},\quad (sr)^{D_4}=\{sr\},$$

$n=2m$ $(m=2,3,\ldots)$ のとき,

$$e^{D_{4m}}=\{e\},\quad \left(r^k\right)^{D_{4m}}=\left\{r^k,r^{2m-k}\right\}\ (k=1,\ldots,m-1),\quad \left(r^m\right)^{D_{4m}}=\left\{r^m\right\},$$
$$(s)^{D_{4m}}=\left\{s,sr^2,sr^4,\ldots,sr^{2m-2}\right\},\quad (sr)^{D_{4m}}=\left\{sr,sr^3,sr^5,\ldots,sr^{2m-1}\right\}$$

の $k(D_{4m})=m+3$ 個の共役類に, $n=2m+1$ $(m=1,2,\ldots)$ のとき,

$$e^{D_{4m+2}}=\{e\},\quad \left(r^k\right)^{D_{4m+2}}=\left\{r^k,r^{2m+1-k}\right\}\ (k=1,\ldots,m),$$
$$(s)^{D_{4m+2}}=\left\{s,sr,sr^2,\ldots,sr^{2m}\right\}$$

の $k(D_{4m+2})=m+2$ 個の共役類に分解する.

第 11 話の［既約表現の個数］より, D_{4m} の既約表現は $m+3$ 個. D_{4m+2} の既約表現は $m+2$ 個ということになります. 簡単なものから求めていきましょう. まずは 1 次表現です. 1 次表現は一般に以下のように知ることができます.

［定義］ 交換子部分群

群 G の部分集合

$$S=\left\{[x,y]=xyx^{-1}y^{-1}\in G \;\middle|\; x,y\in G\right\}$$

で生成される部分群を G の交換子部分群といい, $D(G)$ とあらわす.

交換子部分群は正規部分群です.

交換子部分群は正規部分群

群 G の交換子部分群 $D(G)$ は G の正規部分群.

［証明］ $[x,y]^{-1}=[y,x]$ に注意すると. $D(G)$ の任意の元は $[x_1,y_1]\cdots[x_r,y_r]$ と書けることがわかります. 任意の $z\in G$ に対して

$$\begin{aligned}z[x,y]z^{-1}&=z\left(xyx^{-1}y^{-1}\right)z^{-1}\\&=\left(zxz^{-1}\right)\left(zyz^{-1}\right)\left(zx^{-1}z^{-1}\right)\left(zy^{-1}z^{-1}\right)=\left[zxz^{-1},zyz^{-1}\right]\end{aligned}$$

が成り立ちます. これを用いて,

$$\begin{aligned} z\big([x_1, y_1]\cdots[x_r, y_r]\big)z^{-1} &= \big(z[x_1, y_1]z^{-1}\big)\cdots\big(z[x_r, y_r]z^{-1}\big) \\ &= \big[zx_1z^{-1}, zy_1z^{-1}\big]\cdots\big[zx_rz^{-1}, zy_rz^{-1}\big] \in D(G) \end{aligned}$$

より, $D(G) \lhd G$ がしたがいます. ■

剰余群 $G/D(G)$ は, アーベル群になります.

[定義] アーベル化

群 G の交換子部分群に関する剰余群 $G/D(G)$ はアーベル群となる. $G/D(G)$ を G のアーベル化という.

$G/D(G)$ がアーベル群になることは,

$$\begin{aligned} (xD(G))(yD(G)) &= xyD(G) = yxx^{-1}y^{-1}xyD(G) \\ &= yx\big[x^{-1}, y^{-1}\big]D(G) = yxD(G) = (yD(G))(xD(G)) \end{aligned}$$

のように確かめることができます.

1 次表現の個数

有限群 G の 1 次表現の個数は, G のアーベル化 $G/D(G)$ の位数に等しい.

[証明] $\rho : G \to \mathbb{C}$ を G の 1 次表現とします. $\rho([x, y]) = \rho(x)\rho(y)\rho(x)^{-1}\rho(y)^{-1} = 1$ ですので, 任意の $g \in D(G)$ に対して $\rho(g) = 1$ となっています. したがって, $x \in x_iD(G)$ ならば $\rho(x) = \rho(x_i)$ ですので, アーベル群 $G/D(G)$ の表現 σ が

$$\sigma : G/D(G) \to \mathbb{C};\ x_iD(G) \mapsto \sigma(x_iD(G)) = \rho(x_i)$$

によって定義できます. ρ と σ は 1 対 1 対応していますので, G の 1 次表現と $G/D(G)$ の表現は同一視できることになります. 特に G の 1 次表現の個数は, $G/D(G)$ の位数に等しくなります. ■

そこで, D_{2n} のアーベル化を調べておきましょう. $D_4 \simeq C_2 \times C_2$ はもともとアーベル群ですので, $n \geq 3$ の場合を考えます.

$$\big[r^j, r^k\big] = 0, \quad \big[r^j, sr^k\big] = r^{2j}, \quad \big[sr^j, sr^k\big] = r^{2(k-j)}$$

となることから, 交換子部分群は $D(D_{2n}) = \langle r^2 \rangle$ となります. これは,

$n=2m+1$ のときには, $D(D_{4m+2})=\langle r\rangle$ となります.

$n=2m$ として, D_{4m} のアーベル化は,

$$D_{4m}/D(D_{4m})=\{[e],[r],[s],[sr]\}\simeq C_2\times C_2$$

となります. ただし, $[x]=xD_{4m}$ と書きました. D_{4m} のアーベル化の 1 次表現 σ は, $\sigma([r])$, $\sigma([s])$ の値の組み合わせで決まります. $[r]$, $[s]$ の位数は 2 ですので, 値としては ± 1 の 2 通りあります. このことから, 1 次表現は,

$$\begin{aligned}
&\sigma_{00}([r])=1, &&\sigma_{00}([s])=1,\\
&\sigma_{01}([r])=1, &&\sigma_{00}([s])=-1,\\
&\sigma_{10}([r])=-1, &&\sigma_{00}([s])=1,\\
&\sigma_{11}([r])=-1, &&\sigma_{00}([s])=-1
\end{aligned}$$

の 4 つであたえられることになります. これからえられる D_{4m} $(m=2,3,\ldots)$ の 1 次表現は,

$$\begin{aligned}
&\rho_{\epsilon_1,\epsilon_2}\left(r^{2k}\right)=1, &&\rho_{\epsilon_1,\epsilon_2}\left(r^{2k+1}\right)=(-1)^{\epsilon_1},\\
&\rho_{\epsilon_1,\epsilon_2}\left(sr^{2k}\right)=(-1)^{\epsilon_2}, &&\rho_{\epsilon_1,\epsilon_2}\left(sr^{2k+1}\right)=(-1)^{\epsilon_1+\epsilon_2} \quad (\epsilon_1,\epsilon_2=0,1;\ k=0,\ldots,m-1)
\end{aligned}$$

です.

次に $n=2m+1$ として, D_{4m+2} の 1 次表現を調べておきましょう. D_{4m+2} のアーベル化は,

$$D_{4m+2}/D(D_{4m+2})=\{[e],[s]\}\simeq C_2$$

で, これの 1 次表現は,

$$\sigma_0([s])=1,\quad \sigma_1([s])=-1$$

から決まる, σ_0 と σ_1 の 2 つです. したがって, D_{4m+2} の 1 次表現は,

$$\rho_\epsilon\left(r^k\right)=1,\quad \rho_\epsilon\left(sr^k\right)=(-1)^\epsilon \quad (\epsilon=0,1;\ k=0,\ldots,2m)$$

であたえられます.

指標テーブルを, 1 次表現だけ書いておくと, D_{4m} については,

	D_{4m}	[1] e	[2] $(k=1,\ldots,m-1)$ r^k	[1] r^m	$[m]$ s	$[m]$ sr
(1)	$(\epsilon_1,\epsilon_2=0,1)$ $\rho_{\epsilon_1,\epsilon_2}$	1	$(-1)^{\epsilon_1 k}$	$(-1)^{\epsilon_1 m}$	$(-1)^{\epsilon_2}$	$(-1)^{\epsilon_1+\epsilon_2}$

とまとめることができます．また，D_{4m+2} については，

D_{4m+2}		$\underset{e}{[1]}$	$\underset{r^k}{\underset{(k=1,\ldots,m)}{[2]}}$	$\underset{s}{[2m+1]}$
(1)	$\overset{(\epsilon=0,1)}{\rho_\epsilon}$	1	1	$(-1)^\epsilon$

のようになります．

次は，2 次以上の既約表現を求めていきます．ここでは，誘導表現の方法を用いてみましょう．誘導表現は，部分群の表現から構成できる表現です．

［定義］ 誘導表現

群 G の部分群 H の複素表現 $\sigma : H \to GL_n(\mathbb{C})$ があたえられているとする．H による G の左剰余類分解を

$$G = \bigcup_{i=1}^{r} x_i H$$

とする．このとき，G の rn 次表現 $\sigma^G : G \to GL_{rn}(\mathbb{C})$ を

$$\sigma^G(g)_{ia,jb} = \sigma\left(x_i^{-1} g x_j\right)_{ab} \quad (i, j = 1, \ldots, r;\ a, b = 1, \ldots, n)$$

と，行列の成分をあたえることによって定義する．ただし，$y \notin H$ のとき $\sigma(y)_{ab} = 0$ とする．σ^G を H の誘導表現という．

あたえられた $g \in G$ と $j = 1, \ldots, r$ に対して，$gx_j \in x_{j'}H$ となる $j' = 1, \ldots, r$ はちょうど 1 つとれます．このことと，$x, y \in G$ に対して，$\sigma(xy) = \sigma(x)\sigma(y)$ が成り立つことに注意すると，σ^G が表現になっていることは，

$$\begin{aligned}\sigma^G(gg')_{ia,jb} &= \sigma\left(x_i^{-1} g g' x_j\right)_{ab} = \sum_{c=1}^{n} \sigma\left(x_i^{-1} g x_{j'}\right)_{ac} \sigma\left(x_{j'}^{-1} g' x_j\right)_{cb} \\ &= \sum_{c=1}^{n} \sum_{k=1}^{r} \sigma\left(x_i^{-1} g x_k\right)_{ac} \sigma\left(x_k^{-1} g' x_j\right)_{cb} = \sum_{(k,c)=(1,1)}^{(r,n)} \sigma^G(g)_{ia,kc} \sigma^G(g')_{kc,jb}\end{aligned}$$

より確かめることができます．

D_{2n} の指数 2 の部分群として，

$$N = \langle r \rangle$$

をとりましょう．N は n 次巡回群ですので，

$$\omega = e^{2\pi i/n}$$

を 1 の原始 n 乗根として, $j = 0, \ldots, n-1$ に対し, n 個の 1 次表現 $\sigma_j(r^k) = \omega^{jk}$ がとれます. D_{2n} の剰余類分解は,

$$D_{2n} = N \cup sN$$

となります. σ_j の誘導表現は,

$$\begin{aligned}
{}_j(e^{-1}r^k e) &= \omega^{jk}, & \sigma_j(e^{-1}r^k s) &= 0, \\
\sigma_j(s^{-1}r^k e) &= 0, & \sigma_j(s^{-1}r^k s) &= \omega^{-jk}, \\
\sigma_j(e^{-1}(sr^k)e) &= 0, & \sigma_j(e^{-1}(sr^k)s) &= \omega^{-jk}, \\
\sigma_j(s^{-1}(sr^k)e) &= \omega^{jk}, & \sigma_j(s^{-1}(sr^k)s) &= 0
\end{aligned}$$

より, σ_j の誘導表現を ρ_j' と書くと,

$$\rho_j'(r^k) = \begin{pmatrix} \omega^{jk} & 0 \\ 0 & \omega^{-jk} \end{pmatrix}, \quad \rho_j'(sr^k) = \begin{pmatrix} 0 & \omega^{-jk} \\ \omega^{jk} & 0 \end{pmatrix} \quad (k = 0, 1, \ldots, n-1)$$

となります.

これらの中には, 重複があるかもしれません. それは, 表現の指標をみると見分けることができます. ρ_j' の指標を χ_j' と書きましょう. すると,

$$\chi_j'(r^k) = 2\cos\left(\frac{2\pi jk}{n}\right), \quad \chi_j'(sr^k) = 0 \quad (k = 0, 1, \ldots, n-1)$$

と求まります. したがって, $j = 1, \ldots, n-1$ に対して $\chi_j' = \chi_{n-j}'$ が成り立ちます. 指標が等しいことから, ρ_j' と ρ_{n-j}' は同値な表現だということになります. また,

$$\sum_{x \in D_{2n}} \overline{\chi_j'(x)} \chi_j'(x) = \sum_{k=0}^{n-1} 4\cos^2\left(\frac{2\pi jk}{n}\right) = \sum_{k=0}^{n-1} \left(2\cos\left(\frac{4\pi jk}{n}\right) + 2\right)$$

より, $n = 2m$ のとき

$$\sum_{x \in D_{2n}} \overline{\chi_j'(x)} \chi_j'(x) = \begin{cases} 2^{\#} D_{4m} & (j = 0, m) \\ {}^{\#} D_{4m} & (j = 1, 2, \ldots, m-1) \end{cases}$$

となり, $n = 2m+1$ のとき

$$\sum_{x \in D_{2n}} \overline{\chi_j'(x)} \chi_j'(x) = \begin{cases} 2^{\#} D_{4m+2} & (j = 0) \\ {}^{\#} D_{4m+2} & (j = 1, 2, \ldots, m) \end{cases}$$

となっています. 第 11 話の［指標の直交性 I］より, $n = 2m$ のとき ρ'_0, ρ'_m は既約表現ではなく, $j = 1, \ldots, m-1$ に対しては ρ'_j は既約表現だということがわかります. また, $n = 2m+1$ のときは ρ'_0 は既約表現ではなく, $j = 1, \ldots, m$ に対して ρ'_j は既約表現です.

D_{4m} の 4 個の 1 次表現と, $m-1$ 個の 2 次表現が見つかったところです. 第 11 話の［既約表現の次数の平方和］に注意すると,

$$4 \cdot 1^2 + (m-1) \cdot 2^2 = 4m = {}^{\#}D_{4m}$$

ですので, 既約表現はすべて求まったことになります. 同様に, D_{4m+2} には 1 次表現が 2 個, 2 次表現が m 個あり,

$$2 \cdot 1^2 + m \cdot 2^2 = 4m + 2 = {}^{\#}D_{4m+2}$$

より, これ以上の既約表現はありません.

以上より, D_{4m} $(m = 2, 3, \ldots)$ の指標テーブルは,

		[1]	[2]	[1]	[m]	[m]
	D_{4m}	e	$\overset{(k=1,\ldots,m-1)}{r^k}$	r^m	s	sr
(1)	$\overset{(\epsilon_1,\epsilon_2=0,1)}{\rho_{\epsilon_1,\epsilon_2}}$	1	$(-1)^{\epsilon_1 k}$	$(-1)^{\epsilon_1 m}$	$(-1)^{\epsilon_2}$	$(-1)^{\epsilon_1+\epsilon_2}$
(2)	$\overset{(j=1,\ldots,m-1)}{\rho'_j}$	2	$2\cos\left(\dfrac{\pi jk}{m}\right)$	$2(-1)^j$	0	0

D_{4m+2} $(m = 1, 2, \ldots)$ の指標テーブルは,

		[1]	[2]	[2m+1]
	D_{4m+2}	e	$\overset{(k=1,\ldots,m)}{r^k}$	s
(1)	ρ_ϵ	1	1	$(-1)^\epsilon$
(2)	$\overset{(j=1,\ldots,m)}{\rho'_j}$	2	$2\cos\left(\dfrac{2\pi jk}{2m+1}\right)$	0

であたえられることがわかりました.

$D_4 = \{e, r, s, sr\} \simeq C_2 \times C_2$ はアーベル群で, 1 次表現が 4 つあります. 指標テーブルは,

		[1]	[1]	[1]	[1]
	D_4	e	r	s	sr
(1)	$\overset{(\epsilon_1,\epsilon_2=0,1)}{\rho_{\epsilon_1,\epsilon_2}}$	1	$(-1)^{\epsilon_1}$	$(-1)^{\epsilon_2}$	$(-1)^{\epsilon_1+\epsilon_2}$

であたえられます.

16話

ヤング図形

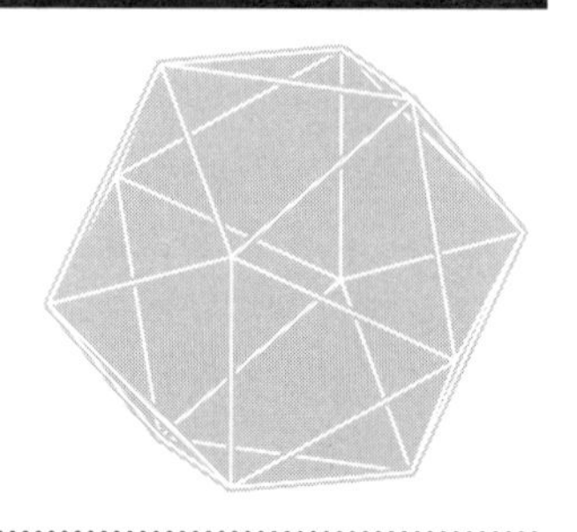

第 14 話では, T, O, I 型の点群は正多面体群で, 群としてはそれぞれ A_4, S_4, A_5 と同型だということをみました. これらの指標テーブルを作るために, ここでは対称群の表現について基本事項をみていきましょう.

第 1 話の［置換は巡回置換の合成］より, S_n の任意の元は, 互いに可換な巡回置換の積として書けます.

[定義]　自然数の分割

自然数 n に対して,

$$\lambda_1 \geq \lambda_2 \geq \cdots \geq \lambda_r$$

$$\lambda_1 + \lambda_2 + \cdots + \lambda_r = n$$

をみたす自然数の組 $(\lambda_1, \ldots, \lambda_r)$ を自然数 n の分割という.

S_n の元 σ を互いに可換な巡回置換 $c_1, \ldots, c_r$ の積に書いたとします. これらは長さ順に並んでいるとし, 長さ 1 の巡回置換も含めているとします. それぞれの長さを $\lambda_1, \ldots, \lambda_r$ とすれば, $(\lambda_1, \ldots, \lambda_r)$ は n の分割になっています. これを, σ の巡回型とよぶことにします. 例えば, $(12)(34) \in S_5$ は巡回型 $(2, 2, 1)$ をもちます.

対称群上の共役関係

n 次対称群の 2 つの元が互いに共役であるための必要十分条件は, 巡回型が等しいこと.

[証明] 巡回置換 $(i_1 i_2 \cdots i_s)$ に対して,

$$g(i_1 i_2 \cdots i_s)g^{-1} = (g(i_1)g(i_2) \cdots g(i_s))$$

となることに注意します. S_n の任意の元は $\sigma = c_1 \cdots c_r$ と巡回置換の積に書けますので,

$$g\sigma g^{-1} = gc_1 \cdots c_r g^{-1} = (gc_1 g^{-1}) \cdots (gc_r g^{-1})$$

より, σ と $g\sigma g^{-1}$ の巡回型が等しくなることからしたがいます. ■

巡回置換 $(i_1 i_2 \cdots i_r)$ の逆元は,

$$(i_1 i_2 \cdots i_r)^{-1} = (i_r \cdots i_2 i_1)$$

であたえられますので, 同じ長さの巡回置換です. 一般の元については, 互いに可換な巡回置換の積 $\sigma = c_1 \cdots c_r$ として書けば,

$$\sigma^{-1} = c_1^{-1} \cdots c_r^{-1}$$

ですので, σ とその逆元 σ^{-1} は互いに共役です.

S_n には 1 次表現が 2 つあります.

対称群の 1 次表現

$n \geq 2$ に対し, n 次対称群はちょうど 2 つの 1 次表現をもつ. それらは自明表現 $\rho_{\mathrm{triv}} : \sigma \mapsto 1$ と, 符号表現 $\mathrm{sgn} : \sigma \mapsto \mathrm{sgn}(\sigma)$ であたえられる.

[証明] S_n の交換子部分群 $D(S_n)$ を考えます. $n \geq 2$ ならば $D(S_n) = A_n$ を示します. $D(S_2) = e = A_2$ は明らかです. また, $D(S_3) = \langle (123) \rangle = A_3$ も確かめることができます. そこで, 以下では $n \geq 4$ とします. 交換子 $[\sigma, \tau] = \sigma\tau\sigma^{-1}\tau^{-1}$ は偶置換ですので, $D(S_n) \subset A_n$ がまずいえます. 逆の包含関係を示すために, $\sigma \in A_n$ を任意にとります. σ は偶数個の互換の積です. したがって, $(ij)(kl)$ (i, j, k, l はすべて異なる), $(ij)(jk)$ (i, j, k はすべて異なる) という形の元のいくつかの積に書けることになります.

$$(ij)(kl) = [(ij), (ik)(jl)], \quad (ij)(jk) = [(ij), (ijk)]$$

より, これらは交換子になっていますので, $\sigma \in D(S_n)$ です. したがって, $A_n \subset D(S_n)$ となります.

以上より, $n \geq 2$ に対して S_n のアーベル化は S_n/A_n で, その位数は 2 となります. 第 15 話の [1 次表現の個数] より, S_n はちょうど 2 つの 1 次表現をもつことがわかります. ■

n 次対称群の n 次表現は, すぐに見つけることができます.

[定義] 置換表現

数ベクトル空間 $\mathbb{C}^n$ の自然基底を $\boldsymbol{e}_1, \ldots, \boldsymbol{e}_n$ とするとき,

$$\rho_{\mathrm{perm}}(\sigma)\boldsymbol{e}_i = \boldsymbol{e}_{\sigma(i)} \quad (i = 1, \ldots, n)$$

によって n 次表現 ρ_{perm} をさだめる. $\rho_{\mathrm{perm}} : S_n \to GL_n(\mathbb{C})$ を S_n の置換表現という.

これが表現になっていることは,

$$\rho_{\mathrm{perm}}(\tau)(\rho_{\mathrm{perm}}(\sigma)(\boldsymbol{e}_i)) = \rho_{\mathrm{perm}}(\tau)(\boldsymbol{e}_{\sigma(i)}) = \boldsymbol{e}_{\tau\sigma(i)} = \rho_{\mathrm{perm}}(\tau\sigma)(\boldsymbol{e}_i)$$

より確かめることができます. 置換表現の表現行列は, 各行各列について, ちょうど 1 つだけ値 1 の成分をもち. その他の成分の値が 0 となっていますので, ユニタリー行列です.

$\boldsymbol{u} = \sum_{i=1}^{n} u_i \boldsymbol{e}_i$ への作用は,

$$\rho_{\mathrm{perm}}(\sigma)(\boldsymbol{u}) = \sum_{i=1}^{n} u_i \boldsymbol{e}_{\sigma(i)} = \sum_{i=1}^{n} u_{\sigma^{-1}(i)} \boldsymbol{e}_i$$

となりますので, ベクトルの成分に対しては,

$$\left(\rho_{\mathrm{perm}}(\sigma)(\boldsymbol{u})\right)_i = u_{\sigma^{-1}(i)} \quad (i = 1, \ldots, n)$$

と作用することに注意しておきましょう.

$\mathbb{C}^n$ のベクトル $\boldsymbol{v} = \boldsymbol{e}_1 + \boldsymbol{e}_2 + \cdots + \boldsymbol{e}_n$ に対して

$$\rho_{\mathrm{perm}}(\sigma)(\boldsymbol{v}) = \boldsymbol{e}_{\sigma(1)} + \cdots + \boldsymbol{e}_{\sigma(n)} = \boldsymbol{e}_1 + \cdots + \boldsymbol{e}_n = \boldsymbol{v}$$

ですので, $\mathbb{C}\boldsymbol{v}$ は 1 次元不変部分空間となっています. ρ_{perm} の $\mathbb{C}\boldsymbol{v}$ 上の部分表現は自明表現となっていますので,

$$\rho_{\mathrm{perm}} = \rho_{\mathrm{trv}} \oplus \rho_{\mathrm{std}}$$

と直和に分解します. ρ_{std} は $n-1$ 次表現で, 表現空間 V としては直和条件

$$\mathbb{C}\boldsymbol{v} \cup V = \mathbb{C}^n, \quad \mathbb{C}\boldsymbol{v} \cap V = \{\boldsymbol{0}\}$$

をみたすものであればよいです. V としては, $\mathbb{C}^n$ の標準内積に関して $\mathbb{C}\boldsymbol{v}$ の直交補空間をとり, 正規直交基底

$$\left\{ \boldsymbol{f}_i = \frac{\boldsymbol{e}_1 - \boldsymbol{e}_{i+1}}{\sqrt{2}} \right\}_{i=1}^{n-1}$$

ではられる $n-1$ 次元複素線型部分空間だとします．すると，$\rho_{\mathrm{std}}: G \to GL(V)$ は

$$\rho_{\mathrm{std}}(\sigma)(\boldsymbol{f}_i)=\rho_{\mathrm{perm}}(\sigma)\left(\frac{\boldsymbol{e}_1-\boldsymbol{e}_{i+1}}{\sqrt{2}}\right)=\frac{\boldsymbol{e}_{\sigma(1)}-\boldsymbol{e}_{\sigma(i+1)}}{\sqrt{2}}=-\boldsymbol{f}_{\sigma(1)-1}+\boldsymbol{f}_{\sigma(i+1)-1} \tag{16.1}$$

であたえられます．ただし，$\boldsymbol{f}_0=\boldsymbol{0}$ とします．

[定義]　対称群の標準表現

対称群の置換表現 $\rho_{\mathrm{perm}}: S_n \to \mathbb{C}_n$ の不変部分空間

$$V=\left\{\boldsymbol{u}=\sum_{i=1}^{n} u_i\boldsymbol{e}_i \in \mathbb{C}^n \;\middle|\; u_1+u_2+\cdots+u_n=0\right\}$$

上の $n-1$ 次部分表現 $\rho_{\mathrm{std}}: S_n \to V$ を，対称群の標準表現という．

S_2 はアーベル群ですので，自明表現と符号表現があるだけです．その次に位数の小さな 3 次対称群は 2 面体群 D_6 と同型ですので，既約表現は第 15 話ですべて求めてあります．しかし，ここでは対称群の表現の練習問題として S_3 の表現を考えてみましょう．

S_3 の共役類は，

$$e^{S_3}=\{e\},\quad (123)^{S_3}=\{(123),(132)\},\quad (12)^{S_3}=\{(12),(13),(23)\}$$

の 3 つがあります．$\mathbb{C}^3$ の正規直交基底を $\{\boldsymbol{e}_1,\boldsymbol{e}_2,\boldsymbol{e}_3\}$ として，標準表現の表現空間 V の正規直交基底は，

$$\boldsymbol{f}_1=\frac{\boldsymbol{e}_1-\boldsymbol{e}_2}{\sqrt{2}},\quad \boldsymbol{f}_2=\frac{\boldsymbol{e}_1-\boldsymbol{e}_3}{\sqrt{2}}$$

であたえられます．共役類の代表元について標準表現を求めてみましょう．

$$\rho_{\mathrm{std}}((123))(\boldsymbol{f}_1)=\rho_{\mathrm{std}}((123))\left(\frac{\boldsymbol{e}_1-\boldsymbol{e}_2}{\sqrt{2}}\right)=\frac{\boldsymbol{e}_2-\boldsymbol{e}_3}{\sqrt{2}}=-\boldsymbol{f}_1+\boldsymbol{f}_2,$$

$$\rho_{\mathrm{std}}((123))(\boldsymbol{f}_2)=\rho_{\mathrm{std}}((123))\left(\frac{\boldsymbol{e}_1-\boldsymbol{e}_3}{\sqrt{2}}\right)=\frac{\boldsymbol{e}_2-\boldsymbol{e}_1}{\sqrt{2}}=-\boldsymbol{f}_1,$$

$$\rho_{\mathrm{std}}((12))(\boldsymbol{f}_1)=\rho_{\mathrm{std}}((12))\left(\frac{\boldsymbol{e}_1-\boldsymbol{e}_2}{\sqrt{2}}\right)=\frac{\boldsymbol{e}_2-\boldsymbol{e}_1}{\sqrt{2}}=-\boldsymbol{f}_1,$$

$$\rho_{\mathrm{std}}((12))(\boldsymbol{f}_2)=\rho_{\mathrm{std}}((12))\left(\frac{\boldsymbol{e}_1-\boldsymbol{e}_3}{\sqrt{2}}\right)=\frac{\boldsymbol{e}_2-\boldsymbol{e}_3}{\sqrt{2}}=-\boldsymbol{f}_1+\boldsymbol{f}_2$$

ですので，表現行列は

$$\rho_{\mathrm{std}}(e)=\begin{pmatrix}1&0\\0&1\end{pmatrix},\quad \rho_{\mathrm{std}}((123))=\begin{pmatrix}-1&-1\\1&0\end{pmatrix},\quad \rho_{\mathrm{std}}((12))=\begin{pmatrix}-1&-1\\0&1\end{pmatrix}$$

となります. トレースをとることにより, 指標が

$$\chi_{\mathrm{std}}(e)=2,\quad \chi_{\mathrm{std}}((123))=-1,\quad \chi_{\mathrm{std}}((12))=0$$

と求まります.

既約性を判定するためには, 第11話の［指標の直交性 I］を用いればよいです.

$$\begin{aligned}\sum_{\sigma\in S_3}\overline{\chi_{\mathrm{std}}(\sigma)}\chi_{\mathrm{std}}(\sigma)&=1\cdot|\chi_{\mathrm{std}}(e)|^2+2\cdot|\chi_{\mathrm{std}}((123))|^2+3\cdot|\chi_{\mathrm{std}}((12))|^2\\&=6={}^{\#}S_3\end{aligned}$$

ですので, ρ_{std} は既約表現だということになります. これで, S_3 の指標テーブルは

		[1]	[2]	[3]
	S_3	e	(123)	(12)
(1)	ρ_{trv}	1	1	1
(1)	sgn	1	1	−1
(2)	ρ_{std}	2	−1	0

とあたえられることがわかりました.

S_3 の場合に限らず, 標準表現は一般に S_n の既約表現になることが知られています.

第11話の［既約表現の個数］より, 既約表現は共役類の数だけあります. 自明表現, 符号表現, 標準表現はいつでも見つけることができますが, 4次以上の対称群ではそれだけで既約表現を尽くしていません. ヤング図形を用れば, すべての既約表現を見つけることができます. 最初のうちは, ヤング図形を使ってみて慣れていくことが有益だと思います.

n 個の変数 $X_1,\ldots,X_n$ の複素多項式は,

$$f(X_1,\ldots,X_n)=\sum_{i_1,\ldots,i_n}a_{i_1\ldots i_n}X_1^{i_1}\cdots X_n^{i_n}\quad(a_{i_1\ldots i_n}\in\mathbb{C})$$

と書けるもののことです. ただし, 有限和だとします. 複素多項式全体のなす集合を $P[X_1,\ldots,X_n]$ と書きます. $P[X_1,\ldots,X_n]$ には,

$$f(X_1,\ldots,X_n)=\sum_{i_1,\ldots,i_n}a_{i_1\ldots i_n}X_1^{i_1}\cdots X_n^{i_n},\quad g(X_1,\ldots,X_n)=\sum_{i_1,\ldots,i_n}b_{i_1\ldots i_n}X_1^{i_1}\cdots X_n^{i_n}$$

と $c \in \mathbb{C}$ に対して

$$(f + cg)(X_1, \ldots, X_n) = \sum_{i_1, \ldots, i_n} (a_{i_1 \ldots i_n} + cb_{i_1 \ldots i_n}) X_1^{i_1} \cdots X_n^{i_n}$$

とすることにより, 複素ベクトル空間の構造が備わっています.

[定義] 対称群の多項式への作用

n 次対称群の $P[X_1, \ldots, X_n]$ への作用を, $\sigma \in S_n$, $f \in P[X_1, \ldots, X_n]$ に対して

$$(\sigma f)(X_1, \ldots, X_n) = f(X_{\sigma(1)}, \ldots, X_{\sigma(n)})$$

と定義する.

1 次の同次多項式に対しては,

$$\sigma(a_1 X_1 + \cdots + a_n X_n) = a_1 X_{\sigma(1)} + \cdots + a_n X_{\sigma(n)}$$

ですので, S_n の置換表現と同じものになります. つまり, $P[X_1, \ldots, X_n]$ の同次 1 次多項式からなる部分空間は不変部分空間になっていますが, 既約ではありません. 同様に, 同次 m 次多項式からなる部分空間が不変部分空間になっていることはすぐわかると思いますが, それらは一般に既約ではありません. 既約なものを見つける方法を, これからみていきたいと思います.

[定義] ヤング図形

自然数 n の分割 $\lambda = (\lambda_1, \ldots, \lambda_r)$ があたえられたとき, 各 $i = 1, \ldots, r$ について i 行目には, 1 列目から λ_i 列目まで箱をおくことによってできる図形を形 λ のヤング図形という.

例えば, 4 つの箱のヤング図形には,

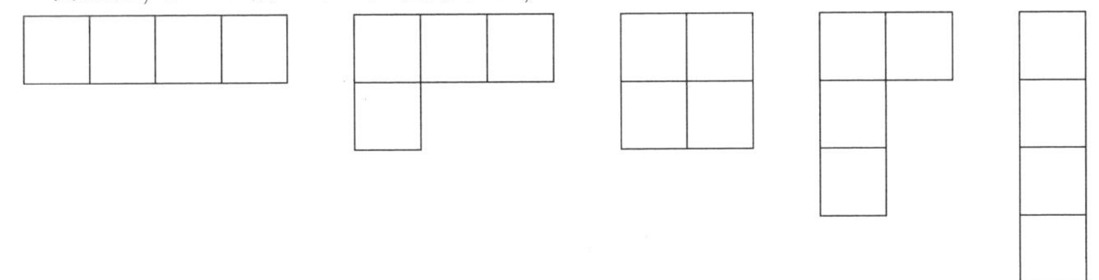

の 5 つがあり, それぞれ (4), $(3, 1)$, $(2, 2)$, $(2, 1, 1)$, $(1, 1, 1, 1)$ の形のヤング図形です.

［定義］ 標準盤

n の分割 $\lambda=(\lambda_1,\ldots,\lambda_r)$ の形をもつヤング図形の n 個の箱のなかに，1 から n までの自然数を重複なく 1 つずつ対応させる．そのうち，各行の数が左から右に向かって増加し，各列の数が上から下に向かって増加するようなものを，形 λ の標準ヤング盤，ないし単に標準盤という．標準盤 T の箱 (i,j) に対応する数を $T(i,j)$ と書く．また，形 λ の標準盤全体のなす集合を $\mathrm{SYT}(\lambda)$ と書く．

例えば，$\mathrm{SYT}(3,2)$ の標準盤は，

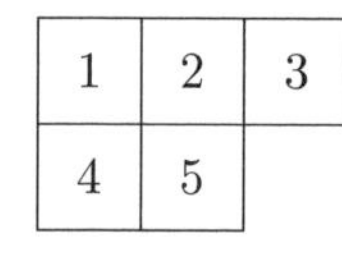

1	2	4
3	5	

1	2	5
3	4	

1	3	4
2	5	

1	3	5
2	4	

の 5 つで全部です．

標準盤に多項式を対応させます．そのために，差積を定義しておきます．

［定義］ 差積

$1\le i_1<i_2<\cdots<i_s\le n$ を，n 以下の自然数からなる s 個の自然数の増加列とする． s 個の変数 $X_{i_1},X_{i_2},\ldots,X_{i_s}$ の同次 s 次多項式 $\Delta_{i_1 i_2\ldots i_s}\in P[X_1,\ldots,X_n]$ を

$$\Delta_{i_1 i_2\ldots i_k}(X_1,\ldots,X_n)=\prod_{1\le a<b\le s}(X_{i_a}-X_{i_b})$$

によって定義し，$X_{i_1},\ldots,X_{i_s}$ の差積とよぶ．ただし，$s=1$ のときは $\Delta_{i_1}=1$ とする．

標準盤には，次のようにして多項式を対応させます．

[定義] 標準盤に伴うシュペヒト多項式

自然数 n の分割 $\lambda = (\lambda_1, \ldots, \lambda_r)$ を形にもつヤング図形の j 列目の長さを μ_j とする．形 λ の標準盤 $T \in \mathrm{SYT}(\lambda)$ に対し，各列の数の並びから作られる差積の積として，$P[X_1, \ldots, X_n]$ の多項式

$$\Delta_T = \prod_{j=1}^{\lambda_1} \Delta_{T(j,1)T(j,2)\cdots T(j,\mu_j)}$$

を定義し，T のシュペヒト多項式とよぶ．

例えば，$T \in \mathrm{SYT}((3,2,1))$ が

1	3	4
2	6	
5		

であたえられるとき，

$$\Delta_T = (X_1 - X_2)(X_1 - X_5)(X_2 - X_5)(X_3 - X_6)$$

ということになります．

自然数 n の分割 λ に対して，形 λ の標準盤のシュペヒト多項式で生成される複素ベクトル空間を V_λ と書くことにします．V_λ は，S_n の既約表現の表現空間になっていることが知られています．

形 $(n-1, 1)$ をもつ標準盤は，$k = 2, 3, \ldots, n$ として

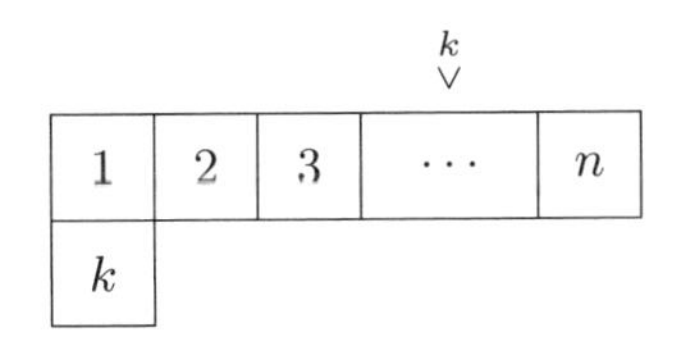

の $n-1$ 個で，$V_{(n-1,1)}$ の基底は $\{f_i = X_1 - X_{i+1}\}_{i=1}^{n-1}$ であたえることになります．ただし，$\overset{k}{\underset{\cdots}{\vee}}$ は k の入った箱を除くという意味です．基底への S_n の作用は，

$$(\sigma f_i) = X_{\sigma(1)} - X_{\sigma(i+1)} = -(X_1 - X_{\sigma(1)}) + (X_1 - X_{\sigma(i+1)})$$

$$= -f_{\sigma(1)-1} + f_{\sigma(i)-1} \quad (i = 1, \ldots, n-1)$$

となります．ただし，$f_0 = 0$ とします．これを式 (16.1) と比べてみると，全く同じになっています．つまり，S_n の $V_{(n-1,1)}$ への作用は，対称群の標準表現になっています．

次に，n の分割 $\lambda = (1, 1, \ldots, 1)$ を考えてみましょう．標準盤 T は 1 つで，

1
2
⋮
n

であたえられます．$V_{(1,1,\ldots,1)}$ は 1 次元で，基底は

$$\Delta_T = \prod_{1 \le i < j \le n} (X_i - X_j)$$

となります．S_n の作用は

$$\sigma\Delta_T = \prod_{1 \le i < j \le n} (X_{\sigma(i)} - X_{\sigma(j)}) = \mathrm{sgn}(\sigma)\Delta_T$$

ですので，$V_{(1,1,\ldots,1)}$ は符号表現の表現空間になっていることがわかります．また，分割 (n) は，自明表現に対応することも確かめられます．

3 次対称群では，自明表現，符号表現，標準表現で既約表現は尽きています．4 次以上の対称群では，その他のヤング図形を用いて既約表現を知ることができます．

17 話

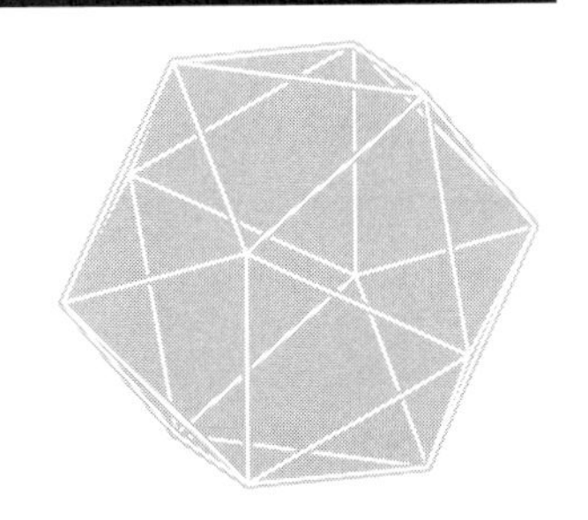

正多面体群の表現

第 16 話 では, ヤング図形を用いた対称群の既約表現の作り方をみました. その方法を応用して, T, O, I 型の点群の指標テーブルを作っていきましょう.

T 型の点群は 4 次交代群 A_4, O 型の点群は 4 次対称群 S_4 ですので, S_4 の既約表現を調べていきましょう. 4 の分割のうち, (4) は自明表現, $(1,1,1,1)$ は符号表現, $(3,1)$ は標準表現に対応します. 残るのは, 分割 $(2,2)$, $(2,1,1)$ です.

S_4 の共役類の完全代表系として, $\{e, (1234), (123), (12)(34), (12)\}$ をとり, これらの表現を考えていきます.

標準表現から調べていきましょう. $V_{(3,1)}$ の基底としては,

$$f_i = X_1 - X_{i+1} \quad (i = 1, 2, 3)$$

をとります.

$$\begin{aligned}
(1234)f_1 &= -f_1 + f_2, & (1234)f_2 &= -f_1 + f_3, & (1234)f_3 &= -f_1, \\
(123)f_1 &= -f_1 + f_2, & (123)f_2 &= -f_1, & (123)f_3 &= -f_1 + f_3, \\
(12)(34)f_1 &= -f_1, & (12)(34)f_2 &= -f_1 + f_3, & (12)(34)f_3 &= -f_1 + f_2, \\
(12)f_1 &= -f_1, & (12)f_2 &= -f_1 + f_2, & (12)f_3 &= -f_1 + f_3
\end{aligned}$$

より, 表現行列は,

$$\rho_{\mathrm{std}}((1234)) = \begin{pmatrix} -1 & -1 & -1 \\ 1 & 0 & 0 \\ 0 & 1 & 0 \end{pmatrix}, \quad \rho_{\mathrm{std}}((123)) = \begin{pmatrix} -1 & -1 & -1 \\ 1 & 0 & 0 \\ 0 & 0 & 1 \end{pmatrix},$$

$$\rho_{\mathrm{std}}((12)(34)) = \begin{pmatrix} -1 & -1 & -1 \\ 0 & 0 & 1 \\ 0 & 1 & 0 \end{pmatrix}, \quad \rho_{\mathrm{std}}((12)) = \begin{pmatrix} -1 & -1 & -1 \\ 0 & 1 & 0 \\ 0 & 0 & 1 \end{pmatrix}$$

となります．したがって，指標は

$$\chi_{\mathrm{std}}((1234)) = -1, \quad \chi_{\mathrm{std}}((123)) = 0, \quad \chi_{\mathrm{std}}((12)(34)) = -1, \quad \chi_{\mathrm{std}}((12)) = 1$$

と求まります．

自明表現，符号表現，標準表現について指標テーブルをまとめておきましょう．

		[1]	[6]	[8]	[3]	[6]
	S_4	e	(1234)	(123)	$(12)(34)$	(12)
(1)	ρ_{trv}	1	1	1	1	1
(1)	sgn	1	-1	1	1	-1
(3)	ρ_{std}	3	-1	0	-1	1

次に，$V_{(2,2)}$ 上の表現を調べていきましょう．SYT$(2,2)$ の標準盤は 2 つあり，それらは

$$\begin{array}{|c|c|}\hline 1 & 2 \\ \hline 3 & 4 \\ \hline \end{array} \qquad \begin{array}{|c|c|}\hline 1 & 3 \\ \hline 2 & 4 \\ \hline \end{array}$$

であたえられます．したがって，$V_{(2,2)}$ の基底として，

$$f_1 = (X_1 - X_3)(X_2 - X_4), \quad f_2 = (X_1 - X_2)(X_3 - X_4)$$

からなるものをとることができます．この基底に対する S_4 の作用は，

$$\begin{aligned}
(1234)f_1 &= -f_1, & (1234)f_2 &= -f_1 + f_2, \\
(123)f_1 &= -f_2, & (123)f_2 &= f_1 - f_2, \\
(12)(34)f_1 &= f_1, & (12)(34)f_2 &= f_2, \\
(12)f_1 &= f_1 - f_2, & (12)f_2 &= -f_2
\end{aligned}$$

となるので，表現行列は

$$_{(2,2)}((1234)) = \begin{pmatrix} -1 & -1 \\ 0 & 1 \end{pmatrix}, \quad \rho_{(2,2)}((123)) = \begin{pmatrix} 0 & 1 \\ -1 & -1 \end{pmatrix},$$

$$\rho_{(2,2)}((12)(34)) = \begin{pmatrix} 1 & 0 \\ 0 & 1 \end{pmatrix}, \qquad \rho_{(2,2)}((12)) = \begin{pmatrix} 1 & 0 \\ -1 & -1 \end{pmatrix}$$

とあたえることができます．また，指標は

$$\chi_{(2,2)}((1234)) = 0, \quad \chi_{(2,2)}((123)) = -1, \quad \chi_{(2,2)}((12)(34)) = 2, \quad \chi_{(2,2)}((12)) = 0$$

となります.

次は $V_{(2,1,1)}$ 上の表現についてです. SYT$(2,1,1)$ の標準盤は,

$$\begin{array}{|c|c|}\hline 1 & 2 \\ \hline 3 \\ \cline{1-1} 4 \\ \cline{1-1}\end{array} \qquad \begin{array}{|c|c|}\hline 1 & 3 \\ \hline 2 \\ \cline{1-1} 4 \\ \cline{1-1}\end{array} \qquad \begin{array}{|c|c|}\hline 1 & 4 \\ \hline 2 \\ \cline{1-1} 3 \\ \cline{1-1}\end{array}$$

の 3 つで, これらは $V_{(2,1,1)}$ の基底ベクトル

$$f_1 = (X_1 - X_3)(X_1 - X_4)(X_3 - X_4), \quad f_2 = (X_1 - X_2)(X_1 - X_4)(X_2 - X_4),$$
$$f_3 = (X_1 - X_2)(X_1 - X_3)(X_2 - X_3)$$

をあたえます. これらへの S_4 の作用は,

$$(1234)f_1 = f_2, \qquad (1234)f_2 = f_3, \qquad (1234)f_3 = f_1 - f_2 + f_3,$$
$$(123)f_1 = -f_2, \qquad (123)f_2 = f_1 - f_2 + f_3, \qquad (123)f_3 = f_3,$$
$$(12)(34)f_1 = -f_1 + f_2 - f_3, \quad (12)(34)f_2 = -f_3, \qquad (12)(34)f_3 = -f_2,$$
$$(12)f_1 = f_1 - f_2 + f_3, \qquad (12)f_2 = -f_2, \qquad (12)f_3 = -f_3$$

と計算できます. 表現行列は,

$$\rho_{(2,1,1)}((1234)) = \begin{pmatrix} 0 & 0 & 1 \\ 1 & 0 & -1 \\ 0 & 1 & 1 \end{pmatrix}, \qquad \rho_{(2,1,1)}((123)) = \begin{pmatrix} 0 & 1 & 0 \\ -1 & -1 & 0 \\ 0 & 1 & 1 \end{pmatrix},$$

$$\rho_{(2,1,1)}((12)(34)) = \begin{pmatrix} -1 & 0 & 0 \\ 1 & 0 & -1 \\ -1 & -1 & 0 \end{pmatrix}, \qquad \rho_{(2,1,1)}((12)) = \begin{pmatrix} 1 & 0 & 0 \\ -1 & -1 & 0 \\ 1 & 0 & -1 \end{pmatrix}$$

となり, 指標は

$$\chi_{(2,1,1)}((1234)) = 1, \ \chi_{(2,1,1)}((123)) = 0, \ \chi_{(2,1,1)}((12)(34)) = -1, \ \chi_{(2,1,1)}((12)) = -1$$

であたえられます.

以上で O 型の点群, つまり S_4 の指標テーブルが次のようになることがわかります.

	S_4	[1] e	[6] (1234)	[8] (123)	[3] $(12)(34)$	[6] (12)
(1)	ρ_{trv}	1	1	1	1	1
(1)	sgn	1	-1	1	1	-1
(3)	ρ_{std}	3	-1	0	-1	1
(2)	$\rho_{(2,2)}$	2	0	-1	2	0
(3)	$\rho_{(2,1,1)}$	3	1	0	-1	-1

ヤング図形から求まる表現が, 既約表現になることは証明していませんので, 確かめておく必要があります. 上の表現を $\{\rho_\alpha\}_{\alpha=1}^5$ とすれば,

$$\begin{aligned}\sum_{x\in S_4}\overline{\chi_\alpha(x)}\chi_\beta(x) &= 1\cdot\overline{\chi_\alpha(e)}\chi_\beta(e)+6\cdot\overline{\chi_\alpha((1234))}\chi_\beta((1234))\\ &\quad+8\cdot\overline{\chi_\alpha((123))}\chi_\beta((123))+3\cdot\overline{\chi_\alpha((12)(34))}\chi_\beta((12)(34))\\ &\quad+6\cdot\overline{\chi_\alpha((12))}\chi_\beta((12))=24\,\delta_{\alpha\beta}={}^\#S_4\,\delta_{\alpha\beta}\ (\alpha,\beta=1,\dots,5)\end{aligned}$$

をみたしていて, これらは既約だと確認できます.

第 13 話でみたように, T 型の点群は正 4 面体群で, 群としては A_4 です. まずは一般に, n 次交代群の共役類について, 注意しておかなければならないことがあります.

交代群の共役類

n 次交代群の元 σ に対して, $[\sigma,\tau]=e$ となる奇置換 $\tau\in S_n$ がとれるとき,

$$\sigma^{S_n}=\sigma^{A_n}$$

が成り立つ. また, そのような奇置換 τ がとれないとき, 任意の奇置換 $\lambda\in S_n$ をとってくれば,

$$\sigma^{S_n}=\sigma^{A_n}\cup\left(\lambda\sigma\lambda^{-1}\right)^{A_n},\quad \sigma^{A_n}\cap\left(\lambda\sigma\lambda^{-1}\right)^{A_n}=\emptyset$$

が成り立つ. つまり, S_n における共役類は A_n において 2 つの共役類に分解する.

[証明] $\sigma\in A_n$ を任意にとります. $[\sigma,\tau]=\sigma\tau\sigma^{-1}\tau^{-1}=e$ をみたす奇置換 $\tau\in S_n$ がとれたとします. σ' は S_n の中で σ と共役だとします. つまり, $x\in S_n$ がとれて, $\sigma'=x\sigma x^{-1}$ と書けるとします. x が偶置換ならば, σ' は A_n の中で

σ と共役となっています. x が奇置換のとき, $y = x\tau^{-1}$ とすれば, y は偶置換になります. このとき,

$$\sigma' = x\sigma x^{-1} = y\tau\sigma\tau^{-1}y^{-1} = y^{-1}\sigma y^{-1}$$

ですので, σ' は A_n の中で σ と共役だということになります. したがって, $\sigma^{S_n} = \sigma^{A_n}$ です.

次に, $[\sigma, \tau] = e$ となる奇置換 τ はとれないとしましょう. このとき, 任意の奇置換 λ に対して, $\sigma' = \lambda\sigma\lambda^{-1}$ は σ と A_n の中では共役にはならないことを示します. σ' が σ と A_n の中で共役だと仮定すると, 偶置換 x がとれて $\sigma' = x\sigma x^{-1}$ が成り立つようにできます. このとき, $y = \lambda^{-1}x$ は奇置換で,

$$[\sigma, y] = \sigma y\sigma^{-1}y^{-1} = \sigma\lambda^{-1}x\sigma^{-1}x^{-1}\lambda = \lambda^{-1}\left(\lambda\sigma\lambda^{-1}\right)\left(x\sigma^{-1}x^{-1}\right)\lambda = \lambda^{-1}\sigma'\sigma'^{-1}\lambda = e$$

となっているので, 不合理です. したがって,

$$\sigma^{S_n} = \left\{x\sigma x^{-1} \,\middle|\, x \in A_n\right\} \cup \left\{y\sigma y^{-1} \,\middle|\, y \in S_n \setminus A_n\right\}$$

と分解します. このとき, λ を任意の奇置換として,

$$a^{A_n} = \left\{x\sigma x^{-1} \,\middle|\, x \in A_n\right\}, \quad \left(\lambda a\lambda^{-1}\right)^{A_n} = \left\{y\sigma y^{-1} \,\middle|\, y \in S_n \setminus A_n\right\}$$

となっています. ■

S_4 の共役類の完全代表系として, $\{e, (1234), (123), (12)(34), (12)\}$ がとれます. このうち, 偶置換なものは, $\{e, (123), (12)(34)\}$ です. $[(123), \tau] = e$ が成り立つような奇置換 τ はとれませんので, $(123)^{S_n} = (123)^{A_n} \cup (132)^{A_n}$ です. また, $[(12)(34), (12)] = e$ となっていますので. $(12)(34)^{S_n} = (12)(34)^{A_n}$ です. したがって, A_n の共役類の完全代表系としては, $\{e, (123), (132), (12)(34)\}$ がとれます. 具体的に A_4 の 共役類は,

$$e^{A_n} = \{e\}, \qquad (123)^{A_n} = \{(123), (134), (142), (243)\},$$
$$(132)^{A_n} = \{(132), (143), (124), (234)\}, \quad (12)(34)^{A_n} = \{(12)(34), (13)(24), (14)(23)\}$$

となっています. 第 11 話の [既約表現の個数] より, A_4 の既約表現は 4 つあることがわかります. A_4 の交換子部分群は,

$$D(A_4) = \{e, (12)(34), (13)(24), (14)(23)\} \simeq C_2 \times C_2$$

で, アーベル化 $A_4/D(A_4)$ は 3 次巡回群 $\langle(123)\rangle$ となります. 第 15 話の [1 次表現の個数] より, A_4 の 1 次表現は 3 個で, それらは $A_4/D(A_4) = \langle(123)\rangle$ の

表現と同一視できます. 1つは自明表現で, 残りの2つは $\omega = e^{2\pi i/3}$ として,

$$\rho_\omega((123)) = \omega, \quad \rho_{\omega^2}((123)) = \omega^2$$

となるような, ρ_ω, ρ_{ω^2} であたえられます. 第11話の［既約表現の次数の平方和］と,

$$^\# A_4 = 24 = 1^2 + 1^2 + 1^2 + 3^2$$

より, 3次の既約表現があと1つ残っています.

それは, S_4 の標準表現を A_4 に制限したものからえられます. 指標テーブルを作るために, 1つだけ計算しておかなければならないのは,

$$\rho_{\mathrm{std}}((132)) = \rho_{\mathrm{std}}((123))^2 = \begin{pmatrix} -1 & -1 & -1 \\ 1 & 0 & 0 \\ 0 & 0 & 1 \end{pmatrix}^2 = \begin{pmatrix} 0 & 1 & 0 \\ -1 & -1 & -1 \\ 0 & 0 & 1 \end{pmatrix}$$

で, これより

$$\chi_{\mathrm{std}}((132)) = 0$$

がえられます. A_4 の指標テーブルを書いてみると,

		[1]	[4]	[4]	[3]
	A_4	e	(123)	(132)	(12)(34)
(1)	ρ_{trv}	1	1	1	1
(1)	ρ_ω	1	ω	ω^2	1
(1)	ρ_{ω^2}	1	ω^2	ω	1
(3)	ρ_{std}	3	0	0	-1

となり, 第11話の［指標の直交性 I］より, これらは既約表現になっていることが確かめられます.

SO_3 の有限部分群となっているような点群のうち, 残るのはI型のもので, 群としては5次交代群です. ここでは, 上と同様にして S_5, A_5 の指標テーブルを作っていきましょう.

まず, S_5 の共役類の完全代表系として,

$$\{e, (12345), (1234), (123)(45), (123), (12)(34), (12)\}$$

がとれます.

第 16 話の［対称群の 1 次表現］より, S_5 の 1 次表現には自明表現 ρ_{trv} と符号表現 sgn の 2 つがあります. その他に 4 次表現の標準表現 ρ_{std} があります. 類数は 7 で, S_5 の位数は $5! = 120$ ですので, 第 11 話の［既約表現の個数］より, その他の既約表現が 4 つ, 第 11 話の［既約表現の次数の平方和］より, それらの次数は $2, 3, 5, 8$ または $4, 5, 5, 6$ のどちらかの組み合わせになるはずです.

S_5 の場合と同様にして, 以下のように S_5 の既約表現が求まります. S_5 の生成系としては, $\{s = (12345), t = (12)\}$ がとれます. 生成元 s, t の表現行列がわかれば, S_5 のすべての元に対して表現行列を求めることができます. ただし, $^{\#}S_5 = 120$ 通りの置換を, s, t の積としてあらわすあらわし方をすべて求めようとすれば, かなりの作業が必要となりますので, コンピュータープログラムを書いた方が早いです.

指標テーブルを作るために, 共役類の表現行列が必要ですが, それらは,

$$(12345) = s, \qquad (1234) = s^4ts^2, \qquad (123)(45) = tsts^2ts^2,$$
$$(123) = tsts^4, \quad (12)(34) = s^2ts^3t, \qquad (12) = t$$

から求めることができます.

まず, 標準表現の基底として,

$$f_1 = X_1 - X_5, \quad f_2 = X_1 - X_4, \quad f_3 = X_1 - X_3, \quad f_4 = X_1 - X_2$$

をとると, 生成元 $s = (12345)$, $t = (12)$ の表現行列は

$$\rho_{\mathrm{std}}(s) = \begin{pmatrix} 0 & 1 & 0 & 0 \\ 0 & 0 & 1 & 0 \\ 0 & 0 & 0 & 1 \\ -1 & -1 & -1 & -1 \end{pmatrix}, \quad \rho_{\mathrm{std}}(t) = \begin{pmatrix} 1 & 0 & 0 & 0 \\ 0 & 1 & 0 & 0 \\ 0 & 0 & 1 & 0 \\ -1 & -1 & -1 & -1 \end{pmatrix}$$

となります.

$V_{(3,2)}$ の基底は, 標準盤

1	2	3
4	5	

1	2	4
3	5	

1	2	5
3	4	

1	3	4
2	5	

1	3	5
2	4	

より,

$$f_1 = (X_1 - X_4)(X_2 - X_5), \quad f_2 = (X_1 - X_3)(X_2 - X_5), \quad f_3 = (X_1 - X_3)(X_2 - X_4),$$

$$f_4 = (X_1 - X_2)(X_3 - X_5),\quad f_5 = (X_1 - X_2)(X_3 - X_4)$$

ととります. 生成元の表現行列は,

$$\rho_{(3,2)}(s) = \begin{pmatrix} 0 & 0 & 1 & 0 & 0 \\ -1 & 0 & 0 & 0 & 1 \\ 0 & -1 & -1 & -1 & -1 \\ 0 & 0 & -1 & 0 & -1 \\ 0 & 0 & 1 & 1 & 1 \end{pmatrix},\quad \rho_{(3,2)}(t) = \begin{pmatrix} 1 & 0 & 0 & 0 & 0 \\ 0 & 1 & 0 & 0 & 0 \\ 0 & 0 & 1 & 0 & 0 \\ -1 & -1 & 0 & -1 & 0 \\ 1 & 0 & -1 & 0 & -1 \end{pmatrix}$$

となります.

$V_{(3,1,1)}$ の基底は, 標準盤

$$\begin{array}{|c|c|c|}\hline 1 & 2 & 3 \\ \hline 4 \\ \cline{1-1} 5 \\ \cline{1-1}\end{array}\qquad \begin{array}{|c|c|c|}\hline 1 & 2 & 4 \\ \hline 3 \\ \cline{1-1} 5 \\ \cline{1-1}\end{array}\qquad \begin{array}{|c|c|c|}\hline 1 & 2 & 5 \\ \hline 3 \\ \cline{1-1} 4 \\ \cline{1-1}\end{array}$$

$$\begin{array}{|c|c|c|}\hline 1 & 3 & 4 \\ \hline 2 \\ \cline{1-1} 5 \\ \cline{1-1}\end{array}\qquad \begin{array}{|c|c|c|}\hline 1 & 3 & 5 \\ \hline 2 \\ \cline{1-1} 4 \\ \cline{1-1}\end{array}\qquad \begin{array}{|c|c|c|}\hline 1 & 4 & 5 \\ \hline 2 \\ \cline{1-1} 3 \\ \cline{1-1}\end{array}$$

より,

$$f_1 = (X_1 - X_4)(X_1 - X_5)(X_4 - X_5),\quad f_2 = (X_1 - X_3)(X_1 - X_5)(X_3 - X_5),$$
$$f_3 = (X_1 - X_3)(X_1 - X_4)(X_3 - X_4),\quad f_4 = (X_1 - X_2)(X_1 - X_5)(X_2 - X_5),$$
$$f_5 = (X_1 - X_2)(X_1 - X_4)(X_2 - X_4),\quad f_6 = (X_1 - X_2)(X_1 - X_3)(X_2 - X_3)$$

ととります. 生成元の表現行列は,

$$\rho_{(3,1,1)}(s) = \begin{pmatrix} 0 & 0 & 1 & 0 & 0 & 0 \\ 0 & 0 & 0 & 0 & 1 & 0 \\ 0 & 0 & 0 & 0 & 0 & 1 \\ 1 & 0 & -1 & 0 & -1 & 0 \\ 0 & 1 & 1 & 0 & 0 & -1 \\ 0 & 0 & 0 & 1 & 1 & 1 \end{pmatrix},\quad \rho_{(3,1,1)}(t) = \begin{pmatrix} 1 & 0 & 0 & 0 & 0 & 0 \\ 0 & 1 & 0 & 0 & 0 & 0 \\ 0 & 0 & 1 & 0 & 0 & 0 \\ -1 & -1 & 0 & -1 & 0 & 0 \\ 1 & 0 & -1 & 0 & -1 & 0 \\ 0 & 1 & 1 & 0 & 0 & -1 \end{pmatrix}$$

と求まります.

$V_{(2,2,1)}$ の基底は, 標準盤

$$\begin{array}{|c|c|}\hline 1 & 2 \\ \hline 3 & 4 \\ \hline 5 \\ \cline{1-1}\end{array}\qquad \begin{array}{|c|c|}\hline 1 & 2 \\ \hline 3 & 5 \\ \hline 4 \\ \cline{1-1}\end{array}\qquad \begin{array}{|c|c|}\hline 1 & 3 \\ \hline 2 & 4 \\ \hline 5 \\ \cline{1-1}\end{array}\qquad \begin{array}{|c|c|}\hline 1 & 3 \\ \hline 2 & 5 \\ \hline 4 \\ \cline{1-1}\end{array}\qquad \begin{array}{|c|c|}\hline 1 & 4 \\ \hline 2 & 5 \\ \hline 3 \\ \cline{1-1}\end{array}$$

より,

$$\begin{aligned}
f_1 &= (X_1 - X_3)(X_1 - X_5)(X_3 - X_5)(X_2 - X_4),\\
f_2 &= (X_1 - X_3)(X_1 - X_4)(X_3 - X_4)(X_2 - X_5),\\
f_3 &= (X_1 - X_2)(X_1 - X_5)(X_2 - X_5)(X_3 - X_4),\\
f_4 &= (X_1 - X_2)(X_1 - X_4)(X_2 - X_4)(X_3 - X_5),\\
f_5 &= (X_1 - X_2)(X_1 - X_3)(X_2 - X_3)(X_4 - X_5)
\end{aligned}$$

と選ぶことができ, 生成元の表現行列は,

$$\rho_{(2,2,1)}(s) = \begin{pmatrix} 0 & -1 & 0 & -1 & 0 \\ 0 & 1 & 0 & 0 & -1 \\ 0 & 0 & 0 & 1 & 0 \\ 1 & 0 & 0 & 0 & 1 \\ 0 & 1 & 1 & 1 & -1 \end{pmatrix}, \quad \rho_{(2,2,1)}(t) = \begin{pmatrix} 1 & 0 & 0 & 0 & 0 \\ 0 & 1 & 0 & 0 & 0 \\ -1 & 0 & -1 & 0 & 0 \\ 0 & -1 & 0 & -1 & 0 \\ -1 & 1 & 0 & 0 & -1 \end{pmatrix}$$

となります.

最後の 1 つは, $V_{(2,1,1,1)}$ で, 標準盤

$$\begin{array}{|c|c|}\hline 1 & 2 \\ \hline 3 \\ \cline{1-1} 4 \\ \cline{1-1} 5 \\ \cline{1-1}\end{array}\qquad \begin{array}{|c|c|}\hline 1 & 3 \\ \hline 2 \\ \cline{1-1} 4 \\ \cline{1-1} 5 \\ \cline{1-1}\end{array}\qquad \begin{array}{|c|c|}\hline 1 & 4 \\ \hline 2 \\ \cline{1-1} 3 \\ \cline{1-1} 5 \\ \cline{1-1}\end{array}\qquad \begin{array}{|c|c|}\hline 1 & 5 \\ \hline 2 \\ \cline{1-1} 3 \\ \cline{1-1} 4 \\ \cline{1-1}\end{array}$$

より, 基底は

$$\begin{aligned}
f_1 &= (X_1 - X_3)(X_1 - X_4)(X_1 - X_5)(X_3 - X_4)(X_3 - X_5)(X_4 - X_5),\\
f_2 &= (X_1 - X_2)(X_1 - X_4)(X_1 - X_5)(X_2 - X_4)(X_2 - X_5)(X_4 - X_5),
\end{aligned}$$

$$f_3 = (X_1 - X_2)(X_1 - X_3)(X_1 - X_5)(X_2 - X_3)(X_2 - X_5)(X_3 - X_5),$$
$$f_4 = (X_1 - X_2)(X_1 - X_3)(X_1 - X_4)(X_2 - X_3)(X_2 - X_4)(X_3 - X_4)$$

と選びます. このとき, 生成元の表現行列は

$$\rho_{(2,1,1,1)}(s) = \begin{pmatrix} 0 & 0 & 0 & 1 \\ -1 & 0 & 0 & -1 \\ 0 & -1 & 0 & 1 \\ 0 & 0 & -1 & -1 \end{pmatrix}, \quad \rho_{(2,1,1,1)}(t) = \begin{pmatrix} 1 & 0 & 0 & 0 \\ -1 & -1 & 0 & 0 \\ 1 & 0 & -1 & 0 \\ -1 & 0 & 0 & -1 \end{pmatrix}$$

となります.

以上から, 各既約表現に対して, 共役類の代表元の表現行列が求まります. S_5 の指標テーブルは,

		[1]	[24]	[30]	[20]	[20]	[15]	[10]
	S_5	e	(12345)	(1234)	(123)(45)	(123)	(12)(34)	(12)
(1)	ρ_{trv}	1	1	1	1	1	1	1
(1)	sgn	1	1	−1	−1	1	1	−1
(4)	ρ_{std}	4	−1	0	−1	1	0	2
(5)	$\rho_{(3,2)}$	5	0	−1	1	−1	1	1
(6)	$\rho_{(3,1,1)}$	6	1	0	0	0	−2	0
(5)	$\rho_{(2,2,1)}$	5	0	1	−1	−1	1	−1
(4)	$\rho_{(2,1,1,1)}$	4	−1	0	1	1	0	−2

となります.

最後に, I 型の点群の指標を完成させます. まず, A_5 の共役類について考えてみましょう. S_5 の共役類の完全代表系

$$\{e, (12345), (1234), (123), (12)(34), (12)\}$$

のうち, 偶置換なのは $\{e, (12345), (123), (12)(34)\}$ です. このとき, $[(123), (45)] = e$, $[(12)(34), (12)] = e$ で, $[(12345), \tau] = e$ となるような奇置換 τ はとれませんので, ［交代群の共役類］より, (12345) の A_5 における共役類は 2 つに分解します. このように考えて, A_5 の共役類の完全代表系として,

$$\{e, (12345), (12354), (123), (12)(34)\}$$

をとることができます.

5 次対称群の表現を 5 次交代群にさせることにより, いくつかの表現をえることができますので, それをやってみましょう. S_4 の指標テーブルから, 次がえられます.

	A_5	[1] e	[12] (12345)	[12] (12354)	[20] (123)	[15] (12)(34)
(1)	ρ_{trv}, sgn	1	1	1	1	1
(4)	ρ_{std}, $\rho_{(2,1,1,1)}$	4	-1	-1	1	0
(5)	$\rho_{(3,2)}$, $\rho_{(2,2,1)}$	5	0	0	-1	1
(6)	$\rho_{(3,1,1)}$	$6^{\triangle}$	$1^{\triangle}$	$1^{\triangle}$	$0^{\triangle}$	$-2^{\triangle}$

自明表現と符号表現は, A_5 の表現としては同値です. 同様に, 2 つの 4 次表現, 2 つの 5 次表現もそれぞれ同値になります. このうち, 第 11 話の［指標の直交性 I］より, 1,4,5 次表現は既約で, 6 次表現の $\rho_{(3,1,1)}$ だけは既約でないことがわかります. 既約でないことを強調するため, 指標には △ 印をつけておきました.

第 11 話の［既約表現の次数の平方和］より, 3 次の既約表現があと 2 つあるので, それらを見つければよいです. 5 次交代群の 3 次の表現は, すでに第 14 話であたえていますので, それを調べてみましょう. A_5 の生成元を, あらためて $s=(12)(34)$, $t=(135)$ とおきます. 第 14 話の式 (14.1) より, 3 次表現 ρ_3 として

$$\rho_3(s)=\begin{pmatrix}-1&0&1\\0&1&0\\0&0&-1\end{pmatrix},\quad \rho_3(t)=\begin{pmatrix}-\varphi^{-1}/2&1/2&-\varphi/2\\1/2&\varphi/2&\varphi^{-1}/2\\\varphi/2&-\varphi^{-1}/2&-1/2\end{pmatrix}\quad \left(\varphi=\frac{1+\sqrt{5}}{2}\right)$$

がとれます. 共役類の完全代表系の表現は,

$$(12345)=ts,\quad (12354)=tst^2stst^2st^2,\quad (123)=st^2stst,\quad (12)(34)=s$$

より求められ,

$$\rho_3((12345))=\begin{pmatrix}\varphi^{-1}/2&1/2&\varphi/2\\-1/2&\varphi/2&-\varphi^{-1}/2\\-\varphi/2&-\varphi^{-1}/2&1/2\end{pmatrix},\quad \rho_3((12354))=\begin{pmatrix}-\varphi^{-1}/2&1/2&-\varphi/2\\-1/2&-\varphi/2&-\varphi^{-1}/2\\-\varphi/2&\varphi^{-1}/2&1/2\end{pmatrix},$$

$$\rho_3((123))=\begin{pmatrix}0&-1&0\\0&0&1\\-1&0&0\end{pmatrix},\qquad \rho_3((12)(34))=\begin{pmatrix}-1&0&0\\0&1&0\\0&0&-1\end{pmatrix}$$

となります. これより, 指標が

$$\chi_3((12345)) = \varphi,\ \ \chi_3((12354)) = -\varphi^{-1},\ \ \chi_3((123)) = 0,\ \ \chi_3((12)(34)) = -1$$

と求まります. 第 11 話の［指標の直交性 I］より, これは既約表現であることが確かめられます.

もう 1 つ 3 次表現を見つけなければならないのですが, それは

$$\rho_3'(\sigma) = \rho_3\big((45)\sigma(45)^{-1}\big)$$

とすることによりえられます. 一見すると,

$$\rho_3'(\sigma) = \rho_3((45))\rho_3(\sigma)\rho_3((45))^{-1}$$

により, ρ_3' と ρ_3 は同値な表現かのように見えますが, $(45) \notin A_5$ ですので, そのようにはなっていませんし, そもそも $\rho_3((45))$ などというものもありません. つまり, $\sigma \mapsto (45)\sigma(45)^{-1}$ は「外部」自己同型です. この自己同型は, 4 と 5 の役割をいれ換える操作で, ρ_3 から簡単にえられるものです. 具体的には,

$$\rho_3'(12345) = \rho_3(12354), \qquad \rho_3'(12354) = \rho_3(12345),$$
$$\rho_3'(123) = \rho_3(123), \qquad \rho_3'((12)(34)) = \rho_3((12)(35))$$

とするだけでえられます. これから指標は,

$$\chi_3'((12345)) = -\varphi^{-1},\ \ \chi_3'((12354)) = \varphi,\ \ \chi_3'((123)) = 0,\ \ \chi_3'((12)(34)) = -1$$

と求まり, これも既約表現だとわかります. 生成元 s, t の表現をあたえるには, $(12)(35) = t^2st^2stst$, $(134) = stst^2st^2$ を用いればよく,

$$\rho_3'(s) = \rho_3((12)(35)) = \begin{pmatrix} -\varphi/2 & \varphi^{-1}/2 & 1/2 \\ \varphi^{-1}/2 & -1/2 & \varphi/2 \\ 1/2 & \varphi/2 & \varphi^{-1}/2 \end{pmatrix},$$

$$\rho_3'(s) = \rho_3((134)) = \begin{pmatrix} 0 & -1 & 0 \\ 0 & 0 & -1 \\ 1 & 0 & 0 \end{pmatrix}$$

となります.

以上より, 5 次交代群の指標テーブルを次のようにえることができます.

		[1]	[12]	[12]	[20]	[15]
	A_5	e	(12345)	(12354)	(123)	(12)(34)
(1)	ρ_{trv}	1	1	1	1	1
(4)	ρ_{std}	4	-1	-1	1	0
(5)	$\rho_{(3,2)}$	5	0	0	-1	1
(3)	ρ_3	3	φ	$-\varphi^{-1}$	0	-1
(3)	ρ'_3	3	$-\varphi^{-1}$	φ	0	-1

これで, SO_3 の有限部分群としての点群のすべての指標テーブルが完成しました.

18話

選　択　則

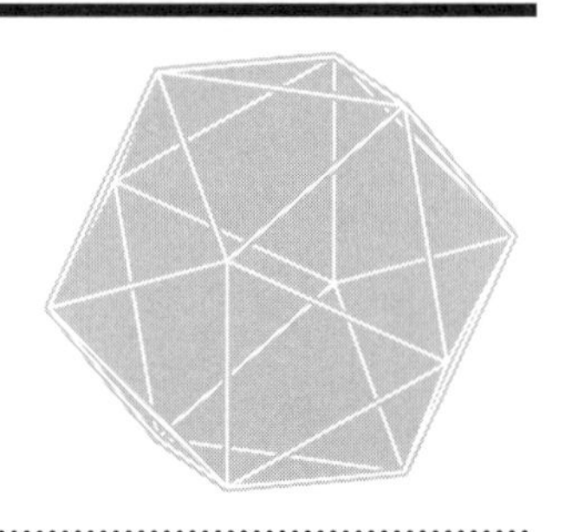

分子に電磁波をあてると, 電磁波が吸収, または散乱され, 分子の状態が変化することがあります. 分子が点群の対称性をもつとき, その散乱の様子には特徴的なパターンがあらわれます. 散乱の過程は, シュレーディンガー方程式によって記述され, 摂動論を用いて散乱の振幅を計算することができます. シュレーディンガー方程式の解析には, さまざまな工夫が必要ですが, 分子が対称性をもつ場合は, 詳しい計算をするまでもなく予めわかることがいくつかあり, そのようなことは考えにいれておく必要があります. ここではまず, O_3 の一般の点群について少し話したあとで, 点群の対称性をもつ分子の状態遷移に関する選択則についてみていきます.

第 13 話では SO_3 の有限点群を分類しました. これらの点群は, 空間回転のみからなる変換群で, 鏡映などの操作は含んでいません. そこで, O_3 の点群がどのようにしてえられるのか, 少し考えておきましょう.

O_3 の有限点群

O_3 の有限な点群 G は, SO_3 の点群ではないとする. SO_3 の有限な点群 G_0 と, O_3 の部分群としての G_0 の正規化群 $N(G_0) = \{x \in O_3 \mid xG_0x^{-1} = G_0\}$ の SO_3 には属さない元 σ がとれて,

$$G = G_0 \cup \sigma G_0 \quad (\sigma \in N(G_0) \setminus SO_3)$$

と書ける.

[証明] G は O_3 の有限な点群で, SO_3 の部分群にはなっていないとします. $SO_3 \lhd O_3$ ですので, 第 3 話の［$H \cap N \lhd H$］より, $G_0 = G \cap SO_3$ は G の正規部分群になっています. また, G は $N(G_0)$ の部分群になっていることもわか

ります. 任意に $\sigma, \sigma' \in G \setminus G_0$ をとると, $\det\left(\sigma^{-1}\sigma'\right) = 1$ より, $\sigma^{-1}\sigma' \in G_0$ となっていますので, これらは G_0 に関して左合同です. したがって, 任意に $\sigma \in G_0 \setminus G$ をとることにより, G は $G = G_0 \cup \sigma G_0$ と, G_0 に関する左剰余類に分解できることになります. また, $G = \langle G_0 \cup \{\sigma\} \rangle$ となっています. ■

結局, G_0 として C_n, D_n, T, O, I 型の点群をとり, $\sigma G_0 \sigma^{-1} = G_0$ のように G_0 を不変にする行列式 -1 の元 σ を添加することにより, O_3 の任意の有限点群は構成できることになります. このとき, 同じ G_0 からでも, 添加する元 σ によって複数の異なる点群がえられることがあります. 特に σ として, G_0 のすべての元と可換なものをとってくると, えられる点群は直積群 $G_0 \times C_2$ となります. そこで一般論として, 直積群の表現について整理しておきます.

［定義］ 外部直積表現

有限群 G_1, G_2 の有限次の複素表現をそれぞれ $\rho : G_1 \to GL(V_1)$, $\lambda : G_2 \to GL(V_2)$ とする. このとき,

$$\rho \otimes \lambda : G_1 \times G_2 \to GL(V_1 \otimes V_2); (x, y) \mapsto \rho(x) \otimes \lambda(y)$$

によってえられる表現 $\rho \otimes \lambda$ を, ρ と λ の外部直積表現という.

$A \in GL(V_1)$, $B \in GL(V_2)$ に対して, $A \otimes B \in GL(V_1 \otimes V_2)$ は,

$$(A \otimes B)\left(\sum_{i=1}^{s} \boldsymbol{u}_i \otimes \boldsymbol{v}_i\right) = \sum_{i=1}^{s} A(\boldsymbol{u}_i) \otimes B(\boldsymbol{v}_i)$$

で定義されています.

直積群の既約表現

有限群 G_1, G_2 の, 表現の同値に関する既約表現の完全代表系を, それぞれ $\{\rho_\alpha\}_{\alpha=1}^{r}$, $\{\lambda_\beta\}_{\beta=1}^{s}$ とする. このとき, 外部直積表現の集合 $\{\rho_\alpha \otimes \lambda_\beta\}_{\alpha=1}^{r}{}_{\beta=1}^{s}$ は, $G_1 \times G_2$ の既約表現の完全代表系をなす.

［証明］ ρ_α を G_1 の m 次の既約表現, λ_β を G_2 の n 次の既約表現とします. 外部直積表現 $\rho_\alpha \otimes \lambda_\beta$ の作用は, 成分を用いて

$$(\rho \otimes \lambda)((x, y))(\boldsymbol{u} \otimes \boldsymbol{v})_{ik} = \sum_{j=1}^{m} \rho(x)_{ij} \boldsymbol{u}_j \sum_{l=1}^{n} \lambda(y)_{kl} \boldsymbol{v}_l$$

$$= \sum_{j=1}^{m} \sum_{l=1}^{n} \rho(x)_{ij} \lambda(y)_{kl} (\boldsymbol{u} \otimes \boldsymbol{v})_{jl}$$

と書けますので, 表現行列の成分は,

$$(\rho \otimes \lambda)((x,y))_{ik,jl} = \rho(x)_{ij} \lambda(y)_{kl}$$

となっています. これから, 外部直積表現の指標は

$$\chi_{\rho\otimes\lambda}((x,y)) = \sum_{i=1}^{m} \sum_{k=1}^{n} (\rho\otimes\lambda)((x,y))_{ik,ik} = \sum_{i=1}^{m} \rho(x)_{ii} \sum_{k=1}^{n} \lambda(y)_{kl} = \chi_\rho(x)\chi_\lambda(y)$$

のように, 指標の積になることがわかります.

ρ_α, λ_β, $\rho_\alpha \otimes \lambda_\beta$ の指標をそれぞれ, χ_α, χ_β, $\chi_{\alpha,\beta}$ と書くことにすると, 第 11 話の［指標の直交性 I］より,

$$\sum_{(x,y)\in G_1\times G_2} \overline{\chi_{\alpha,\beta}((x,y))}\chi_{\alpha',\beta'}((x,y)) = \sum_{x\in G_1} \overline{\chi_\alpha(x)}\chi_{\alpha'}(x) \sum_{y\in G_2} \overline{\chi_\beta(y)}\chi_{\beta'}(y)$$

$$= {}^{\#}G_1 \delta_{\alpha\alpha'} {}^{\#}G_2 \delta_{\beta\beta'} = {}^{\#}(G_1\times G_2)\delta_{\alpha\alpha'}\delta_{\beta\beta'}$$

となります. これは, $\{\rho_\alpha \otimes \lambda_\beta\}$ が, どの 2 つも互いに同値ではない, rs 個の既約表現の集合であることを意味します. ρ_α, λ_β の表現の次数をそれぞれ m_α, n_β とすれば, 第 11 話の［既約表現の次数の平方和］より,

$$\sum_{\alpha=1}^{r} m_\alpha^2 = {}^{\#}G_1, \quad \sum_{\beta=1}^{s} n_\beta^2 = {}^{\#}G_2$$

が成り立ちます. $\rho_\alpha \otimes \lambda_\beta$ の次数が $m_\alpha n_\beta$ であることに注意すると,

$$\sum_{\alpha=1}^{r} \sum_{\beta=1}^{s} (m_\alpha n_\beta)^2 = \sum_{\alpha=1}^{r} m_\alpha^2 \sum_{\beta=1}^{s} n_\beta^2 = {}^{\#}G_1 {}^{\#}G_2 = {}^{\#}(G_1 \times G_2)$$

より, $\{\rho_\alpha \otimes \lambda_\beta\}$ が $G_1 \times G_2$ の既約表現の完全代表系をなしていることが確かめられます. ■

以下では, ある点群の対称性をもつ物理系の状態変化について考えてみます. 系の状態は, 波動関数 ψ であらわされます. N 個の粒子の系であれば, 波動関数は N 個の粒子の位置の関数で, $\psi(\boldsymbol{x}^{(1)}, \ldots, \boldsymbol{x}^{(N)}, t)$ という多変数関数であらわされます. ただし, ここでは粒子のスピンについては考えないことにします. ψ の関数形は, デカルト座標系 (x_1, x_2, x_3) を 1 つ固定して決まるものです. 別のデカルト座標系

$$\widetilde{x}_i = \sum_{j=1}^{3} R_{ij} x_j + a_i \quad (i = 1, 2, 3)$$

を用いれば, その座標系における波動関数の関数形 $\widetilde{\psi}$ は,

$$\widetilde{\psi}\bigl(\boldsymbol{x}^{(1)}, \ldots, \boldsymbol{x}^{(N)}, t\bigr) = \psi\bigl(R^{-1}\boldsymbol{x}^{(1)} - \boldsymbol{a}, \ldots, R^{-1}\boldsymbol{x}^{(N)} - \boldsymbol{a}, t\bigr)$$

のように形がかわります. この変換のしくみについては, ψ が 1 つの電子のものである場合を前提にした, 第 12 話における議論と同じです. 座標変換によって視点を変更したので, 波動関数の関数形が変わってしまいましたが, 物理系の異なる状態に変化したというわけではありません. この視点の変更により, 状態の時間発展を記述するシュレーディンガー方程式の, 見かけの形も変更を受けます. 分子が点群 G の対称性をもつというのは, 座標変換の形を,

$$\widetilde{\boldsymbol{x}} = g\boldsymbol{x} \quad (g \in G)$$

という形のものに限定すれば, シュレーディンガー方程式の見かけの形が変化しないことを指します.

点群 G の元 g の作用による波動関数の変換は $\psi \mapsto \widetilde{\psi} = U_g \psi$, ハミルトニアンの変換は $H \to \widetilde{H} = U_g H U_g^{-1}$ と書け, 系が点群 G の対称性をもつのは, 任意の $g \in G$ に対して $\widetilde{H} = H$ となるときです.

点群 G の対称性をもつ分子の, エネルギー E に属する固有空間 V_E は, 第 12 話の［ハミルトニアンの固有空間は対称変換群の表現空間］より, 表現 $U : G \to GL(\mathscr{H})$ の不変部分空間になっています. 偶然縮退はなく, U は V_E 上で G の次数 n_β の既約表現 ρ_β になっているとしましょう. V_E の正規直交基底 $\{\varphi_1^{(\beta)}, \ldots, \varphi_{n_\beta}^{(\beta)}\}$ をとれば, 任意の $g \in G$ に対して

$$U_g \varphi_j^{(\beta)} = \sum_{i=1}^{n_\beta} \varphi_i^{(\beta)} \rho_\beta(g)_{ij} \quad (j = 1, \ldots, n_\beta)$$

が成り立つことになります.

V_E 上の状態 ϕ の時間発展は,

$$\phi(t) = e^{-iEt/\hbar} \phi(0)$$

のように位相因子が変化するだけで, 特に状態は V_E にとどまり続けます. ただし, これは系が外界から隔離されていて, 環境からの影響を受けないときの話です. 電磁波をあてるなど, 外界との相互作用があれば, 状態は一般に V_E の外に

遷移します. 外界との相互作用は, $\mathscr{H}$ 上の線型作用素 O であらわせます. 相互作用 O があるとき, 状態 ϕ はある確率で状態 ψ に遷移し, その確率は,

$$\langle \psi, O\phi \rangle = \int \overline{\psi(\boldsymbol{x}^{(1)}, \ldots, \boldsymbol{x}^{(N)})} (O\phi)(\boldsymbol{x}^{(1)}, \ldots, \boldsymbol{x}^{(N)}) d^3x^{(1)} \cdots d^3x^{(N)}$$

であらわされる, 振幅とよばれる量を元にして計算できます. 周期的に変化する電磁波を一定時間照射する状況を考えれば, 相互作用 O は, 時間に依存することになりますが, 時間依存性はここでの話にはあまり関係ないので, O は時間に依存しないとして扱います.

点群の表現を考えることにより, 振幅 $\langle \psi, O\phi \rangle$ がゼロであるとわかる場合があります. そのようなとき, 選択則があるといい, 状態 ϕ から状態 ψ への遷移がおこらないことが予めわかります. 分子に対するそのような知識は, 実験結果を予言し, 解釈する上で有用です.

点群 G の元 g は, $\mathbb{R}^3$ の原点を固定する合同変換で, 直交行列による座標変換 $\widetilde{\boldsymbol{x}} = g\boldsymbol{x}$ のことです. これに伴って, $\mathbb{R}^3$ のベクトル $\boldsymbol{u}$ の成分は,

$$\widetilde{u}_i = \sum_{j=1}^{3} g_{ij} u_j$$

と変換します. g を $\mathbb{C}^3$ のベクトルに作用するユニタリー行列とみなして, G の定義表現とよぶことにしましょう.

[定義] 点群の定義表現

点群 G の元 g を 3 次のユニタリー行列とみなすことによりえられる複素表現 $\rho_{\mathrm{def}} : G \to GL_3(\mathbb{C})$ を, G の定義表現とよぶ. 定義表現は, 具体的に $\rho_{\mathrm{def}}(g)_{ij} = g_{ij}$ によってあたえられる.

$\mathscr{H}$ 上の線型作用素の組 $\{O_1, O_2, O_3\}$ で, 直交変換 $\widetilde{\boldsymbol{x}} = R\boldsymbol{x}$ に対して, ベクトルのように変換するものがあります.

[定義] ベクトル作用素

状態空間 $\mathscr{H}$ 上の線型作用素の組 $\{O_1, O_2, O_3\}$ のうち, 直交変換 $\widetilde{x} = Rx$ に対して

$$U_R O_j U_R^{-1} = \sum_{i=1}^{3} O_i R_{ij} \quad (j = 1, 2, 3)$$

と変換するものを，ベクトル作用素という．

ベクトル作用素の，O_3 の部分群である点群 G の元 g に対する作用は，

$$U_g O_j U_g^{-1} = \sum_{i=1}^{3} O_i \rho_{\mathrm{def}}(g)_{ij} \quad (j = 1, 2, 3)$$

と書けます．

より一般には，

$$U_g O_{j_1 \cdots j_p} U_g^{-1} = \sum_{i_1, \ldots, i_p = 1}^{3} O_{i_1 \cdots i_p} \rho_{\mathrm{def}}(g)_{i_1 j_1} \cdots \rho_{\mathrm{def}}(g)_{i_p j_p}$$

と変換する，p 階のテンソル作用素とよばれるものがあります．

ベクトル作用素の変換則は，$\{O_1, O_2, O_3\}$ が G の表現 ρ_{def} の表現空間の正規直交基底になっていることを意味します．定義表現は G の既約表現ではなく，したがってより基本的な作用素の組に既約分解されます．ρ_{def} は 3 次表現ですので，3 つの 1 次表現，または 1 つの 1 次表現と 1 つの 2 次表現との直和に分解されます．テンソル作用素は，p 個の ρ_{def} の直積表現ですので，3 次以上の既約表現を因子としてもつかもしれません．そこで，ベクトル，またはテンソル作用素を既約分解してできる作用素の組が，より基本的だということになります．

［定義］ 既約テンソル作用素

$\rho_\alpha : G \to GL(V)$ を点群 G の n_α 次の既約表現とする．$\mathscr{H}$ 上の線型作用素の組 $\{O_1^{(\alpha)}, \ldots, O_{n_\alpha}^{(\alpha)}\}$ は，$g \in G$ に対して

$$U_g O_j^{(\alpha)} U_g^{-1} = \sum_{i=1}^{n_\alpha} O_i^{(\alpha)} \rho_\alpha(g)_{ij} \quad (j = 1, \ldots, n_\alpha)$$

と変換するとき，表現 ρ_α に関する既約テンソル作用素であるという．

すると，ベクトル作用素 O_i や，一般にテンソル作用素 $O_{i_1 \cdots i_p}$ は，いくつかの既約テンソル作用素の複素線型結合として書けることになります．したがって，振幅 $\langle \psi, O\varphi \rangle$ は，より基本的な振幅たち $\left\{ \left\langle \varphi_k^{(\gamma)}, O_i^{(\alpha)} \varphi_j^{(\beta)} \right\rangle \right\}$ の線型結合として書けることになります．

$\mathscr{H}$ の関数の組 $\left\{ O_i^{(\alpha)} \varphi_j^{(\beta)} \right\}$ は，点群 G の変換 g に伴って，

$$O_i^{(\alpha)} \varphi_j^{(\beta)} \mapsto U_g O_i^{(\alpha)} \varphi_j^{(\beta)} = (U_g O_i^{(\alpha)} U_g^{-1}) U_g \varphi_j^{(\beta)} = \sum_{k=1}^{n_\alpha} \sum_{l=1}^{n_\beta} O_k^{\alpha} \varphi_l^{(\beta)} \rho_\alpha(g)_{ki} \rho_\beta(g)_{lj}$$

と変換します．これは，$\left\{O_i^{(\alpha)}\varphi_j^{(\beta)}\right\}$ が G の直積表現 $\rho_\alpha \otimes \rho_\beta$ の基底になっていることをあらわしています．

直積表現 $\rho_\alpha \otimes \rho_\beta$ がどのように既約分解されるかを知るには，指標をみるとよいです．

直積表現の指標

既約表現の直積表現 $\rho_\alpha \otimes \rho_\beta$ の指標 $\chi_{\alpha\otimes\beta}$ は，指標の積 $\chi_\alpha\chi_\beta$ に等しい．

[証明] 直積表現の表現行列は

$$(\rho_\alpha \otimes \rho_\beta)(g)_{ik,jl} = \rho_\alpha(g)_{ij}\rho_\beta(g)_{kl}$$

ですので，

$$\chi_{\alpha\otimes\beta}(g) = \mathrm{Tr}\,(\rho_\alpha \otimes \rho_\beta)(g) = \sum_{i=1}^{n_\alpha}\sum_{k=1}^{n_\beta}(\rho_\alpha \otimes \rho_\beta)(g)_{ik,ik}$$
$$= \sum_{i=1}^{n_\alpha}\rho_\alpha(g)_{ii}\sum_{k=1}^{n_\beta}\rho_\beta(g)_{kk} = \chi_\alpha(g)\chi_\beta(g)$$

となります．■

このことから，次のことがしたがいます．

選択則

点群 G の指標の間に，

$$\sum_{g\in G}\overline{\chi_\gamma(g)}\chi_\alpha(g)\chi_\beta(g) = 0$$

という関係式があるとき，

$$\left\langle \varphi_k^{(\gamma)}, O_i^{(\alpha)}\varphi_j^{(\beta)} \right\rangle = 0$$

が成り立つ．

[証明] G の既約表現のラベルの集合を Λ とします．エネルギー E の固有空間 V_E が既約表現 ρ_δ になっているとき，E は表現 ρ_δ のエネルギー，V_E に属する関数は表現 ρ_δ に属する関数だということにします．$O_i^{(\alpha)}\varphi_j^{(\beta)}$ は，直積表現 $\rho_\alpha \otimes \rho_\beta$ の表現ベクトルです．$O_i^{(\alpha)}\varphi_j^{(\beta)}$ は，

$$O_i^{(\alpha)}\varphi_j^{(\beta)} = \sum_{\delta\in\Lambda} c_\delta \psi^{(\delta)}$$

と分解されます．ただし，$\psi^{(\delta)}$ は，表現 ρ_δ に属する関数の線型結合です．これは，必ずしも 1 つのエネルギー固有空間に属しているとは限りません．

異なる表現に属する，$\mathscr{H}$ の 2 つの関数は直交することから，

$$\left\langle \varphi_k^{(\gamma)}, O_i^{(\alpha)} \varphi_j^{(\beta)} \right\rangle = c_\gamma \left\langle \varphi_k^{(\gamma)}, \psi^{(\gamma)} \right\rangle$$

が成り立ちます．

直積表現の既約分解を

$$\rho_\alpha \otimes \rho_\beta = \sum_{\delta \in \Lambda} m_\delta \rho_\delta$$

とするとき，第 11 話の [指標の直交性 I] より，表現の重複度 m_δ は，

$$m_\delta = \frac{1}{\# G} \sum_{g \in G} \overline{\chi_\delta(g)} \chi_{\alpha \otimes \beta}(g) = \frac{1}{\# G} \sum_{g \in G} \overline{\chi_\delta(g)} \chi_\alpha(g) \chi_\beta(g)$$

であたえられます．定理の主張は $m_\gamma = 0$ のとき，$c_\gamma = 0$ となることからしたがいます．■

選択則の具体例として，点群 D_n の対称性をもつ物理系を考えましょう．D_n 型の点群は，群としては $D_{2n} = \langle r, s \mid r^n = s^2 = (sr)^2 = e \rangle$ なのでした．D_{2n} の生成元として，

$$r = Z_{2\pi/n} = \begin{pmatrix} \cos(2\pi/n) & -\sin(2\pi/n) & 0 \\ \sin(2\pi/n) & \cos(2\pi/n) & 0 \\ 0 & 0 & 1 \end{pmatrix}, \quad s = \begin{pmatrix} 1 & 0 & 0 \\ 0 & -1 & 0 \\ 0 & 0 & -1 \end{pmatrix}$$

をとります．

ここではさらに，x_1x_2-平面に関する鏡映

$$\sigma_h = \begin{pmatrix} 1 & 0 & 0 \\ 0 & 1 & 0 \\ 0 & 0 & -1 \end{pmatrix}$$

に対して物理系は不変だとしましょう．こうして構成される点群は D_{nh} 型だといいます．σ_h は D_{2n} のすべての元と可換ですので，点群 D_{nh} は，群としては直積群 $D_{2n} \times C_2$ です．したがって［直積群の既約表現］より，点群 D_{nh} の指標テーブルは，第 15 話の D_n の指標テーブルを用いて，以下のように作ることができます．

まず n の偶奇によって，2 通りのパターンがあります．$n = 2m$ $(m = 2, 3, \ldots)$

のとき,

	$D_{4m}\times C_2$	$[1]$ e	$[2]$ $\underset{(k=1,\dots,m-1)}{r^k}$	$[1]$ r^m	$[m]$ s	$[m]$ sr	$[1]$ σ_h	$[2]$ $\underset{(k=1,\dots,m-1)}{\sigma_h r^k}$	$[1]$ $\sigma_h r^m$	$[m]$ $\sigma_h s$	$[m]$ $\sigma_h sr$
(1)	$\overset{(\epsilon_1,\epsilon_2,\delta=0,1)}{\rho_{\epsilon_1,\epsilon_2,\delta}}$	1	$(-1)^{\epsilon_1 k}$	$(-1)^{\epsilon_1 m}$	$(-1)^{\epsilon_2}$	$(-1)^{\epsilon_1+\epsilon_2}$	$(-1)^{\delta}$	$(-1)^{\epsilon_1 k+\delta}$	$(-1)^{\epsilon_1 m+\delta}$	$(-1)^{\epsilon_2+\delta}$	$(-1)^{\epsilon_1+\epsilon_2+\delta}$
(2)	$\overset{(j=1,\dots,m-1;\ \delta=0,1)}{\rho'_{j,\delta}}$	2	$2\cos\left(\frac{\pi jk}{m}\right)$	$2(-1)^j$	0	0	$2(-1)^{\delta}$	$2(-1)^{\delta}\cos\left(\frac{\pi jk}{m}\right)$	$2(-1)^{j+\delta}$	0	0

$n=2m+1$ $(m=1,2,\dots)$ のとき,

	$D_{4m+2}\times C_2$	$[1]$ e	$[2]$ $\underset{(k=1,\dots,m)}{r^k}$	$[2m+1]$ s	$[1]$ σ_h	$[2]$ $\underset{(k=1,\dots,m)}{\sigma_h r^k}$	$[2m+1]$ $\sigma_h s$
(1)	$\overset{(\epsilon,\delta=0,1)}{\rho_{\epsilon,\delta}}$	1	1	$(-1)^{\epsilon}$	$(-1)^{\delta}$	$(-1)^{\delta}$	$(-1)^{\epsilon+\delta}$
(2)	$\overset{(j=1,\dots,m;\ \delta=0,1)}{\rho'_{j,\delta}}$	2	$2\cos\left(\frac{2\pi jk}{2m+1}\right)$	0	$2(-1)^{\delta}$	$2(-1)^{\delta}\cos\left(\frac{2\pi jk}{2m+1}\right)$	0

となります. また, $n=2$ の場合は,

	$D_4\times C_2$	$[1]$ e	$[1]$ r	$[1]$ s	$[1]$ sr	$[1]$ σ_h	$[1]$ $\sigma_h r$	$[1]$ $\sigma_h s$	$[1]$ $\sigma_h sr$
(1)	$\overset{(\epsilon_1,\epsilon_2,\delta=0,1)}{\rho_{\epsilon_1,\epsilon_2,\delta}}$	1	$(-1)^{\epsilon_1}$	$(-1)^{\epsilon_2}$	$(-1)^{\epsilon_1+\epsilon_2}$	$(-1)^{\delta}$	$(-1)^{\epsilon_1+\delta}$	$(-1)^{\epsilon_2+\delta}$	$(-1)^{\epsilon_1+\epsilon_2+\delta}$

とすればよいです.

相互作用は, ベクトル作用素 $\{O_1, O_2, O_3\}$ の線型結合で書けるとしましょう. ベクトル作用素の代表的な例としては, a 番目の電子の運動量作用素 $p_i^{(a)} = -i\hbar\partial/\partial x_i^{(a)}$ $(i = 1,2,3)$ などがあげられます. ベクトル作用素は, 点群の定義表現の基底をなしています. そこで, 点群の定義表現の指標を調べてみると, $n = 2m$ $(m = 2, 3, \ldots)$ のときの指標テーブルは,

	$D_{4m} \times C_2$	[1] e	[2] r^k $(k=1,\ldots,m-1)$	[1] r^m	[m] s	[m] sr
(3)	ρ_{def}	$3^\triangle$	$1+2\cos\left(\dfrac{\pi k}{m}\right)^\triangle$	$-1^\triangle$	$-1^\triangle$	$-1^\triangle$

[1] σ_h	[2] $\sigma_h r^k$ $(k=1,\ldots,m-1)$	[1] $\sigma_h r^m$	[m] $\sigma_h s$	[m] $\sigma_h sr$
$1^\triangle$	$-1+2\cos\left(\dfrac{\pi k}{m}\right)^\triangle$	$-3^\triangle$	$1^\triangle$	$1^\triangle$

$n = 2m + 1$ $(m = 1, 2, \ldots)$ のときは,

	$D_{4m+2} \times C_2$	[1] e	[2] r^k $(k=1,\ldots,m)$	[2m+1] s
(3)	ρ_{def}	$3^\triangle$	$1+2\cos\left(\dfrac{2\pi k}{2m+1}\right)^\triangle$	$-1^\triangle$

[1] σ_h	[2] $\sigma_h r^k$ $(k=1,\ldots,m)$	[2m+1] $\sigma_h s$
$1^\triangle$	$-1+2\cos\left(\dfrac{2\pi k}{2m+1}\right)^\triangle$	$1^\triangle$

となります. これらは既約ではないので, 指標には △ 印をつけてあります. また, $n = 2$ のときは,

	$D_4 \times C_2$	[1] e	[1] r	[1] s	[1] sr	[1] σ_h	[1] $\sigma_h r$	[1] $\sigma_h s$	[1] $\sigma_h sr$
(3)	ρ_{def}	$3^\triangle$	$-1^\triangle$	$-1^\triangle$	$-1^\triangle$	$1^\triangle$	$-3^\triangle$	$1^\triangle$	$1^\triangle$

となります.

これらの指標テーブルを用いると, 第 11 話の［指標の直交性 I］より, 定義表

現の既約分解ができます. $n=2m$ のとき, 1 次表現と 2 次表現の直和

$$\rho_{\mathrm{def}} = \rho_{0,1,1} \oplus \rho'_{1,0}$$

$n=2m+1$ のときも 1 次表現と 2 次表現の直和

$$\rho_{\mathrm{def}} = \rho_{1,1} \oplus \rho'_{1,0}$$

$n=2$ のときは, 3 つの 1 次表現の直和

$$\rho_{\mathrm{def}} = \rho_{0,1,1} \oplus \rho_{1,0,0} \oplus \rho_{1,1,0}$$

に分解します.

このように, $n=3,4,\ldots$ のとき, 定義表現は 1 次表現と 2 次表現の直和に分解します. このとき, 1 次元の不変部分空間の基底は $\{O_3\}$, 2 次元の不変部部分空間の基底は $\{O_1, O_2\}$ ととれます. また, $n=2$ のとき, 1 次表現 $\rho_{0,1,1}$ の不変部分空間の基底は $\{O_3\}$, $\rho_{1,0,0}$ の基底は $\{O_1\}$, $\rho_{1,1,0}$ の基底は $\{O_2\}$ となっています.

相互作用のうち, 既約テンソル作用素 O_3 によって起こる状態の遷移の可能性について考えてみましょう. 選択則による制限によって, 振幅 $\left\langle \varphi^{(\gamma)}, O_3\varphi^{(\beta)} \right\rangle$ は多くの場合ゼロとなり, 対応する状態遷移は起こらないことがわかります. ゼロにならない振幅は, 以下の 3 つの場合のみです.

$n=2m$ $(m=2,3,\ldots)$ のとき,

$$\left\langle \varphi^{(\epsilon_1, 1-|\epsilon_2|, 1-|\delta|)}, O_3\varphi^{(\epsilon_1,\epsilon_2,\delta)} \right\rangle \quad (\epsilon_1, \epsilon_2, \delta = 0, 1),$$

$$\left\langle \varphi^{(j, 1-|\delta|)'}, O_3\varphi^{(j,\delta)'} \right\rangle \quad (j=1,\ldots,m;\ \delta=0,1)$$

$n=2m+1$ のとき,

$$\left\langle \varphi^{(1-|\epsilon|, 1-|\delta|)}, O_3\varphi^{(\epsilon,\delta)} \right\rangle \quad (\epsilon, \delta = 0, 1),$$

$$\left\langle \varphi^{(j, 1-|\delta|)'}, O_3\varphi^{(j,\delta)'} \right\rangle \quad (j=1,\ldots,m;\ \delta=0,1)$$

$n=2$ のとき,

$$\left\langle \varphi^{(\epsilon_1, 1-|\epsilon_2|, 1-|\delta|)}, O_3\varphi^{(\epsilon_1,\epsilon_2,\delta)} \right\rangle \quad (\epsilon_1, \epsilon_2, \delta = 0, 1)$$

19話

分子の振動

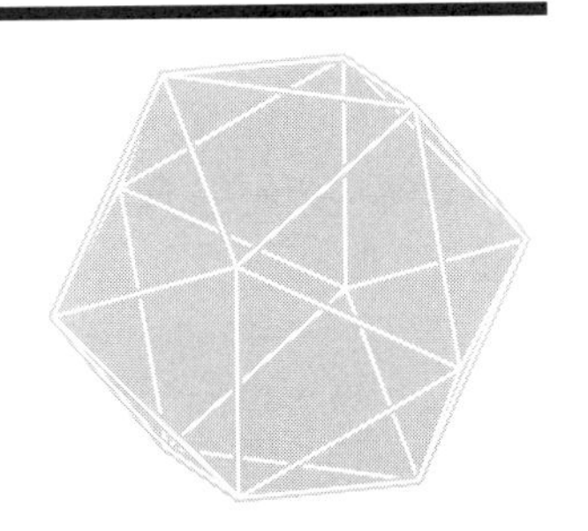

点群の表現の典型的な応用例として, 分子による光の吸収について考えてみましょう. まず分子というのは, いくつかの原子が結合してできているもので, それぞれの原子核は空間の特定の位置に配置されています. 1つの分子はその特定の配置にあるときに最も低いエネルギーの状態にあり, 外界との相互作用によってエネルギーの供給があると, 分子の形が周期的に微小振動することにより, 少し高いエネルギーの状態に遷移することがあります.

ここでは, 最初に分子の運動を古典力学のハミルトン形式で扱います. そこで, ハミルトン形式について少し復習しておきます. 一般に, 物理系の空間的配置が, n 個の連続変数の組 $(q_1, \ldots, q_n)$ で指定できるとき, 系の自由度は n で, $(q_1, \ldots, q_n)$ を座標にもつ n 次元空間を, 配位空間といいます. これに n 個の連続変数 $(p_1, \ldots, p_n)$ を余分に加え, $(q_1, \ldots, q_n, p_1, \ldots, p_n)$ を座標にもつ $2n$ 次元空間を考えます. p_i は q_i に共役な運動量といい, この $2n$ 次元空間を相空間といいます. 運動量は系の配位の時間変化率の情報をもつ量で, 系の状態は配位と運動量の組, つまり相空間の1点に対応します. したがって系の時間発展は, 時刻 t をパラメーターとする相空間上のパラメーター曲線 $(q_1(t), \ldots, q_n(t), p_1(t), \ldots, p_n(t))$ によって記述されます. 系の時間発展は, ハミルトニアンとよばれる相空間上の関数 $H(q_1, \ldots, q_n, p_1, \ldots, p_n)$ に支配されます. ハミルトニアン H で記述される物理系の運動は

$$\dot{q}_i = \frac{\partial H}{\partial p_i}, \quad \dot{p}_i = -\frac{\partial H}{\partial q_i} \quad (i = 1, \ldots, n) \tag{19.1}$$

にしたがいます. 典型的な例として, s 個の質点の系を考えます. それぞれの質点を自然数 $a = 1, \ldots, s$ で区別し, a 番目の質点の質量を m_a, $\mathbb{R}^3$ における位置を $\boldsymbol{x}_a = (x_{a1}, x_{a2}, x_{a3})$, 共役な運動量を $\boldsymbol{p}_a = (p_{a1}, p_{a2}, p_{a3})$ とします. ハミルトニアンは, 多くの場合

$$H = \sum_{a=1}^{s} \frac{p_{a1}^2 + p_{a2}^2 + p_{a3}^2}{2m_a} + V(\boldsymbol{x}_1, \ldots, \boldsymbol{x}_s)$$

であたえられます. 配位空間上の関数 V は, ポテンシャル関数とよばれます. すると, 方程式

$$\dot{x}_{ai} = \frac{\partial H}{\partial p_{ai}} = \frac{p_{ai}}{m_a}$$

は, 運動量と速度の関係 $\boldsymbol{p}_a = m\dot{\boldsymbol{x}}_a$ をあたえ, 残りの方程式

$$\dot{p}_{ai} = -\frac{\partial H}{\partial x_{ai}} = -\frac{\partial V}{\partial x_{ai}}$$

は, ニュートンの運動方程式に対応します.

$2n$ 次元の相空間上の関数 $f(q_1, \ldots, q_n, p_1, \ldots, p_n)$ を省略して $f(q, p)$ などと書くことにしましょう. 相空間の座標として, 別のもの $(Q_1, \ldots, Q_n, P_1, \ldots, P_n)$ をとることができます. すると, 相空間上の関数 f は, 新しい座標の関数となります. つまり, 座標変換を

$$q_i = q_i(Q, P), \quad p_i = p_i(Q, P) \quad (i = 1, \ldots, n)$$

として, $\widetilde{f}(Q, P) = f(q(Q, P), p(Q, P))$ が f の新しい表示となります. このように関数形は変わりますが, 混乱の生じない限りは $\widetilde{f}(Q, P)$ のことを $f(Q, P)$ と書くことにします. ハミルトニアンも, 関数形が変わってしまいますが, もし, 連立方程式

$$\dot{Q}_i = \frac{\partial H}{\partial P_i}, \quad \dot{P}_i = -\frac{\partial H}{\partial Q_i} \quad (i = 1, \ldots, n)$$

が, 全体としてもとの連立方程式 (19.1) と同じものであれば, この座標変換は正準変換であるといいます. また, (Q, P) は正準座標であるといいます. ハミルトン形式において, 相空間の座標を取り換えることはしばしばありますが, いつも正準変換を考えます.

具体的に正準変換を見つけるためには, 母関数を用いるのが有効です. なめらかな関数 $W(q_1, \ldots, q_n, P_1, \ldots, P_n)$ を任意に選びます. もし,

$$p_i = \frac{\partial W}{\partial q_i}, \quad Q_i = \frac{\partial W}{\partial P_i} \quad (i = 1, \ldots, n)$$

が $(Q_1, \ldots, Q_n, P_1, \ldots, P_n)$ について代数的に解くことができ, 新しい座標系をあたえるものであれば, (Q, P) は自動的に正準座標になっています. このとき, W を正準変換の母関数といいます.

以上の準備のもと, 以下では分子の振動をハミルトン形式で記述してみましょう. 分子の振動を記述するのに有効なのは, 調和振動子による近似です. 分子は s 個の原子からなるとし, それぞれの原子核の平衡点を, $\boldsymbol{X}_1, \ldots, \boldsymbol{X}_s$ とします. 原子核はそれぞれの平衡点のまわりで振動するとします. $a = 1, \ldots, s$ とし, a 番目の原子核の位置が $\boldsymbol{x}_a$ のときの, 分子の弾性エネルギーがポテンシャル関数 $V(\boldsymbol{x}_1, \ldots, \boldsymbol{x}_s)$ であたえられるとします. ただし, V は $(\boldsymbol{x}_1, \ldots, \boldsymbol{x}_s) = (\boldsymbol{X}_1, \ldots, \boldsymbol{X}_s)$ で極小となるなめらかな関数です. 極小性とは,

$$V_{,x_{ai}}(\boldsymbol{X}_1, \ldots, \boldsymbol{X}_s) = 0 \quad (a = 1, \ldots, s;\ i = 1, 2, 3)$$

が成り立つことと,

$$K_{ai,bj} = V_{,x_{ai}x_{bj}}(\boldsymbol{X}_1, \ldots, \boldsymbol{X}_s)$$

とおいたときに, 任意の s 個のベクトルの組 $(\boldsymbol{u}_1, \ldots, \boldsymbol{u}_s)$ に対して

$$\sum_{a,b=1}^{s} \sum_{i,j=1}^{3} K_{ai,bj} u_{ai} u_{bj} \geq 0$$

が成り立つ性質のことです. ここで,

$$V_{,x_{ai}}(\boldsymbol{x}_1, \ldots, \boldsymbol{x}_s) = \frac{\partial}{\partial x_{ai}} V(\boldsymbol{x}_1, \ldots, \boldsymbol{x}_s),$$
$$V_{,x_{ai}x_{bj}}(\boldsymbol{x}_1, \ldots, \boldsymbol{x}_s) = \frac{\partial^2}{\partial x_{ai} \partial x_{bj}} V(\boldsymbol{x}_1, \ldots, \boldsymbol{x}_s)$$

は, V の偏導関数のことです. 定数 $K_{ai,bj}$ は 2 階の偏微分係数ですので, $K_{ai,bj} = K_{bj,ai}$ をみたすことに注意しましょう. 原子核 a の質量を m_a, 運動量を $\boldsymbol{p}_a$ とすれば, 分子の振動に関する古典力学的なハミルトニアンは,

$$H = \sum_{a=1}^{s} \sum_{i=1}^{3} \frac{p_{ai}^2}{2m_a} + V(\boldsymbol{x}_1, \ldots, \boldsymbol{x}_s)$$

であたえられることになります. ただし, $p_{ai} = (\boldsymbol{p}_a)_i$ です. 古典力学のハミルトン形式における一般論から, 運動方程式は

$$\dot{x}_{ai} = \frac{\partial H}{\partial p_{ai}} = \frac{p_{ai}}{m_a},$$
$$\dot{p}_{ai} = -\frac{\partial H}{\partial x_{ai}} = -V_{,ai}(\boldsymbol{x}_1, \ldots, \boldsymbol{x}_s) \quad (a = 1, \ldots, s;\ i = 1, 2, 3)$$

であたえられ, これらは平衡点からの変位 $\boldsymbol{\xi}_a = \boldsymbol{x}_a - \boldsymbol{X}_a$ が微小のとき,

$$m_a \ddot{\xi}_{ai} = -\sum_{b=1}^{s} \sum_{j=1}^{3} K_{ai,bj} \xi_{bj} \quad (a = 1, \ldots, s;\ i = 1, 2, 3) \tag{19.2}$$

のように, 線型の方程式で近似できます. この方程式は $\{\xi_{ai}\}$ を配位空間の座標としたハミルトニアン

$$H=\sum_{a=1}^{s}\sum_{i=1}^{3}\frac{p_{ai}^2}{2m_a}+\frac{1}{2}\sum_{a,b=1}^{s}\sum_{i,j=1}^{3}K_{ai,bj}\xi_{ai}\xi_{bj} \tag{19.3}$$

から導かれ, 平衡点からの微小振動は, このハミルトニアンによって記述されます.

さらに,

$$q_{ai}=\sqrt{m_a}\xi_{ai},\quad \mathscr{K}_{ai,bj}=\frac{1}{\sqrt{m_a m_b}}K_{ai,bj}$$

と置き換えれば, 式 (19.2) は

$$\ddot{q}_{ai}=-\sum_{b=1}^{s}\sum_{j=1}^{3}\mathscr{K}_{ai,bj}q_{bj}\quad (a=1,\ldots,s;\ i=1,2,3)$$

と変形することができます.

係数 $\{\mathscr{K}_{ai,bj}\}$ は, $3s$ 次対称行列 A をなしますので, $3s$ 次直交行列 M がとれて,

$$\sum_{c,d=1}^{s}\sum_{k,l=1}^{3}M_{ai,ck}\mathscr{K}_{ck,dl}M_{bj,dl}=\lambda_{ai}\delta_{ai,bj}\quad (a,b=1,\ldots,s;\ i,j=1,2,3)$$

のように対角化することができます. λ_{ai} は A の固有値で,

$$\sum_{a,b=1}^{2}\sum_{i,j=1}^{3}\mathscr{K}_{ai,bj}u_{ai}u_{bj}=\sum_{a,b=1}^{2}\sum_{i,j=1}^{3}K_{ai,bj}(\sqrt{m_a}u_{ai})(\sqrt{m_b}u_{bj})\geq 0$$

が任意のベクトルの組 $(\boldsymbol{u}_1,\ldots,\boldsymbol{u}_s)$ に対して成り立つことから, $\lambda_{ai}\geq 0$ です. A を対角化する直交行列 M を用いて, 力学変数

$$Q_{ai}=\sum_{b=1}^{s}\sum_{j=1}^{3}M_{ai,bj}q_{bj}\quad (a=1,\ldots,s;\ j=1,2,3)$$

を定義します. $\{Q_{ai}\}$ を $3s$ 次元の配位空間の正規座標とよびます. 正準変換の母関数

$$W=\sum_{a,b=1}^{s}\sum_{i,j=1}^{3}\sqrt{m_b}M_{ai,bj}P_{ai}\xi_{bj}$$

から 正準変換が,

$$Q_{ai} = \frac{\partial W}{\partial P_{ai}} = \sum_{b=1}^{s}\sum_{j=1}^{3}\sqrt{m_b}M_{ai,bj}\xi_{bj},$$

$$p_{bj} = \frac{\partial W}{\partial \xi_{bj}} = \sum_{a=1}^{s}\sum_{i=1}^{3}\sqrt{m_b}M_{ai,bj}P_{ai} \tag{19.4}$$

によってえられます. したがって, 正規座標 Q_{ai} に共役な運動量 P_{ai} は,

$$P_{ai} = \sum_{b=1}^{s}\sum_{j=1}^{3}\frac{1}{\sqrt{m_b}}M_{ai,bj}p_{bj}$$

となり, 新しい正準座標のもとで, 微小変位のハミルトニアン (19.3) は

$$H = \frac{1}{2}\sum_{a=1}^{s}\sum_{i=1}^{3}\left(P_{ai}^2 + \lambda_{ai}Q_{ai}^2\right)$$

となります.

この正準座標のもとで, 運動方程式は

$$\dot{Q}_{ai} = \frac{\partial H}{\partial P_{ai}} = P_{ai}, \quad \dot{P}_{ai} = -\frac{\partial H}{\partial Q_{ai}} = -\lambda_{ai}Q_{ai}$$

より,

$$\ddot{Q}_{ai} = -\omega_{ai}^2 Q_{ai} \quad (a = 1, \ldots, s;\ i = 1, 2, 3)$$

となります. ただし, $\omega_{ai} = \sqrt{\lambda_{ai}}$ とおきました. ω_{ai} を固有振動数とよぶことにします.

Q_{ai} を複素の力学変数として, この方程式の解 $Q_{ai} = \mathscr{Q}_{ai}(t)$ を以下のように選んでおきます.

$\omega_{ai} > 0$ のとき, 運動方程式は, α_0 を (質量)$^{1/2}$ × (長さ) の次元をもつ実の定数として,

$$Q_{ai} = \mathscr{Q}_{ai}(t) := \alpha_0 e^{-i\omega_{ai}t}$$

という振動数 ω_{ai} で振動する解をもちます. ただし, 最右辺の i は虚数単位のことです. また, これによって, 基準となる解 $\mathscr{Q}_{ai}(t)$ を定義しています. α_0 は次元を合わせるための適当な定数で, (a, i) によらず共通にとることにします. 一般の解は, c を無次元の複素数として, $Q_{ai} = c\mathscr{Q}_{ai}(t)$ であたえられます.

$\omega_{ai} = 0$ のときは, β_0 を (質量)$^{1/2}$ × (速度), γ_0 を (質量)$^{1/2}$ × (長さ) の次元をもつ実の定数として,

$$Q_{ai} = \mathscr{Q}_{ai}(t) := \beta_0 t + i\gamma_0$$

という解をもちます. ただし, 最右辺の i は虚数単位のことです. この場合も, 一般の解は c を無次元の複素数として, $Q_{ai} = c\mathscr{Q}_{ai}(t)$ であたえられます.

運動方程式の一般の解は,

$$(Q_{11}, Q_{12}, Q_{13}, \ldots, Q_{s3}) = (c_{11}\mathscr{Q}_{11}(t), c_{12}\mathscr{Q}_{12}(t), c_{13}\mathscr{Q}_{13}(t), \ldots, c_{s3}\mathscr{Q}_{s3}(t))$$

と, $3s$ 個の複素パラメーター $\{c_{ai}\}$ によってあたえられることになります. 実数値の解をえるには, 右辺の実部をとればよいです. ある (a, i) に対して $c_{ai} = 1$ で, $(b, j) \neq (a, i)$ に対して $c_{bj} = 0$ となるような解

$$(Q_{11}, Q_{12}, Q_{13}, \ldots, Q_{s3}) = (0, \ldots, 0, \mathscr{Q}_{ai}(t), 0 \ldots, 0)$$

を正規モードといいます. 運動方程式の解の空間 V は, 正規モードの集合 $B = \{\mathscr{Q}_{ai}(t)\}$ を基底とする $3s$ 次元複素ベクトル空間とみなせます.

分子の振動に関わるのは, ω_{ai} がゼロでない場合についてのみです. $\omega_{ai} = 0$ となるゼロモードは, 一般には 6 つあるはずです. そのうちの 3 つは, 原子核が一斉に 1 方向に等速運動する解です. つまり並進運動のことで, 具体的には v_i, c_i を実の定数として, それぞれ

$$(\xi_{a1}(t), \xi_{a2}(t), \xi_{a3}(t)) = (v_1 t + c_1, 0, 0) \quad (a = 1, \ldots, s)$$
$$(\xi_{a1}(t), \xi_{a2}(t), \xi_{a3}(t)) = (0, v_2 t + c_2, 0) \quad (a = 1, \ldots, s)$$
$$(\xi_{a1}(t), \xi_{a2}(t), \xi_{a3}(t)) = (0, 0, v_3 t + c_3) \quad (a = 1, \ldots, s)$$

とあらわされるものです. 方向が 3 つあるので, 対応するゼロモードが 3 つあります. 残りの 3 つは, 分子の重心のまわりの等速な剛体回転です. 具体的には, Ω_i, t_i を定数として, それぞれ

$$(\xi_{a1}(t), \xi_{a2}(t), \xi_{a3}(t)) = (0, -\Omega_1 X_{a3}(t - t_1), \Omega_1 X_{a2}(t - t_1)) \quad (a = 1, \ldots, s)$$
$$(\xi_{a1}(t), \xi_{a2}(t), \xi_{a3}(t)) = (\Omega_2 X_{a3}(t - t_2), 0, -\Omega_2 X_{a1}(t - t_2)) \quad (a = 1, \ldots, s)$$
$$(\xi_{a1}(t), \xi_{a2}(t), \xi_{a3}(t)) = (-\Omega_3 X_{a2}(t - t_3), \Omega_3 X_{a1}(t - t_3), 0) \quad (a = 1, \ldots, s)$$

とあらわされます. これも独立な解が 3 つあります. ただし, CO_2 のような直線上の分子では, 分子がのっている直線のまわりの剛体回転は原子核の位置変位を引き起こさないので, 剛体回転の解は, 独立なものが 2 つしかありません. ゼロモードは, 分子が自由に変形するような運動をあらわしますので, 一般の分

子は, 並進と回転以外のゼロモードをもたないと考えられます.

ここまでは, 一般の分子の振動についての話でした. そこで, 点群の作用について対称な分子を考えてみましょう. 分子が点群 G の作用で対称だというのは, 分子が静止した状態で, $\boldsymbol{x} = \boldsymbol{X}_a$ にある原子が配置されているならば, 任意の $g \in G$ に対して, $\boldsymbol{x} = g\boldsymbol{X}_a$ にも同じ種類の原子が配置されているようなときをいいます.

まず, 振動のポテンシャル関数 V の極小点によってさだめられる, 原子核の平衡点の集合 $\{\boldsymbol{X}_1, \ldots, \boldsymbol{X}_s\}$ に, G が作用します. この作用を

$$g\boldsymbol{X}_a = \boldsymbol{X}_{\sigma_g(a)}$$

とすると, $\sigma : G \to S_s;\ g \mapsto \sigma_g$ は準同型となっています. また, 原子 a と原子 $\sigma_g(a)$ は, 同じ種類の原子ですので, 任意の $g \in G$ に対して

$$m_a = m_{\sigma_g(a)} \tag{19.5}$$

が成り立ちます.

分子が G の作用で対称であるというためには, 実際にはもう少し条件が必要で, 原子どうしの結合の仕方も G の作用で不変でなければなりません. それは, 具体的にポテンシャル関数に対する条件

$$V\big(g^{-1}\boldsymbol{x}_{\sigma_g(1)}, \ldots, g^{-1}\boldsymbol{x}_{\sigma_g(s)}\big) = V(\boldsymbol{x}_1, \ldots, \boldsymbol{x}_s) \quad (\forall g \in G) \tag{19.6}$$

によってあたえられます.

この条件について, 少し考えておきましょう. 条件 (19.6) は,

$$V\big(g\boldsymbol{x}_{\sigma_g^{-1}(1)}, \ldots, g\boldsymbol{x}_{\sigma_g^{-1}(s)}\big) = V(\boldsymbol{x}_1, \ldots, \boldsymbol{x}_s) \quad (\forall g \in G) \tag{19.7}$$

という形にも書けます. $a = 1, \ldots, s$ について, 原子核 a が平衡点 $\boldsymbol{X}_a$ から $\boldsymbol{\xi}_a$ だけ変位した配位

$$\boldsymbol{x}_a = \boldsymbol{X}_a + \boldsymbol{\xi}_a$$

にあるとします. $g \in G$ をとり, 座標変換

$$\widetilde{x}_i = \sum_{j=1}^{3} g_{ij} x_j$$

を考えます. この座標系では, 原子核 $\sigma_g^{-1}(a)$ の位置は

$$g\boldsymbol{x}_{\sigma_g^{-1}(a)} = \boldsymbol{X}_a + g\boldsymbol{\xi}_{\sigma_g^{-1}(a)}$$

となります．これは，平衡点 $\boldsymbol{X}_a$ からの変位の形になっています．そこで，もとの座標系で，原子核 a の変位が $g\boldsymbol{\xi}_{\sigma_g^{-1}(a)}$ であるような配位

$$\boldsymbol{x}_a^g = \boldsymbol{X}_a + g\boldsymbol{\xi}_{\sigma_g^{-1}(a)} = g\boldsymbol{x}_{\sigma_g^{-1}(a)} \quad (a = 1, \ldots, s)$$

を考えます．この配位の弾性エネルギーが，もとの配位の弾性エネルギーに等しくなる，つまり，任意の $g \in G$ に対して

$$V\bigl(\boldsymbol{x}_1^g, \ldots, \boldsymbol{x}_s^g\bigr) = V(\boldsymbol{x}_1, \ldots, \boldsymbol{x}_s)$$

が成り立つというのが，式 (19.7) の意味です．

式 (19.7) の両辺を x_{ai} に関して微分することにより，

$$\sum_{k=1}^{3} V_{,x_{\sigma_g(a)k}}\bigl(g\boldsymbol{x}_{\sigma_g^{-1}(1)}, \ldots, g\boldsymbol{x}_{\sigma_g^{-1}(s)}\bigr) g_{ik} = V_{,x_{ai}}(\boldsymbol{x}_1, \ldots, \boldsymbol{x}_s)$$

がえられます．さらに，x_{bj} で微分すれば

$$\sum_{k,l=1}^{3} V_{,x_{\sigma_g(a)k}x_{\sigma_g(b)l}}\bigl(g\boldsymbol{x}_{\sigma_g^{-1}(1)}, \ldots, g\boldsymbol{x}_{\sigma_g^{-1}(s)}\bigr) g_{ik} g_{jl} = V_{,x_{ai}x_{bj}}(\boldsymbol{x}_1, \ldots, \boldsymbol{x}_s)$$

がえられます．これを平衡点で評価して，$\boldsymbol{x}_a = \boldsymbol{X}_a$ $(a = 1, \ldots, s)$ のときに，$g\boldsymbol{x}_{\sigma_g^{-1}(a)} = \boldsymbol{X}_a$ であることに注意すると，弾性定数の間の関係式

$$\sum_{k,l=1}^{3} K_{\sigma_g(a)k, \sigma_g(b)l}\, g_{ki} g_{lj} = K_{ai,bj} \quad (a, b = 1, \ldots, s;\ i, j = 1, 2, 3)$$

がえられます．あるいは，g を g^{-1} でおきかえた，

$$\sum_{k,l=1}^{3} K_{\sigma_g^{-1}(a)k, \sigma_g^{-1}(b)l}\, g_{ik} g_{jl} = K_{ai,bj} \quad (a, b = 1, \ldots, s;\ i, j = 1, 2, 3)$$

が成り立ちます．

実変数の組 $(\boldsymbol{\xi}_1, \ldots, \boldsymbol{\xi}_s)$ が運動方程式 (19.2) をみたすとき，$g \in G$ に対して

$$\boldsymbol{\xi}_a^g = g\boldsymbol{\xi}_{\sigma_g^{-1}(a)}$$

とすると，

$$\begin{aligned} m_a \ddot{\xi}_{ai}^g &= m_{\sigma_g^{-1}(a)} \sum_{k=1}^{3} g_{ik} \ddot{\xi}_{\sigma_g^{-1}(a)k} = -\sum_{b=1}^{s} \sum_{k,l=1}^{3} g_{ik} K_{\sigma_g^{-1}(a)k, \sigma_g^{-1}(b)l}\, \xi_{\sigma_g^{-1}(b)l} \\ &= -\sum_{b=1}^{s} \sum_{j,k,l=1}^{3} K_{\sigma_g^{-1}(a)k, \sigma_g^{-1}(b)l}\, g_{ik} g_{jl} \xi_{bj}^g = -\sum_{b=1}^{s} \sum_{j=1}^{3} K_{ai,bj} \xi_{bj}^g \end{aligned}$$

となることから, $(\boldsymbol{\xi}_1^g, \ldots, \boldsymbol{\xi}_s^g)$ も同じ方程式 (19.2) をみたすことがわかります.

$\omega_{ai} = \omega$ となる (a, i) 全体のなす集合を Λ_ω とし, $\{\mathcal{Q}_{ai}\}_{(a,i)\in\Lambda_\omega}$ を基底とする解空間 V の部分ベクトル空間を V_ω と書きます. V_ω のベクトルは, 時間依存性 $e^{-i\omega t}$ をもつ運動方程式の解であるという性質で特徴づけられます.

正の固有振動数は全部で r 個あるとし, それらのなす集合を $\{\omega_1, \ldots, \omega_r\}$ とします. すると, 解空間 V は

$$V = V_0 \oplus V_{\omega_1} \oplus \cdots \oplus V_{\omega_r}$$

と直和分解することになります.

$(\boldsymbol{\xi}_1, \ldots, \boldsymbol{\xi}_s)$ が解空間 V_ω に属するとき, 点群 G の元 g を作用させてできる解 $(\boldsymbol{\xi}_1^g, \ldots, \boldsymbol{\xi}_s^g)$ も V_ω に属します. このことは, G が V_ω に作用していることを意味します. したがって, $\omega > 0$ に対して V_ω は G の解空間 V への作用に関して, 不変部分空間となっていることになります.

同じ正の固有振動数をもつモードが複数あったとします. つまり, 2 つの解 $(\boldsymbol{\xi}_1, \ldots, \boldsymbol{\xi}_s)$, $(\boldsymbol{\eta}_1, \ldots, \boldsymbol{\eta}_s)$ は, 同じ時間依存性 $e^{-i\omega t}$ をもつとします. このような状況は,

$$\boldsymbol{\eta}_a = \sum_{g\in G} c_g \boldsymbol{\xi}_a^g \quad (a = 1, \ldots, s)$$

となっている場合に起こります. それ以外の理由によって同じ固有振動数をもつモードが複数あるという状況は考えにくいです. つまり, V_ω は G の作用で互いに移り合わないような 2 つの部分空間に分解しないだろうということになります. 言い換えれば, V_ω は点群 G の作用に関して, 既約な不変部分空間になっているでしょう.

分子に特定の波長の光を照射すると, 光からエネルギーをもらって特定の固有振動数の振動をはじめることがあります. このとき, ある振動モードは不活性ということもあります. ある振動モードが励起されるかどうかは, その固有振動数の解空間 V_ω が, G のどの既約表現に属しているかによって決まります. そこで, 点群 G の解空間上の表現についてみておきましょう.

まず, 運動方程式 (19.2) の解 $(\boldsymbol{\xi}_1, \ldots, \boldsymbol{\xi}_s)$ を解空間 V のベクトルに対応させます. 解 $(\boldsymbol{\xi}_1, \ldots, \boldsymbol{\xi}_s)$ は, ある時刻, たとえば $t = 0$ における値 $(\boldsymbol{\xi}_1(0), \ldots, \boldsymbol{\xi}_s(0))$ と速度 $(\dot{\boldsymbol{\xi}}_1(0), \ldots, \dot{\boldsymbol{\xi}}_s(0))$ を指定すれば, 一意的に決まります. そこで, τ を時間の次元をもつ定数として,

$$\boldsymbol{\Xi}_a = \boldsymbol{\xi}_a(0) + i\tau\dot{\boldsymbol{\xi}}_a(0) \quad (a = 1, \ldots, s)$$

とすれば, $(\boldsymbol{\Xi}_1, \ldots, \boldsymbol{\Xi}_s)$ は運動方程式 (19.2) の解と同一視できます. こうして, 解空間 V のベクトルを

$$\Xi = \begin{pmatrix} \Xi_{11} \\ \Xi_{12} \\ \Xi_{13} \\ \vdots \\ \Xi_{s3} \end{pmatrix}$$

のように表示します. ただし, $\Xi_{ai} = (\boldsymbol{\Xi}_a)_i$ です.

点群 G の元 g による解の変換 $\boldsymbol{\xi} \mapsto \boldsymbol{\xi}^g$ に伴って, $\boldsymbol{\Xi}_a$ は

$$\boldsymbol{\Xi}_a \mapsto \boldsymbol{\Xi}_a^g := g\boldsymbol{\Xi}_{\sigma_g^{-1}(a)} \quad (a = 1, \ldots, s)$$

のように, $\boldsymbol{\xi}_a$ と同様に変換します. このことから, 点群 G の表現

$$\rho : G \times V \to V;\ (g, \Xi) \mapsto \rho(g)\Xi = \Xi^g$$

が,

$$(\Xi^g)_{ai} = \sum_{b=1}^{s}\sum_{j=1}^{3} g_{ij}\delta_{a\sigma_g(b)}\Xi_{bj}$$

によってえられます. ただし

$$\boldsymbol{\Xi}_a^g = g\boldsymbol{\Xi}_{\sigma_g^{-1}(a)} \quad (a = 1, \ldots, s)$$

です. 表現行列はちょうどユニタリー行列になっており,

$$\rho(g)_{ai,bj} = \delta_{a\sigma_g(b)}g_{ij} = \rho_{\mathrm{perm}}(\sigma_g)_{ab}\rho_{\mathrm{def}}(g)_{ij} \tag{19.8}$$

であることが読み取れます. ただし, $\rho_{\mathrm{perm}} : S_s \to GL_s(\mathbb{C})$ は s 次対称群の置換表現で, $\rho_{\mathrm{def}} : G \to GL_3(\mathbb{C})$ は点群 G の定義表現です.

したがって, 表現 ρ の指標 χ は

$$N_g = {}^{\#}\{a \in \{1, \ldots, s\} \mid a = \sigma_g(a)\}$$

を g の作用で不変な平衡点の個数として,

$$\chi(g) = \sum_{a=1}^{s}\sum_{i=1}^{3}\rho(g)_{ai,ai} = \sum_{a=1}^{s}\delta_{a\sigma_g(a)}\sum_{i=1}^{3}g_{ii} = N_g\chi_{\mathrm{def}}(g)$$

であたえられます．これは，具体的に平衡点の位置，つまり分子の形とそれに作用する点群があたえられれば，簡単に計算できるような表式になっています．指標テーブルを用いれば，表現 ρ の既約分解を行うことができ，表現空間 V_ω がどのような既約表現に属しうるのかを知ることができます．

ただし，分子振動で興味があるのは，並進と回転の自由度を除いたものです．ゼロモードの空間 V_0 は，一般には複素 6 次元です．表現 ρ の V_0 上の部分表現は既約ではなくて，3 つの並進解の空間 V_T と，3 つの回転解による V_R に分解します．それらに対応する ρ の部分表現は，

$$\rho_{V_T} = \rho_{V_R} = \rho_{\mathrm{def}}$$

となっています．これら，つまり ρ_{def} は一般には既約ではありません．したがって，$\rho_k : G \to V_{\omega_k}$ を ρ の V_{ω_k} 上の部分表現とすると，

$$\rho = \rho_{\mathrm{def}} \oplus \rho_{\mathrm{def}} \oplus \rho_1 \oplus \cdots \oplus \rho_r$$

と分解します．これから，ρ_k の指標を χ_k として，

$$\sum_{k=1}^{r} \chi_k(g) = \chi(g) - 2\chi_{\mathrm{def}}(g) = (N_g - 2)\chi_{\mathrm{def}}(g)$$

がえられます．つまり，第 11 話の［指標の直交性 I］を用いて右辺を既約表現の指標の和としてあらわすことにより，振動モードの可能な既約表現を知ることができます．

ただし，分子の振動については，本来は量子力学的に取り扱う必要があります．それについては，第 20 話でみていきます．

20話

振動の量子化

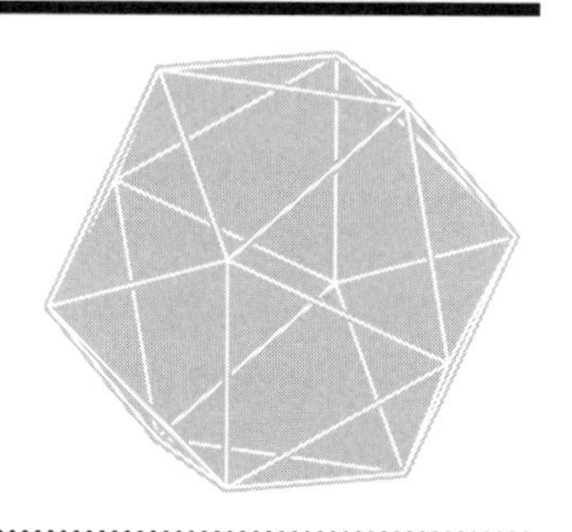

第 19 話に続き, s 個の原子からなる分子の振動を考えます. 第 19 話では, 分子振動を古典力学的な連成振動とみなして記述し, 振動解の点群に対する変換性をみました. わざわざ古典力学的な記述を考えたのは, 分子振動を量子力学的に扱う場合にも, 基本的には同じ議論になることが予めわかっていたからです. ここでは, そのことを確かめることにしましょう.

分子の振動は, s 個の原子核の位置を $\boldsymbol{x}_1, \ldots, \boldsymbol{x}_s$ として, ハミルトニアン

$$H = \sum_{a=1}^{s} \frac{p_{a1}^2 + p_{a2}^2 + p_{a3}^2}{2m_a} + V(\boldsymbol{x}_1, \ldots, \boldsymbol{x}_s)$$

によって記述します. 微小振動に関するハミルトニアンは, 正規座標を用いて

$$H = \frac{1}{2} \sum_{a=1}^{s} \sum_{i=1}^{3} \left(P_{ai}^2 + \omega_{ai}^2 Q_{ai}^2 \right)$$

と書けます.

分子の微小振動を記述するには, 本来は量子力学を用いる必要があります. 物理系を量子力学で記述するためには, 状態空間である関数空間と系のハミルトニアンを設定する必要があります. そのために一般的に行われる有力な方法として, 正準量子化という処方があります.

基本的には, 配位空間の座標 q に共役な運動量 p を, 微分作用素 $-i\hbar\partial/\partial q$ に置き換える操作が正準量子化だといえます. 今の場合, 正準量子化されたハミルトニアンは,

$$H = \sum_{a=1}^{s} \sum_{i=1}^{3} H_{ai}, \quad H_{ai} := -\frac{1}{2} \frac{\partial^2}{\partial Q_{ai}^2} + \omega_{ai}^2 Q_{ai}^2 \tag{20.1}$$

となります. ただし, $\hbar = 1$ としています. 時刻 t における物理系の状態は波動関数 $\psi(Q_{11}, Q_{12}, Q_{13}, \ldots, Q_{s3}, t)$ によってあたえられ, これはシュレーディン

ガー方程式

$$i\frac{\partial}{\partial t}\psi = H\psi$$

にしたがって時間発展します.

ハミルトニアンは, 1 次元振動のハミルトニアン H_{ai} の和になっていることから, 定常状態は 1 次元振動の定常解の積であたえられます. 具体的には以下のように, シュレーディンガー方程式を解くことができます.

1 次元振動のエネルギー E の定常状態 $\varphi = \varphi(Q)$ に対するシュレーディンガー方程式は,

$$-\frac{\varphi''}{2} + \frac{\omega^2 Q^2}{2}\varphi = E$$

であたえられます. ただし, $\omega > 0$ とします. この方程式は, 微分作用素

$$D_+ = -\frac{d}{dQ} + \omega Q, \quad D_- = \frac{d}{dQ} + \omega Q$$

を用いて

$$D_+ D_- \varphi = (2E - \omega)\varphi \tag{20.2}$$

と書けます. 微分方程式

$$D_- \varphi = 0$$

の解 φ_0^ω は, α_0 を定数として

$$\varphi_0^\omega = \alpha_0 e^{-\omega Q^2/2}$$

と求まります. これは, エネルギー

$$E = E_0 = \frac{\omega}{2}$$

をもつ式 (20.2) の解になっています. 状態 φ_0^ω は 1 次元振動の基底状態, つまり最小のエネルギー E_0 をもつ状態です. 励起状態, つまりそれより高いエネルギーの状態は, 次のように求まります.

今, 非負の整数 n に対して, 波動関数 φ_n^ω がシュレーディンガー方程式

$$D_+ D_- \varphi_n^\omega = (2E_n - \omega)\varphi_n^\omega$$

をみたすとします. このとき新しい波動関数 φ_{n+1}^ω を

$$\varphi_{n+1}^\omega = \beta_{n+1} D_+ \varphi_n^\omega$$

によってさだめます．ただし，β_{n+1} は任意の定数です．任意の微分可能な関数 $f(Q)$ に対し，

$$D_-D_+f = D_+D_-f + 2\omega f$$

が成り立つことに注意すると，

$$\begin{aligned} D_+D_-\varphi_{n+1}^\omega &= \beta_{n+1}D_+D_-D_+\varphi_n^\omega = \beta_{n+1}D_+(D_+D_-\varphi_n^\omega + 2\omega\varphi_n^\omega) \\ &= \beta_{n+1}D_+(2E_n+\omega)\varphi_n^\omega = (2E_n+\omega)\varphi_{n+1}^\omega \end{aligned}$$

ですので，

$$E_{n+1} = E_n + \omega$$

と置くことにより，波動関数 φ_{n+1}^ω はシュレーディンガー方程式

$$D_+D_-\varphi_n^\omega = (2E_n - \omega)\varphi_n^\omega$$

をみたすことがわかります．

こうして，$n = 0, 1, 2, \ldots$ に対して，エネルギー

$$E_n = \left(n + \frac{1}{2}\right)\omega$$

をもつ状態 φ_n^ω が構成されます．

任意定数を，

$$\alpha_0 = \left(\frac{\omega}{\pi}\right)^{1/4}, \quad \beta_n = \frac{1}{\sqrt{2n\omega}} \quad (n = 1, 2, \ldots)$$

と選べば，

$$\varphi_n^\omega(Q) = \frac{(-1)^n\omega^{1/4-n/2}}{\pi^{1/4}\sqrt{2^n n!}} e^{\omega Q^2/2} \frac{d^n}{dQ^n} e^{-\omega Q^2}$$

となります．これは，

$$\int_{-\infty}^{\infty} \overline{\varphi_m^\omega(Q)}\varphi_n^\omega(Q)dQ = \delta_{mn} \quad (m, n = 0, 1, 2, \ldots)$$

が成り立つように決めたものです．特に基底状態は，

$$\varphi_0^\omega(Q) = \left(\frac{\omega}{\pi}\right)^{1/4} e^{-\omega Q^2/2}$$

第 1 励起状態は，

$$\varphi_1^\omega(Q) = \sqrt{2\omega}Q\varphi_0^\omega(Q)$$

であたえられます.

分子振動のハミルトニアン (20.2) に対するシュレーディンガー方程式の定常解は, $\omega_{ai} > 0$ となる添え字のペア (a,i) 全体からなる集合を Λ_+ として, 1 次元振動の定常解の積

$$\varphi_n(Q_{11}, Q_{12}, Q_{13}, \ldots, Q_{s3}) = \prod_{(a,i)\in\Lambda_+} \varphi_{n_{ai}}^{\omega_{ai}}(Q_{ai})$$

であたえられます. ただし,

$$n : \Lambda_+ \to \{0,1,2,\ldots\};\ (a,i) \mapsto n_{ai}$$

は, 添え字 $(a,i) \in \Lambda_+$ に対して, 正規座標 Q_{ai} の振動状態をあらわす非負の整数 $n_{ai} = 0,1,2\ldots$ を対応させる写像です. 一般には, $\omega_{ai} = 0$ となる (a,i) は 6 つあるので,

$$\Lambda_+ = \{(1,1),(2,1),(3,1),\ldots,(s-2,1),(s-2,2),(s-2,3)\}$$

となるように正規座標の添え字をとれば, 写像 $n : \Lambda_+ \to \{0,1,2,\ldots\}$ は,

$$n = (n_{11}, n_{12}, n_{13}, \ldots, n_{s-2,1}, n_{s-2,2}, n_{s-2,3})$$

という $3s-6$ 個の非負整数の組のことだと思ってもよいです.

この定常解は,

$$H\varphi_n = E_n\varphi_n, \quad E_n := \sum_{(a,i)\in\Lambda_+} \left(n_{ai} + \frac{1}{2}\right)\omega_{ai}$$

をみたしています.

基底状態にある分子は, 光を吸収すると, エネルギーの少し高い状態に遷移します. 定常状態 φ_n に対して, フォノン数を $\sum_{(a,i)\in\Lambda_+} n_{ai}$ によって定義すると, 基底状態 φ_0 とはフォノン数がゼロの状態のことです. 以下では, 励起状態として, フォノン数が 1 の状態の線型結合からなる状態を考えることにします.

基底状態は, $C \in \mathbb{C}$ として

$$\varphi_0 = C\exp\left(\sum_{(a,i)\in\Lambda_+} \omega_{ai} Q_{ai}^2\right) \tag{20.3}$$

という形, フォノン数 1 の状態は一般に, $c_{ai} \in \mathbb{C}$ として

$$\varphi_1 = \sum_{(a,i)\in\Lambda_+} c_{ai}\sqrt{2\omega_{ai}}\, Q_{ai}\varphi_0 \tag{20.4}$$

と書けます.

このようなフォノン数が1の状態ではられる $3s-6$ 次元の複素ベクトル空間を $\mathscr{H}_+$ とします. $\mathscr{H}_+$ のゼロでない関数が1フォノン状態をあらわします.

分子が点群 G の対称性をもつとき, 基底状態と1フォノン状態の変換性についてみておきましょう. 第19話と同じように, 分子を構成する s 個の原子核の平衡位置をそれぞれ $\boldsymbol{X}_1, \ldots, \boldsymbol{X}_s$ とし, $g \in G$ に対して

$$g\boldsymbol{X}_a = \boldsymbol{X}_{\sigma_g(a)} \quad (a = 1, \ldots, s)$$

と変換するとしましょう. これによって, 準同型 $G \to S_s;\ g \mapsto \sigma_g$ をさだめます. 点群 G の元 g の, 状態 ψ への作用は,

$$\psi(\boldsymbol{x}_1, \ldots, \boldsymbol{x}_s) \mapsto (U_g\psi)(\boldsymbol{x}_1, \ldots, \boldsymbol{x}_s) = \psi\bigl(g^{-1}\boldsymbol{x}_{\sigma_g(1)}, \ldots, g^{-1}\boldsymbol{x}_{\sigma_g(s)}\bigr) \tag{20.5}$$

によってさだめます.　するとこれに伴って, 掛け算作用素 V, 微分作用素 $p_{ai} = -i\partial/\partial x_{ai}$ は, それぞれ

$$V(\boldsymbol{x}_1, \ldots, \boldsymbol{x}_s) \mapsto U_g V(\boldsymbol{x}_1, \ldots, \boldsymbol{x}_s) U_g^{-1} = V\bigl(g^{-1}\boldsymbol{x}_{\sigma_g(1)}, \ldots, g^{-1}\boldsymbol{x}_{\sigma_g(s)}\bigr)$$

$$p_{ai} \mapsto U_g p_{ai} U_g^{-1} = \sum_{j=1}^{3} p_{\sigma_g(a)j}\, g_{ji}$$

と変換することになります. このとき, ハミルトニアンは

$$U_g H U_g^{-1} = \sum_{a=1}^{s}\sum_{i=1}^{3} \frac{p_{\sigma(a)i}^2}{2m_a} + V\bigl(g^{-1}\boldsymbol{x}_{\sigma_g(1)}, \ldots, g^{-1}\boldsymbol{x}_{\sigma_g(s)}\bigr)$$

と変換します. 分子が点群 G の対称性をもつ条件は, 任意の $g \in G$ に対して

$$m_a = m_{\sigma_g(a)} \quad (a = 1, \ldots, s)$$
$$V\bigl(g^{-1}\boldsymbol{x}_{\sigma_g(1)}, \ldots, g^{-1}\boldsymbol{x}_{\sigma_g(s)}\bigr) = V(\boldsymbol{x}_1, \ldots, \boldsymbol{x}_s)$$

が成り立つことであたえられ, このとき $U_g H = H U_g$ となっています. 微小振動のときには, V に対する上の条件が, 弾性定数の間の関係式

$$\sum_{k,l=1}^{3} K_{\sigma_g(a)k,\sigma_g(b)l}\, g_{ki} g_{lj} = K_{ai,bj} \quad (a, b = 1, \ldots, s;\ i, j = 1, 2, 3)$$

となることは, 第19話でみました. この条件は,

$$(R_g)_{ai,bj} = \rho(g)_{ai,bj} = \delta_{a\sigma_g(b)}\, g_{ij} \quad (a, b = 1, \ldots, s;\ i, j = 1, 2, 3)$$

という成分をもつ $3s$ 次の直交行列 R_g を用いて,

$$ {}^tR_g K R_g = K \tag{20.6} $$

と, 行列を用いて書けます. 行列 K のかわりに,

$$ \mathscr{K}_{ai,bj} = \frac{1}{\sqrt{m_a m_b}} K_{ai,bj} \quad (a,b=1,\ldots,s;\ i,j=1,2,3) $$

によってあたえられる行列 $\mathscr{K}$ を用いれば, 上の条件は,

$$ {}^tR_g \mathscr{K} R_g = \mathscr{K} \tag{20.7} $$

と書き換えることができます. ここでは,

$$ m_a = m_{\sigma_g(a)} \quad (a=1,\ldots,s;\ g\in G) \tag{20.8} $$

という条件を用いています.

実対称行列 $\mathscr{K}$ は, $3s$ 次直交行列 M を用いて,

$$ M\mathscr{K}\,{}^tM = D := \mathrm{diag}\,(\underbrace{(\omega_1)^2,\ldots,(\omega_1)^2}_{d_1\,個},\underbrace{(\omega_2)^2,\ldots,(\omega_2)^2}_{d_2\,個},\ldots,\underbrace{(\omega_r)^2,\ldots,(\omega_r)^2}_{d_r\,個},\underbrace{0,\ldots,0}_{6\,個}) \tag{20.9} $$

と対角化されます. ただし,

$$ 0 < \omega_1 < \omega_2 < \cdots < \omega_r $$

は $\mathscr{K}$ の固有値の平方根で, 固有値の重複度を順に $d_1, d_2, \ldots, d_r$ としています.

式 (20.7), (20.9) から, $N_g := MR_g{}^tM$ として,

$$ DN_g = N_g D $$

が導かれます. この式の (ai, bj) 成分は

$$ (D_{ai,ai} - D_{bj,bj})(N_g)_{ai,bj} = 0 \quad (a,b=1,\ldots,s;\ i,j=1,2,3) $$

ですので, $D_{ai,ai} \neq D_{bj,bj}$ ならば $(N_g)_{ai,bj} = 0$ がしたがいます. つまり, N_g はそれぞれ $d_1, \ldots, d_r$ 次の正方行列をブロック要素にもつ, ブロック対角行列ということになります. なお N_g は直交行列ですので, これらのブロック要素はすべて直交行列です.

このことから, 対角行列

$$ D^{1/2} = \mathrm{diag}\,(\underbrace{\omega_1,\ldots,\omega_1}_{d_1\,個},\underbrace{\omega_2,\ldots,\omega_2}_{d_2\,個},\ldots,\underbrace{\omega_r,\ldots,\omega_r}_{d_r\,個},\underbrace{0,\ldots,0}_{6\,個}) $$

は N_g と可換で,

$$D^{1/2}N_g = N_g D^{1/2} \tag{20.10}$$

が成り立ちます. この関係式は,

配位空間の標準座標を質量の平方根で割ったものと正規座標を, それぞれ

$$\boldsymbol{q} = \begin{pmatrix} q_{11} \\ q_{12} \\ q_{13} \\ \vdots \\ q_{s3} \end{pmatrix} := \begin{pmatrix} (m_1)^{-1/2}\xi_{11} \\ (m_1)^{-1/2}\xi_{12} \\ (m_1)^{-1/2}\xi_{13} \\ \vdots \\ (m_s)^{-1/2}\xi_{s3} \end{pmatrix}, \quad \boldsymbol{Q} = \begin{pmatrix} Q_{11} \\ Q_{12} \\ Q_{13} \\ \vdots \\ Q_{s3} \end{pmatrix}$$

のように縦ベクトルの形に書いておきます. これらは, $\mathbb{R}^3$ 上の関数を成分としてもつベクトルで,

$$\boldsymbol{Q} = M\boldsymbol{q}$$

によって関係づけられます.

点群 G の元 g は, $\boldsymbol{\xi}$ の成分に

$$\xi_{ai} \mapsto \xi^g_{ai} = \sum_{j=1}^{3} g_{ij}\xi_{\sigma_g^{-1}(a)j}$$

と作用します. 条件 (20.8) を用いると, これに伴って $\boldsymbol{q}$ の成分は

$$\begin{aligned} q_{ai} \mapsto q^g_{ai} = m_a^{-1/2}\xi^g_{ai} &= m_{\sigma_g^{-1}(a)}^{-1/2}\xi^g_{ai} \\ &= \sum_{j=1}^{3} g_{ij}q_{\sigma_g^{-1}(a)j} \end{aligned}$$

と変換することがわかります. これを行列の形式であらわすと,

$$\boldsymbol{q} \mapsto \boldsymbol{q}^g = R_g\boldsymbol{q}$$

と書けます. またこれに伴って, 正規座標は

$$\boldsymbol{Q} \mapsto \boldsymbol{Q}^g = M\boldsymbol{q}^g = MR_g\boldsymbol{q} = MR_g{}^tM\boldsymbol{Q} = N_g\boldsymbol{Q}$$

と変換することになります. 原子核 a の位置 $\boldsymbol{x}_a$ と正規座標 $\boldsymbol{Q}$ の間の関係は,

$$x_{ai} = X_{ai} + \sqrt{m_a}Q_{bj}M_{bj,ai}$$

であたえられており, これを

$$\boldsymbol{x}_a = \boldsymbol{f}_a(Q_{11}, Q_{12}, Q_{13}, \ldots, Q_{s3}) \tag{20.11}$$

と書きます．これに伴う正規座標の変換 $\boldsymbol{Q} \mapsto \boldsymbol{Q}^g$ は, $g \in G$ によって座標変換と原子核の番号のつけかえを行ったあとでも, 同じ関数関係

$$\boldsymbol{x}_a^g = \boldsymbol{f}_a(Q_{11}^g, Q_{12}^g, Q_{13}^g, \ldots, Q_{s3}^g)$$

にあるようにさだめられています．

点群 G の元 g の状態への作用 $\psi \mapsto U_g\psi$ について考えましょう．$\psi(\boldsymbol{x}_1, \ldots, \boldsymbol{x}_s)$ という多変数関数は, 座標変換 $\boldsymbol{x} \mapsto \widetilde{\boldsymbol{x}} = g\boldsymbol{x}$ に伴って

$$\widetilde{\psi}(\boldsymbol{x}_1, \ldots, \boldsymbol{x}_s) = \psi(g^{-1}\boldsymbol{x}_1, \ldots, g^{-1}\boldsymbol{x}_s)$$

のように関数形を変えます．この式は, 物理的に同じ配位に対して, 波動関数を 2 つのデカルト座標系でそれぞれ評価したときに, 同じ値をあたえるという条件

$$\widetilde{\psi}(\widetilde{\boldsymbol{x}}_1, \ldots, \widetilde{\boldsymbol{x}}_s) = \psi(\boldsymbol{x}_1, \ldots, \boldsymbol{x}_s)$$

から来ています．次に, 平衡点 $\boldsymbol{X}_a$ というのは, その座標値によって区別していて, ある特定の座標値をもつ点のことなので, 座標系のとり方によって $\boldsymbol{X}_a$ の物理的な位置は異なります．したがって, 原子核 a の位置 $\boldsymbol{x}_a$ が, 平衡点 $\boldsymbol{X}_a$ のまわりの微小振動のときに, 新しい座標系における原子核 a の位置 $g\boldsymbol{x}_a$ は, 平衡点 $\boldsymbol{X}_{\sigma_g(a)}$ のまわりの微小振動となります．そこで, 座標変換 $\widetilde{\boldsymbol{x}} = g\boldsymbol{x}$ に伴って, 原子核 a を原子核 $\sigma_g(a)$ と呼び直すことにより, $\boldsymbol{x}_{\sigma_g(a)}^g = g\boldsymbol{x}_a$ は平衡点 $\boldsymbol{X}_{\sigma_g(a)}$ のまわりの微小振動をあらわすことになります．それが, $\boldsymbol{x}_a^g := g\boldsymbol{x}_{\sigma_g^{-1}(a)}$ とおいている意味です．

原子核の番号のつけかえに伴って, 新しい座標系における波動関数 $\widetilde{\psi}(\boldsymbol{x}_1, \ldots, \boldsymbol{x}_s)$ は, 第 a スロットによって原子核 $\sigma_g^{-1}(a)$ の位置を参照することになるので,

$$\widetilde{\widetilde{\psi}}(\boldsymbol{x}_1, \ldots, \boldsymbol{x}_s) = \widetilde{\psi}(\boldsymbol{x}_{\sigma_g(1)}, \ldots, \boldsymbol{x}_{\sigma_g(s)})$$

とすることにより, 第 a スロットが原子核 a の位置を参照するようにします．こうしてできる多変数関数を $U_g\psi = \widetilde{\widetilde{\psi}}$ とおいたことになります．

波動関数の変換 $\psi \mapsto U_g\psi$ は, 関数形の変換です．あるデカルト座標系であらわされる状態を, 別の座標系で記述すると, 波動関数の関数形が変更を受けるわけで, 座標系 (x, y, z) における波動関数 ψ と座標系 $(\widetilde{x}, \widetilde{y}, \widetilde{z})$ における波動関数 $U_g\psi$ は, 物理的には同じ状態をあらわしています．このように, 視点の変更に伴

う状態の表現の変更を受動的変換といいます．それに対し，視点は変更しないで，ある状態 ψ をもとにして別の状態 $U_g\psi$ を生成したと解釈するとき，そのような変換を能動的変換といいます．

さて，分子振動の基底状態が，点群 G の元 g による座標変換 $\boldsymbol{x} \mapsto g\boldsymbol{x}$ に伴ってどのように変換するのか考えてみましょう．その前に，波動関数 ψ を正規座標であらわしたものを

$$\varphi(Q_{11}, Q_{12}, Q_{13}, \ldots, Q_{s3}) = \psi(\boldsymbol{f}_1(\boldsymbol{Q}), \ldots, \boldsymbol{f}_s(\boldsymbol{Q}))$$

としておきましょう．点群 G の元 g による，この波動関数の変換は，式 (20.5), (20.11) を用いて

$$\begin{aligned}(U_g\varphi)(Q_{11}, Q_{12}, Q_{13}, \ldots, Q_{s3}) &= (U_g\psi)(\boldsymbol{x}_1, \ldots, \boldsymbol{x}_s) = \psi\big(\boldsymbol{x}_1^{g^{-1}}, \ldots, \boldsymbol{x}_s^{g^{-1}}\big)\\ &= \psi\big(\boldsymbol{f}_1(\boldsymbol{Q}^{g^{-1}}), \ldots, \boldsymbol{f}_s(\boldsymbol{Q}^{g^{-1}})\big)\\ &= \varphi\big(Q_{11}^{g^{-1}}, Q_{12}^{g^{-1}}, Q_{13}^{g^{-1}}, \ldots, Q_{s3}^{g^{-1}}\big)\end{aligned}$$

と書けることがわかります．

振動の基底状態 φ_0 は式 (20.3) であたえられていて，変換後は

$$U_g\varphi_0 = C\exp\left(\sum_{(a,i)\in\Lambda_+} \omega_{ai}\left(Q_{ai}^{g^{-1}}\right)^2\right)$$

となります．これは，

$$U_g\varphi_0 = C\exp\left({}^t\boldsymbol{Q}^{g^{-1}} D^{1/2}\boldsymbol{Q}^{g^{-1}}\right) = C\exp\left({}^t\boldsymbol{Q}\,{}^tN_{g^{-1}}D^{1/2}N_{g^{-1}}\boldsymbol{Q}\right)$$

とも書けますので，式 (20.10) を用いると，

$$U_g\varphi_0 = C\exp\left({}^t\boldsymbol{Q}D^{1/2}\boldsymbol{Q}\right) = \varphi_0$$

のように，関数形が不変であることがわかります．

点群の作用による振動の基底状態の不変性

点群 G の対称性をもつ分子の振動の基底状態は，任意の $g \in G$ の作用に対して不変．

つまり，基底状態によって生成される，1 次元部分空間 $\mathbb{C}\varphi_0$ は，点群 G の自明な表現空間になっているということになります．

次に，1 フォノン状態について考えてみましょう．1 フォノン状態の空間は，

$3s-6$ 個の関数

$$\varepsilon_{ai} = \sqrt{2\omega_{ai}} Q_{ai} \varphi_0 \quad ((a,i) \in \Lambda_+)$$

を基底としてもちます. ただし, ω_{ai} は $\omega_1, \ldots, \omega_r$ のうちのどれかで,

$$H\epsilon_{ai} = \frac{3\omega_{ai}}{2} \epsilon_{ai}$$

を通して, 状態 ϵ_{ai} のエネルギーをあらわしています. また,

$$\langle \epsilon_{ai}, \epsilon_{bj} \rangle := \int \overline{\epsilon_{ai}} \epsilon_{bj} \prod_{(c,k) \in \Lambda_+} dQ_{ck} = \delta_{ab} \delta_{ij}$$

が成り立つという意味で, $B = \{\epsilon_{ai} \mid (a,i) \in \Lambda_+\}$ は 1 フォノン状態の空間の正規直交基底です.

点群 G の作用に対する系の不変性より,

$$HU_g \epsilon_{ai} = U_g H \epsilon_{ai} = \frac{3\omega_{ai}}{2} U_g \epsilon_{ai}$$

がしたがいます. つまり, $U_g \epsilon_{ai}$ は ϵ_{ai} と同じエネルギーをもつ定常状態に対応します. 振動数が ω_α となるような添え字の集合を

$$\Lambda_{\omega_\alpha} = \{(a,i) \in \Lambda_+ \mid \omega_{ai} = \omega_\alpha\} \quad (\alpha = 1, \ldots, r)$$

とし,

$$B_{\omega_\alpha} = \{\epsilon_{ai} \mid (a,i) \in \Lambda_{\omega_\alpha}\}$$

で張られる d_α 次元複素ベクトル空間を $\mathscr{H}_{\omega_\alpha}$ とします. すると, 任意の $g \in G$ に対して, U_g は $\mathscr{H}_{\omega_\alpha}$ 上のユニタリー変換になっていることになります. つまり,

$$\lambda_\alpha : G \to GL(\mathscr{H}_{\omega_\alpha});\ g \mapsto U_g$$

は $\mathscr{H}_{\omega_\alpha}$ 上の表現です. 特別な理由がなければ, これは点群 G の既約表現となっています.

表現 λ_α の $\mathscr{H}_{\omega_\alpha}$ 正規直交基底への作用は,

$$\begin{aligned}(\lambda_\alpha \epsilon_{ai}) &= \sqrt{2\omega_\alpha} Q_{ai}^{g^{-1}} \varphi_0 = \sum_{(b,j) \in \Lambda_\alpha} \left(N_{g^{-1}}\right)_{ai,bj} \sqrt{2\omega_\alpha} Q_{bj} \varphi_0 \\ &= \sum_{(b,j) \in \Lambda_\alpha} \epsilon_{bj} (N_g)_{bj,ai}\end{aligned}$$

ですので, λ_α の表現行列は, 直交行列 N_g の, 第 α 番目の d_α 次ブロック対角要素です.

N_g は $N_g = MR_g{}^tM$ より, R_g を直交行列 M によって相似変形したものです. R_g の行列は,

$$(R_g)_{ai,bj} = \delta_{a\sigma_g(b)} g_{ij}$$

ですので, 第 19 話で考えた表現行列 $\rho(g)$ と同じものです. したがって, $\mathscr{H}_{\omega_a}$ 上の表現 λ_α は, 表現 ρ を既約分解したもので, 第 19 話における V_{ω_α} 上の表現 ρ_α と同じものだということになります.

1 フォノン状態空間上の既約表現

点群 G の対称性をもつ分子の, フォノン数 1 のエネルギー固有空間上の G の既約表現は, 同じ振動数をもつ古典的な正規振動のなす解空間上の既約表現と同値.

分子に光を当てて, 散乱された光を分光することにより,

$$\left\langle \varphi_k^{(\gamma)}, O_i^{(\alpha)} \varphi_j^{(\beta)} \right\rangle, \quad \left\langle \varphi_l^{(\gamma)}, O_{ij}^{(\alpha)} \varphi_k^{(\beta)} \right\rangle$$

といった物理量に関する情報がえられます. 前者は赤外吸収, 後者はラマン散乱に対応します. 通常は, そのような実験では 1 フォノン状態への励起のみを考えればよく, 点群の対称性をもつ分子の選択則を導くときに, 古典的な振動モデルを考えても正しい結果がえられるということになります.

文　　献

1) 堀田良之,『代数入門』(裳華房, 1987)
2) 志賀浩二,『群論への 30 講』(朝倉書店, 1989)
3) 原田耕一郎,『群の発見』(岩波書店, 2001)
4) 寺田至, 原田耕一郎,『群論』(岩波書店, 2006)
5) M. Artin, *Algebra* (Prentice Hall, 1991)
6) 彌永昌吉, 杉浦光夫,『応用数学者のための代数学』(岩波書店, 1960)
7) 中崎昌雄,『分子の対称と群論』(東京化学同人, 1973)
8) F. A. Cotton (中原勝儼 訳),『群論の化学への応用』(丸善, 1980)
9) 小野寺嘉孝,『物性物理/物性化学のための群論入門』(裳華房, 1996)
10) 今野豊彦,『物質の対称性と群論』(共立出版, 2001)
11) 藤永茂, 成田進,『化学や物理のためのやさしい群論入門』(岩波書店, 2001)
12) 河野俊丈,『結晶群』(共立出版, 2015)
13) 岩堀長慶,『初学者のための合同変換群の話』(現代数学社, 2020)

索　　引

欧数字

あ　行

か　行

さ　行

た　行

な　行

は　行

ま　行

や　行

ら 行

わ 行

著者略歴

井田大輔

1972 年　鳥取県に生まれる
2001 年　京都大学大学院理学研究科博士課程修了
現　在　学習院大学理学部教授
　　　　博士（理学）

シリーズ〈物理数学 20 話〉
群論 20 話　　定価はカバーに表示

2024 年 11 月 1 日　初版第 1 刷

著　者　井　田　大　輔
発行者　朝　倉　誠　造
発行所　株式会社　朝　倉　書　店
東京都新宿区新小川町 6-29
郵便番号　162-8707
電　話　03（3260）0141
FAX　03（3260）0180
https://www.asakura.co.jp

〈検印省略〉

中央印刷・渡辺製本

ISBN 978-4-254-13203-8　C 3342　　Printed in Japan